数学模型在生态学的应用及研究(27)

The Application and Research of Mathematical Model in Ecology(27)

杨东方　陈　豫　编著

海洋出版社

2014年·北京

内 容 提 要

通过阐述数学模型在生态学的应用和研究,定量化地展示生态系统中环境因子和生物因子的变化过程,揭示生态系统的规律和机制,以及其稳定性、连续性的变化,使生态数学模型在生态系统中发挥巨大作用。在科学技术迅猛发展的今天,通过该书的学习,可以帮助读者了解生态数学模型的应用、发展和研究的过程;分析不同领域、不同学科的各种各样生态数学模型;探索采取何种数学模型应用于何种生态领域的研究;掌握建立数学模型的方法和技巧。此外,该书还有助于加深对生态系统的量化理解,培养定量化研究生态系统的思维。

本书主要内容为:介绍各种各样的数学模型在生态学不同领域的应用,如在地理、地貌、水文和水动力,以及环境变化、生物变化和生态变化等领域的应用。详细阐述了数学模型建立的背景、数学模型的组成和结构以及数学模型应用的意义。

本书既适合气象学、地质学、海洋学、环境学、生物学、生物地球化学、生态学、陆地生态学、海洋生态学和海湾生态学等有关领域的科学工作者和相关学科的专家参阅,也适合高等院校师生作为教学和科研的参考。

图书在版编目(CIP)数据

数学模型在生态学的应用及研究.27/杨东方,陈豫编著. —北京:海洋出版社,2014.7
 ISBN 978 - 7 - 5027 - 8874 - 2

Ⅰ. ①数… Ⅱ. ①杨… ②陈… Ⅲ. ①数学模型 – 应用 – 生态学 – 研究 Ⅳ. ①Q14

中国版本图书馆 CIP 数据核字(2014)第 102537 号

责任编辑:鹿   源
责任印制:赵麟苏

海洋出版社 出版发行

http://www.oceanpress.com.cn

北京市海淀区大慧寺路 8 号   邮编:100081
北京华正印刷有限公司印刷   新华书店北京发行所经销
2014 年 7 月第 1 版   2014 年 7 月第 1 次印刷
开本:787 mm×1092 mm   1/16   印张:20
字数:480 千字   定价:60.00 元
发行部:62132549   邮购部:68038093   总编室:62114335
海洋版图书印、装错误可随时退换

数学是结果量化的工具

数学是思维方法的应用

数学是研究创新的钥匙

数学是科学发展的基础

杨东方

要想了解动态的生态系统的基本过程和动力学机制,尽可从建立数学模型为出发点,以数学为工具,以生物为基础,以物理、化学、地质为辅助,对生态现象、生态环境、生态过程进行探讨。

　　生态数学模型体现了在定性描述与定量处理之间的关系,使研究展现了许多妙不可言的启示,使研究进入更深的层次,开创了新的领域。

杨东方

摘自《生态数学模型及其在海洋生态学应用》

海洋科学(2000),24(6):21 - 24.

前　言

细大尽力,莫敢怠荒,远迩辟隐,专务肃庄,端直敦忠,事业有常。

——《史记·秦始皇本纪》

数学模型研究可以分为两大方面:定性和定量的。要定性地研究,提出的问题是"发生了什么",或者"发生了没有";要定量地研究,提出的问题是"发生了多少",或者"它如何发生的"。前者是对问题的动态周期、特征和趋势进行了定性的描述,而后者是对问题的机制、原理、起因进行了定量化的解释。然而,生物学中有许多实验问题与建立模型并不是直接有关的。于是,通过分析、比较、计算和应用各种数学方法,建立反映实际的且具有意义的仿真模型。

生态数学模型的特点为:(1)综合考虑各种生态因子的影响。(2)定量化描述生态过程,阐明生态机制和规律。(3)能够动态地模拟和预测自然发展状况。

生态数学模型的功能为:(1)建造模型的尝试常有助于精确判定所缺乏的知识和数据,对于生物和环境有进一步定量了解。(2)模型的建立过程能产生新的想法和实验方法,并缩减实验的数量,对选择假设有所取舍,完善实验设计。(3)与传统的方法相比,模型常能更好地使用越来越精确的数据,从生态的不同方面取得材料集中在一起,得出统一的概念。

模型研究要特别注意:(1)模型的适用范围:时间尺度、空间距离、海域大小、参数范围。例如,不能用每月个别发生的生态现象来检测1年跨度的调查数据所做的模型。又如用不常发生的赤潮的赤潮模型来解释经常发生的一般生态现象。因此,模型的适用范围一定要清楚;(2)模型的形式是非常重要的,它揭示内在的性质、本质的规律,解释生态现象的机制、生态环境的内在联系。因此,重要的是要研究模型的形式,而不是参数,参数只是说明尺度、大小、范围而已;(3)模型的可靠性,由于模型的参数一般是从实测数据得到的,它的可靠性非常重要,这是通过统计学来检测。只有可靠性得到保证,才能用模型说明实际的生态问题;(4)解决生态问题时,所提出的观点,不仅要用数学模型支持这一观点,还要用生态现象、生态环境等各方面的事实来支持这一观点。

本书以生态数学模型的应用和发展为研究主题,介绍数学模型在生态学不同领域的应用,如在地理、地貌、气象、水文和水动力,以及环境变化、生物变化和生态变化等领域的应用。详细阐述了数学模型建立的背景、数学模型的组成和结构以及其数学模型应用的意义。认真掌握生态数学模型的特点和功能以及注意事项。生态数学模型展示了生态系统的演化过程和预测了自然资源可持续利用。通过本书的学习和研究,促进自然资源、环境的开发与保护,推进生态经济的健康发展,加强生态保护和环境恢复。

本书获得贵州民族大学出版基金、"贵州喀斯特湿地资源及特征研究"(TZJF－2011年－44号)项目、"喀斯特湿地生态监测研究重点实验室"(黔教全KY字[2012]003号)项目、教育部新世纪优秀人才支持计划项目(NCET－12－0659)项目、"西南喀斯特地区人工湿地植物形态与生理的响应机制研究"(黔省专合字[2012]71号)项目、"复合垂直流人工湿地处理医药工业废水的关键技术研究"(筑科合同[2012205]号)项目、浙江海洋学院出版基金、海洋公益性行业科研专项——浙江近岸海域海洋生态环境动态监测与服务平台技术研究及应用示范(201305012)、浙江省海洋水产研究所承担的"海洋渔业环境与污染应急监测技术研究团队建设(2012F20026)"和"三门核电站周边海域生态环境和渔业资源现状评价研究(2012C13005)"项目以及国家海洋局北海环境监测中心主任科研基金——长江口、胶州湾、浮山湾及其附近海域的生态变化过程(05EMC16)的共同资助下完成。

此书得以完成应该感谢北海环境监测中心崔文林主任、上海海洋大学的李家乐院长、浙江海洋学院吴常文校长以及贵州民族大学张学立校长;还要感谢刘瑞玉院士、冯士筰院士、胡敦欣院士、唐启升院士、汪晶先院士、丁德文院士和张经院士。诸位专家和领导给予的大力支持,提供的良好的研究环境,成为我们科研事业发展的动力引擎。在此书付梓之际,我们诚挚感谢给予许多热心指点和有益传授的其他老师和同仁。

本书内容新颖丰富,层次分明,由浅入深,结构清晰,布局合理,语言简练,实用性和指导性强。由于作者水平有限,书中难免有疏漏之处,望广大读者批评指正。

沧海桑田,日月穿梭。抬眼望,千里尽收,祖国在心间。

杨东方　　陈　豫

2014年5月8日

目　　次

林地的径流产沙模型 ……………………………………………………… （1）

外来种的细胞化感模型 …………………………………………………… （6）

鸟类的多样性公式 ………………………………………………………… （10）

植物物种的多样性公式 …………………………………………………… （13）

森林生态价位的分级模型 ………………………………………………… （15）

柳杉树轮 $\delta^{13}C$ 年序列差异模型 …………………………………… （18）

土地利用的马尔可夫模型 ………………………………………………… （21）

树种多样性的加性分配模型 ……………………………………………… （25）

微根管的细根动态模型 …………………………………………………… （28）

磷的植物响应模型 ………………………………………………………… （31）

海域环境质量的评价模型 ………………………………………………… （34）

生态的多样性模型 ………………………………………………………… （37）

温室番茄的分配与产量模型 ……………………………………………… （41）

玉米的双涌源能量模型 …………………………………………………… （46）

土壤有机碳的储量及分布模型 …………………………………………… （51）

黄土土壤的侵蚀模型 ……………………………………………………… （53）

种群的竞争模型 …………………………………………………………… （57）

城市生态系统的评价模型 ………………………………………………… （60）

小花蝽的捕食模型 ………………………………………………………… （65）

填埋场的温度空间模型 …………………………………………………… （68）

水稻茎蘖的动态模型 ……………………………………………………… （72）

林冠的降雨截留量模型 …………………………………………………… （75）

景观的空间格局模型 ……………………………………………………… （78）

沙化草地的景观结构公式 ………………………………………………… （81）

多尺度的景观影像模型 …………………………………………………… （85）

树的光响应模型 …………………………………………………………… （89）

水稻干物质的积累与分配模型 …………………………………………… （92）

水稻的水分利用模型 ……………………………………………………… （96）

林冠持水的能力模型 ……………………………………… (99)

玉米生长的低温冷害模型 ………………………………… (101)

流域水文的电导率模型 …………………………………… (104)

农田化肥施用量模型 ……………………………………… (106)

内蒙古草原的水热通量模型 ……………………………… (110)

河网统计自相似性模型 …………………………………… (114)

冬小麦农田的蒸散量模型 ………………………………… (117)

植被生长季的变化模型 …………………………………… (119)

林冠层的二氧化碳源/汇强度模型 ………………………… (122)

土壤水分的空间变异性模型 ……………………………… (126)

坡面土壤的水分入渗模型 ………………………………… (129)

菜园土壤的氮素解吸模型 ………………………………… (131)

香蕉树的耗水量公式 ……………………………………… (133)

高温下土壤的热导率模型 ………………………………… (136)

干切牛肉的含水率公式 …………………………………… (140)

混合动力车的电磁耦合公式 ……………………………… (143)

稻谷的干燥发芽率模型 …………………………………… (145)

灌区水资源的模糊评价模型 ……………………………… (149)

土地资源的数量演变模型 ………………………………… (154)

作物生长的敏感性模型 …………………………………… (157)

地下滴灌的流量公式 ……………………………………… (161)

作物节水的潜力估算公式 ………………………………… (165)

地表蒸散的反演模型 ……………………………………… (169)

耕地变化的预测模型 ……………………………………… (174)

西宁市土地利用的预测公式 ……………………………… (177)

衬砌渠道的冻胀方程 ……………………………………… (182)

履带车辆的差速转向公式 ………………………………… (187)

农村居民点的土地整理公式 ……………………………… (193)

焦糖色素的三维流动模型 ………………………………… (196)

温室采光性能的评价公式 ………………………………… (198)

水稻精播绳的制造公式 …………………………………… (201)

太阳能塑料大棚的蓄热公式 ……………………………… (205)

循环式谷物的干燥模型 ……………………………………………（208）

轴流脱分的稻谷受力模型 …………………………………………（213）

秸秆的养分资源估算公式 …………………………………………（218）

水稻种子的弹跳公式 ………………………………………………（221）

土地覆被的图像分类模型 …………………………………………（224）

番茄的茎节生长模型 ………………………………………………（229）

种植面积的分层抽样公式 …………………………………………（232）

车辆翻车的运动方程 ………………………………………………（234）

机器人侧摆关节的静态模型 ………………………………………（237）

泵性能的预测模型 …………………………………………………（242）

黄土高原的土壤侵蚀公式 …………………………………………（245）

拖拉机的整机缓冲模型 ……………………………………………（250）

冬小麦断根铲的结构公式 …………………………………………（253）

宁夏干旱的监测模型 ………………………………………………（256）

锥齿轮的预紧力公式 ………………………………………………（262）

动物的跟踪定位算法 ………………………………………………（267）

排种器的图像处理公式 ……………………………………………（271）

土壤水分的运动模型 ………………………………………………（275）

耕地资源的评价公式 ………………………………………………（278）

农网的无功优化模型 ………………………………………………（281）

螺旋藻的热质传递模型 ……………………………………………（286）

荒漠化的评价模型 …………………………………………………（291）

棉花的需氮量模型 …………………………………………………（295）

人工湿地的水平潜流模型 …………………………………………（299）

温室的蒸发蒸腾量模型 ……………………………………………（302）

林地的径流产沙模型

1 背景

森林植被减少可以增加流域径流量、造林可以减少流域径流量,但其对流域径流量的影响幅度存在较大差异。坡面产流过程是降雨与土壤界面之间的响应过程。由于植被对降水再分配过程的影响以及降雨和地表土层入渗性能的时空变异,使得林地产流产沙过程研究较裸地困难得多。潘成忠等[1]试图采用动态分析方法,通过对黄土高原地区两种典型水土保持林(次生山杨林和人工油松林)的降雨产流产沙过程进行分析。

2 公式

2.1 产流过程

2.1.1 坡面水量平衡

通常,林下降水首先被地被物层再次截留,剩余部分则以径流和入渗方式补予地表水和土壤水。次降雨坡面水量平衡方程为:

$$P = E + R + f(荒地) \tag{1}$$
$$P = E + R + I_c + I_1 + I_s + f(林地) \tag{2}$$

式中,P 为次降水量;E 为蒸散量;R 为径流量,由于黄土高原地区土层深厚,这里主要指地表径流量;I_c 为冠层截留量;I_1 为枯枝落叶层截留量;I_s 为树干截留量;f 为入渗量。

2.1.2 林地截留

观测表明[2],两种林地林冠截留量均随次降雨量的增大而增加,而截留率均随降雨量的增大而减小(表1),反映了林冠截留阈值的存在[3]。在观测降雨量级范围内,山杨林和人工油松林的枯枝落叶层截留率差异较小,均在 6.7% ~ 28.7% 之间变化,且均随降雨量增大而减小(表1)。

表1 人工油松林和山杨林不同降雨量级的截留率

降雨量级	林分类型	林冠截留率/%	枯枝落叶层截留率/%	总计/%
5.0 ~ 10.0	I	28.10	28.70	56.80
	II	21.31	26.50	47.81

降雨量级	林分类型	林冠截留率/%	枯枝落叶层截留率/%	总计/%
10.1～20.0	I	18.82	17.40	36.22
	II	14.47	11.30	25.77
20.1～30.0	I	11.47	10.00	21.47
	II	12.00	11.73	23.73
30.1～40.0	I	9.65	7.60	17.25
	II	12.78	9.80	22.58
40.1～50.0	I	8.75	6.70	15.45
	II	12.00	8.56	20.56

注:I 为油松林 *P. tabulaeformis*;II 为山杨林 *P. dadidiana*.

根据表 1,采用模型 $I = \alpha P^m$ 对两种林分总截留率 $I_t(\%)$ 进行拟合:

$$I_t = 266.52P^{-0.761} \qquad R^2 = 0.9895(油松林)$$
$$I_t = 101.971P^{-0.437} \qquad R^2 = 0.8656(山杨林) \qquad (3)$$

式中,I_t 为总截留率;P 为降雨量级。经检验,均呈显著水平,说明模型具有一定精度。为了便于计算,假定该模型可以进行外推。

2.1.3 坡面产流过程

由表 2 可知,林下净雨强($I_{净雨}$)小于表层稳渗率($f_{表土}$),则无地表径流产生。但对于林地的下层土壤,当 $I_{净雨} > f_j$,入渗受阻,首先可能产生壤中流。由于黄土的垂直节理,土壤水分侧向流动微弱,最后主要发展成表层流,也可称为饱和地面径流,说明林地在一定土层深度形成蓄满产流。

表 2　林地与荒山坡面不同土层土壤入渗性能

土层	土壤稳渗率/(mm·min⁻¹)		
	A	B	C
0～10	8.82	7.42	0.50
10～20	7.70	1.81	0.65
20～40	2.70	1.10	0.45
40～60	0.75	0.63	0.30
60～80	0.38	0.53	0.25
80～100	0.25	0.37	0.20

注:A:山杨林地;B:人工油松林地;C:荒坡。

假设地表均匀、平坦,土层达到饱和时的最大吸水量可由下式计算:

$$h = h_{\pm}(\theta_0 - \theta_v) \tag{4}$$

式中，h 为吸水量（mm）；$h_{\pm}$ 为土层厚度（mm）；θ_0 为土壤饱和持水量；θ_v 为雨前土壤含水量，其中 θ_0 和 θ_v 均以体积含水量表示，这里取 $(\theta_0 - \theta_v) \approx 0.3$。

在黄土高原地区，水土流失往往是由几场暴雨形成的，根据上述林地截留和不同土层的入渗性能，在不考虑坡度和地表结皮对降雨入渗的影响以及降雨过程对截留的影响下，分析不同坡面的产流过程。当地面净雨强 $I_{净雨} > f_j$（第 j 层土壤的入渗率）且地面净雨量 $P_净 > \sum\limits_{i=1}^{j-1} h_i$ 时，才会有径流产生，此时开始产流时间（T）为：$T = \sum\limits_{i=1}^{j-1}\left(\dfrac{h_i}{f_i}\right)$，其中 h_i 为第 i 层土壤达到饱和时的吸水量（mm）；f_i 为第 i 层土壤的入渗率（mm·min^{-1}）；j 为 $I_{净雨} > f_j$ 的土层。

径流深（h）：$h_j = I_净\cos\theta - f_i$，其中 θ 为坡度。

径流量（Q）：若 $\left(P_净 - \sum\limits_{i=1}^{j} h_i\right) \geqslant h_i$，则

$$Q = \sum_{i=f}^{m}\left[\frac{h_i}{f_i}(I_净 - f_i)\right]$$

若 $\left(P_净 - \sum\limits_{i=1}^{j} h_i\right) < h_i$，则

$$Q = \frac{P_净 - \sum\limits_{i=1}^{f} h_i}{I_净} \cdot (I_净 - f_i)$$

2.2 产沙过程

2.2.1 径流剪切力与径流能量

径流在沿坡面运动过程中对土壤接触面产生径流冲刷力。它冲刷表层土壤，破坏土粒结构和分散土粒，从而为径流搬运提供侵蚀物质，通常采用水力学中水流切应力表示：

$$\tau = \gamma R J \tag{5}$$

式中，τ 为切应力；γ 为水的容重；R 为水力半径，一般取水深 h；J 为水力坡度，在坡度不大时，一般取水流的下垫面地表坡度。

土壤侵蚀做功的能量来源于径流，单位面积上的平均径流能量计算公式为[4]：

$$E = \frac{\rho g}{4}L\sin2\theta \cdot p_h \tag{6}$$

式中，E 为坡面单宽径流能量；L 为坡面长；p_h 为水层厚度，$p_h = \int_0^t (I_净 - f)\mathrm{d}t$，其中 $I_净$ 为净雨强；f 为渗透率；ρ 为水密度；g 为当地的重力加速度；θ 为坡度。

2.2.2 径流产沙

从泥沙运动力学方面分析，水流对泥沙的作用主要包括水流的剥蚀和搬运作用。由于

天然河流以及坡面流中泥沙的主要来源是悬移质,这里主要考虑坡面泥沙的悬移质挟沙力。

根据泥沙运动力学,泥沙的粒径与起动流速平方成正比,即 $v \propto d^{1/2}$,而泥沙的重量与其粒径的三次方成正比,因此径流移动泥沙的颗粒重量与起动流速的六次方成正比,即:

$$M = Cv^6 \qquad (7)$$

式中,M 为径流移动泥沙重量;C 为流速系数;v 为径流起动流速。可见流速对泥沙的移动具有极其重要的意义。

明渠均匀流的 Chézy 公式和 Manning 公式:

$$\begin{cases} v = C\sqrt{RJ} \\ C = \dfrac{1}{n}R^{1/6} \end{cases} \qquad (8)$$

式中,C 为谢才系数;n 为粗糙系数;R 为水力半径,一般取水深 h;J 为水力坡度。

由式(8)可得:

$$V = \frac{1}{n}F^{1/2}h^{2/3} \qquad (9)$$

目前较常见的水流挟沙能力计算公式为:

$$s = k\left[\frac{v^3}{ghw}\right]^m \qquad (10)$$

式中,s 为径流挟沙浓度;h 为径流深;v 为径流流速;g 为当地的重力加速度;w 为泥沙的沉降速度;k、m 为根据实测资料所确定的经验系数。

由式(10)可以看出,径流的挟沙能力与流速、水深等有关。但由于缺乏各种植被径流小区泥沙资料,所以对式中系数的确定存在一定困难。考虑到森林植被作用而造成低含沙径流,可采用如下径流挟沙浓度公式[5]:

$$s_v = k \cdot \frac{h^{2/3}J^{3/2}}{nw} \qquad (11)$$

式中,k 为常系数。式(11)表明,在一定坡降下,由于森林植被使坡面糙率增大,水深减小,进而径流挟沙能力降低。比较式(9)和式(11)发现,挟沙力与流速成正比例关系。

2.2.3 坡面产沙过程

径流产沙与坡面流速密切相关,而流速主要由地表径流水深和糙率系数所决定。由于受到地表状况等多种因素的影响,不同土地利用类型的糙率系数各不相同。Zhang 等[6]通过放水试验对油松和杨树林地的糙率进行了研究,表明杨树枯落物的糙率系数大于油松,且厚度对其影响的敏感性前者也大于后者,并建立了回归方程:

$$n = 0.214\,3G^{0.333\,1} \text{(油松)}$$
$$n = 0.107\,3G^{0.417\,2} \text{(杨树)} \qquad (12)$$

式中,n 为糙率系数;G 为枯落物干重($\text{g} \cdot \text{cm}^{-2}$)。

由于林地糙率受地形、林木类型、密度、活地被层以及枯落物数量等多种因素影响,给林地糙率的确定带来很多困难。下面提出确定林地糙率的两种简便方法。

对于保护较好的天然林,枯落物厚度与林分密度具有一定关系,可用下式:

$$n_t = \frac{n_1}{p} \qquad (13)$$

式中,n_t 为林地总糙率;n_1 为枯落物糙率;p 为枯落物层对总糙率的贡献率。

而对于密度、树龄等较为均一的人工林或进行间伐过的天然林,考虑人为因素对林地枯落物的影响,可把其对糙率的贡献看作一定值,即:

$$n_t = k + n_l \qquad (14)$$

式中,除 k 为枯落物层外,林分其他部分对地表糙率的贡献,为一常数。

3   意义

潘成忠等[1]总结概括了黄土区次降雨条件下林地径流和侵蚀产沙模型,以黄土区两种常见森林植被(次生山杨林和人工油松林)长期定位观测试验为基础,从水量平衡和径流产沙机理出发,分析了次降雨条件下两种林地和荒地坡面产流产沙过程。为大尺度的流域研究奠定基础,进而推动森林植被的生态水文以及水土保持效应过程研究向纵深方向发展,同时为黄土高原地区森林植被恢复重建提供理论依据。

参考文献

[1]   潘成忠,上官周平. 黄土区次降雨条件下林地径流和侵蚀产沙形成机制. 应用生态学报,2005,16(9):1597 – 1602.

[2]   Yang WZ, Wu QX. Forest and Grassland Vegetation Construction and its Sustainable Development in Loess Plateau. Beijing: Science Press 1998.

[3]   Wang YH, Yu PT, Xu YD, et al. A preliminary study on transformation of rainfall interception models and parameter's variation. J Beijing For Univ. 1998,20(6):25 – 30.

[4]   Zhao XG, Shi H. Impact of gentle slopeland flow on processes of soil particle detachment. J Mount Sci. 2002,20(4):427 – 431.

[5]   Fei XJ, Shu AP. Investigation on sediment transport capacity with high concentration for fluvial river. J Hydr Eng. 1998,11:38 – 43.

[6]   Zhang HJ, Kitahara Hikaru, Endo Taizo. The effect of several kinds of litters to the roughness coefficient. J Soil Water Cons. 1994,8(2):4 – 10.

外来种的细胞化感模型

1 背景

生物入侵是指某种生物从原来的分布区域扩展到一个新的地区,其后代可以繁殖、扩散并维持下去[1]。外来杂草进入新的生境后,在其入侵过程中向环境释放化感物质是导致其入侵成功的一个重要方面[2]。数学建模与模拟在种群动态变化的研究中起重要的作用。刘迎湖等[3]通过应用 CA 模型,对具化感作用的外来杂草对本地种群落的入侵过程和入侵规律进行模拟研究。

2 公式

2.1 细胞空间的描述

采用二维自动机作为植物生长的空间。在没有外来种入侵之前,假设本地种群在一个20 个 × 20 个正方形格子组成的方阵中生长,每个格子即细胞自动机模型中的细胞,用 $\alpha(i,j)$ 表示。整个方阵代表群落所占据的区域,设本地种对该区域的资源与空间的分配达到优化配置,物种间的相互作用也达到稳定状态,植物均匀分布在每个细胞空间中。另外,每个细胞也是种子储备的空间。只有当细胞内的个体死亡后,种子才可在空出来的细胞中产生新的个体。而且外来种和本地种同样适应该空间的一般生态条件。

现将方阵中处于左下角位置的细胞中心置于坐标系的原点,让细胞方阵的空间格局由平面上过点 $(i+0.5,0)(i=-1,0,1,2,\cdots,19)$ 作平行于 y 轴的一组平行线及过点 $(0,j+0.5)(j=-1,0,1,2,\cdots,19)$ 作平行于 x 轴的一组平行线分割而成。细胞 α 用该细胞的中点代表,因而该分割而成的细胞空间可表达为:$\alpha|\alpha=(i,j)$,其中 $i,j=0,1,2,\cdots,19$。对于细胞 $\alpha(i,j)$ 的邻域 $V[\alpha(i,j)]$,采用 Moore 型定义[4],即:

$$V[\alpha(i,j)] = \{V[\alpha(u,v)] \mid \mid u-i\mid \leq 1, \mid v-j\mid \leq 1, u,v \in \mathbf{Z}\} \tag{1}$$

2.2 细胞内个体生长的状况

新个体的补充由储存在细胞空间的种子库提供的种子萌发产生,设在该细胞空间中,物种 α 的种子数为 $N_\alpha(\alpha=1,2,\cdots,n)$,设同类种子中每颗种子发芽的概率相同,为 f_α。因此,在一个空细胞中,在不考虑化感作用的条件下,空细胞被由 α 物种种子发芽产生的新个体所占据的概率 Q_α 为:

$$Q_\alpha = 1 - (1 - f_\alpha)^{N_\alpha} \tag{2}$$

2.3 化感物质在细胞空间中的累积分布

假设每个细胞所接受的化感物质仅来自邻域外来种的释放,细胞中的外来种也仅向邻域细胞释放化感物质。设外来种个体在相邻时段内向邻域细胞释放的化感物质量为 k_1,考虑土壤中的化感物质的降解服从负指数规律,其降解量与土壤中累积量成正比,降解速度为 k_2,则其离散化的状态函数可表达为:

$$P_{t+1} = \begin{cases} (1 - k_2)P_t + k_1 & \text{细胞中 } \alpha = 1 \\ (1 - k_2)P_t & \text{细胞中 } \alpha = 0 \end{cases} \tag{3}$$

式中,$P_1 = 0$;P_t 为在时段 t 细胞中残留的化感物质。

An 等[5]从大量的实验数据中发现,植物生长(包括种子发芽)在化感物质作用下的活性响应符合下述模型:

$$sb(P_t) = 100 + \frac{s_m(P_t)^q}{(K_s)^q + (P_t)^q} - \frac{I_m(P_t)^q}{(K_I)^q + (P_t)^q} \tag{4}$$

式中,$sb(P_t)$ 表示在化感物质作用量为 P_t 作用下的生物活性响应;S_m 是化感物质刺激效应上限;I_m 是抑制效应上限;K_s 与 K_I 分别是在作用量为 $S_x/2$ 与 $I_x/2$ 下的刺激响应与抑制响应,q 为常数。因此,当出现化感物质对受体植物的作用时,需重新考虑空细胞由本地种种子发芽而占据的概率,则式(2)改为:

$$Q_A = 1 - (1 - f_B \cdot sb)^{N_B} \tag{5}$$

另外,化感物质也对该细胞中生长的受体植物产生影响。

2.4 种子库数目 N

设模拟的植物物种的种子萌发是一种有年周期的行为,即一年 365 天为一个周期。在一个周期内,物种 α 在 $t_{m\alpha}$ 时刻萌发种子,其萌发种子的数目为 n_α。设种子的扩散主要依靠风的传播,忽略不同类种子的形态个体差异,设其扩散分布规律服从负指数模型[6,7]。设细胞 (u,v) 中接受来自细胞 (i,j) 扩散来的物种 α 的种子数为 $k_\alpha(i,j)$,因此:

$$k_\alpha(i,j) = k_\alpha \cdot \frac{2}{\pi c^2} e^{-\frac{2d}{c}} \tag{6}$$

式中,d 表示两细胞间的距离,c 为参数,k_α 为生长在细胞 (i,j) 中的物种 α 所产生的种子数。这样,在细胞 (u,v) 中,物种 α 的种子储备量是:

$$n_\alpha(u,v) = \sum_{i,j=0}^{19} k_\alpha(i,j) \tag{7}$$

根据公式,以具有化感作用的外来种及本地植物作为研究对象,利用 matlab 6. x 软件进行模拟。在模拟实验中,时间以天为单位,基本参数见表1。

表 1　模拟实验基本参数设置

参数意义	外来种	本地种 1 (对化感物质敏感)	本地种 2a (对化感物质敏感)	本地种 2b (对化感物质敏感)
自然寿命	一年生植物	一年生植物	一年生植物	一年生植物
繁殖年龄/d	200～250	200～250	200～250	200～250
每株产生种子数/粒	46	50	45	45
发芽率	0.8	0.6	0.6	0.6
必需的空资源数	2	3	3	3
k_1	0.09			
k_2	0.07			
其他参数	$S_m = 25, I_m = 125, K_S = 1, K_I = 1.2, q = 2.5$			

3　意义

刘迎湖等[3]总结概括了入侵杂草化感作用的细胞自动机模型,模拟具有化感作用的外来种入侵原有物种所构成植被的过程。模型由产生化感物质的外来种和两个对化感物质敏感性不同的本地种组合成不同类型的群落,利用化感物质作用下受体物种生物活性响应模型及种子扩散负指数分布模型,模拟外来杂草和本地种分布格局的时空动态变化。结果表明,外来种可成功地完全入侵由两个对化感物质敏感的本地种构成的群落空间,但对于由对化感物质敏感的一个本地种及对化感物质具有抗性的另一个本地种构成的群落,外来种只能够与本地种共存。此模型使得功能群多样性 – 可入侵性假说更具有说服力。

参考文献

[1]　Elton CS. The Ecology of Invasions by Animals and Plants. London:Methuen. 1958,181.

[2]　Xu RM,Ye WH. Biological Invasion Theory and Practice. Beijing: Science Press. 2003,51 – 52.

[3]　刘迎湖,谢利,骆世明,等. 入侵杂草化感作用的细胞自动机模拟研究. 应用生态学报,2006,17(2): 229 – 232.

[4]　Reed GM. On chain conditions in Moore spaces. Gen Top Appl. 1974,4:255 – 267.

[5]　An M, Johnson IR, Lovett JV. Mathematical modeling of allelopathy:Biological response to allelochemicals and its interpretation. J Chem Ecol. 1993,19:2379 – 2388.

［6］ Diana EM, Sergio AP, Sergio AC. Species invasiveness in biological invasions：A modelling approach. Biol Invasions. 2002,4:193 – 205.

［7］ Zeng JM,Sang WG,Ma KP. Advances in model construction of an emochoric seed long distance dispersal. Acta Phytoecol Sin. 2004,28(3):414 – 425.

鸟类的多样性公式

1 背景

鸟类可作为环境变化的良好指示物种和监测物种[1]。鸟类群落是城市生态系统的主要部分之一,对维持城市生态平衡具有重要意义。城市鸟类群落生态学终将成为城市规划和设计的重要依据。李永民等[2]于 2004 年 5 月至 2005 年 2 月分别对芜湖市 4 种主要生境(农田居民区、城市园林、河漫滩湿地和河流湿地)的鸟类进行了观察和比较研究,提出了鸟类多样性分析模型。

2 公式

以 Shannon – Wiener 指数测度鸟类的物种多样性:

$$H' = - \sum_{i=1}^{s} P_i \ln P_i \tag{1}$$

式中,H' 为物种多样性指数;S 为总的物种数;P_i 为第 i 物种个体数与所有物种个体总数的比值。

用 Pielou 指数测度均匀度:

$$J = H' / H'_{\max} \tag{2}$$

式中,$H'_{\max}$ 即 $\ln S$。

优势度指数 C 采用公式:

$$C = \sum_{i=1}^{s} (P_i)^2 \tag{3}$$

用 G – F 指数[3]测度种属间多样性:

$$D_{G-F} = 1 - D_G / D_F \tag{4}$$

$$D_F = \sum_{k=1}^{m} D_{FK} \tag{5}$$

$$D_{FK} = - \sum_{r=1}^{n} P_r \ln P_r \tag{6}$$

$$D_G = - \sum_{j=1}^{y} q_j \ln q_j \tag{7}$$

式中,m 为群落中的科数;D_{FK} 为 k 科中的物种多样性;P_r 为群落中 k 科 r 属中的物种总数占 k 科物种总数的比值;n 为 k 科中的属数;q_j 为群落中 j 属的物种数与总的物种数之比;y 为群落中的总属数。

密度采用公式:

$$D = N/2LW \tag{8}$$

式中,D 为鸟类密度;N 为样线内记录的鸟类数量;L 为样线长度;W 为样线单边宽度。将观察到的个体数占群体中鸟类总数的比值定为 P_i,$P_i > 0.1$ 定为优势种。

根据公式,农田居民区夏季鸟类的种数、密度、优势度指数、G - F 指数均高于冬季,而 Shannon - Wiener 指数、Pielou 指数低于冬季(表1),说明该区域夏季鸟类群落在科 - 属水平上拥有较高的多样性,冬季鸟类群落在物种水平上拥有较高的多样性,冬季群落的稳定性也较夏季为高。

表1 芜湖市 4 种生境冬夏季鸟类的多样性分析

生境类型	季节	物种数量	密度/(ind·lim⁻²)	H'	J	C	D_F	D_G	D_{G-F}
农田居民区	S	39	31.114 0	2.217 6	0.605 3	0.195 1	7.007 6	3.485 8	0.502 6
	W	31	21.835 0	2.512 2	0.731 6	0.112 7	3.565 2	2.985 3	0.162 7
城市园林	S	49	13.157 0	2.574 2	0.661 4	0.144 9	9.090 1	3.722 1	0.590 5
	W	38	42.916 0	2.058 7	0.566 0	0.241 9	6.383 0	3.272 8	0.487 3
河漫滩湿地	S	42	13.519 0	2.716 1	0.726 7	0.126 6	8.221 8	3.539 6	0.569 5
	W	31	8.127 0	2.643 1	0.769 7	0.120 1	5.262 0	3.255 1	0.381 4
河流湿地	S	4	0.633 0	0.741 0	0.534 5	0.639 2	0.693 1	1.039 7	- 0.500 7
	W	14	0.221 0	1.946 2	0.737 5	0.227 1	1.033 6	1.567 1	- 0.516 2

3 意义

李永民等[2]总结概括了鸟类多样性分析模型,于 2004 年 5 月至 2005 年 2 月,对芜湖市 4 种典型生境(农田居民区、城市园林、河漫滩湿地和河流湿地)的冬夏季鸟类进行了调查,并探讨了 4 种生境冬夏两季鸟类多样性指数。为提高园林生境鸟类的多样性提供了理论参考。了解芜湖市冬夏两季鸟类群落特征以及城市化对鸟类群落的影响,从而为城市生态建设提供依据。

参考文献

［1］ Pertti K. Birds as a tool in environmental monitoring. Ann Zool Fenn. 1989 ,26 :153 – 166.

［2］ 李永民,吴孝兵. 芜湖市冬夏季鸟类多样性分析. 应用生态学报. 2006,17(2):269 – 274.

［3］ Jiang ZG ,Ji LQ. Avian – mammalian species diversity in nine representative sites in China. Chin Biodiver. 1999 ,7(3):220 – 225.

植物物种的多样性公式

1 背景

苔藓植物是植物界中的一个重要门类,大部分的种类均能适应陆生环境,它不仅能生长在极度干旱的环境,也能生长在很潮湿的环境下,几乎存在于所有的生态系统中,是生物多样性的组成成分之一[1]。李粉霞等[2]主要研究了浙江西天目山苔藓植物的物种多样性,提出了植物物种多样性研究模型。

2 公式

多样性的测定包括相似性系数、α 多样性指数和 β 多样性指数。

相似性系数,采用 Sprensen[3] 提出的公式:

$$S_S = 2c/(a + b) \times 100\% \tag{1}$$

式中,a 为样方 A 的物种数;b 为样方 B 的物种数;c 为样方 A 和 B 中的共有种数。

α 多样性指数,采用 Shannon – Wiener 指数[4] 和 Pielous 均匀度指数[5]。

$$\text{Shannon – Wiener 指数}(H'): H' = -\sum_{i=1}^{s} P_i \ln P_i \tag{2}$$

$$\text{Pielous 均匀度指数}(J_H): J_H = \left(-\sum_{i=1}^{s} P_i \ln P_i\right)/\ln S \tag{3}$$

式中,$P_i = N_i/N$;N_i 为物种 i 的标本数;S 为所在样地所有物种的标本数之和。

β 多样性指数,采用 Cody 指数[6] 和 Wilson – Shmida 指数[7]。

$$\text{Cody 指数}(\beta_c): \beta_c = [g(H) + l(H)]/2 \tag{4}$$

$$\text{Wilson – Shmida 指数}(\beta_T): \beta_T = [g(H) + l(H)]/2\alpha \tag{5}$$

式中,$g(H)$ 是沿生境梯度 H 增加的物种数目;$l(H)$ 是沿生境梯度 H 失去的物种数目;α 为各样地的平均物种数。

根据公式,计算了两种苔藓植物的多样性,图 1 显示了西天目山不同海拔苔藓植物两种 α 多样性指数的变化趋势。

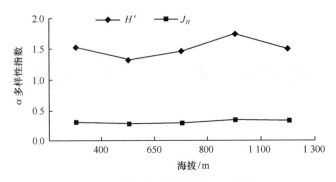

图 1　不同海拔苔藓植物的 α 多样性

3　意义

　　李粉霞等[2]总结概括了浙江西天目山苔藓植物物种多样性的研究模型,对浙江西天目山不同海拔苔藓植物进行了调查,从种类组成、相似性、α 多样性和 β 多样性等方面进行了苔藓植物物种多样性分析。结果表明,海拔 1 100 m 处落叶阔叶林下的苔藓植物种类最多,物种丰富度最高;它与海拔 1 300 m 落叶矮林下苔藓植物的相似性系数也最高;而海拔 800～1 100 m 之间的 β 多样性最大,这一区段苔藓植物的物种变化速率最快,种类更替最明显。此模型为苔藓植物的生态多样性研究提供基本资料,同时也为苔藓植物生物多样性保护和生态环境的改善提供理论依据。

参考文献

［1］　Cao T,Gao Q,Fu X,et al. Diversity of bryophytes and their conservation. Chin J Ecol. 1997,16(2):47 – 52.

［2］　李粉霞,王幼芳,刘丽,等．浙江西天目山苔藓植物物种多样性的研究．应用生态学报．2006,17 (2):192 – 196.

［3］　Cody ML. Towards a theory of continental species diversities:bird distribution over Mediterranean habitat gradients. In:Cody ML, Diamond MJ, eds. Ecology and Evolution of Communities. Cambridges Massachusetts:Harvard University Press. 1975,214 – 257.

［4］　Pielou EC. Ecological Diversity. New York:Wiley Inc. 1975 .

［5］　Sorensen T. A method of establishing groups of equal amplitude in plant sociology based on similarity of species content and it's application to analysis of the vegetation on Danish commons K Dan Vidensk Selsk. Biol Skr. 1948,5(4):1 – 34.

［6］　Whittaker RH. Evolution and measurement of species diversity. Taxon,1972,21:213 – 251.

［7］　 Wilson JA, Shmida A. Measuring beta diversity with presence absence data. J. Ecol. 1984,72:1055 – 1064.

森林生态价位的分级模型

1 背景

森林生态系统是陆地生态系统的主体,是实现国民经济可持续发展的物质基础和生态屏障,是人类拥有的重要自然资本,是地球上功能最为强大和重要的生命支持系统。吴承祯等[1]提出基于改进单纯形法的投影寻踪法,并将其应用于森林生态系统生态价位的分级研究,建立森林生态系统生态价位的分级模型,以丰富投影寻踪法理论及生态价位分级模型。

2 公式

建模步骤具体如下:

(1)建立分级指标体系,对各分级指标的样本数据进行预处理。根据研究的森林生态系统结构和功能等实际情况,从系统、应用和可操作的角度建立森林生态系统生态价位复合型分级指标体系。森林生态系统服务功能大小一般包括生态系统物理环境特征、群落结构特征及人类干扰等指标子系统[2]。设研究区森林生态系统生态价位分级指标的数据样本集为 $x_{ij}(i=1 \sim n, j=1 \sim p)$,其中 n、p 分别表示森林生态系统样本的数目和分级指标的数目。为了消除各分级指标的量纲的影响,以保证建模不失一般性,需对 $x_{ij}(i=1 \sim n, j=1 \sim p)$ 进行标准化处理。标准化处理公式为:

$$y_{ij} = (x_{ij} - x_{j\min})/(x_{j\max} - x_{j\min}) \tag{1}$$

式中,$x_{j\max}$、$x_{j\min}$ 分别表示样本数据集中第 j 个指标的最大值和最小值;$y_{ij}(i=1 \sim n, j=1 \sim p)$ 为标准化后的数据样本值。

(2)构造投影指标函数。投影寻踪分级方法就是把 p 维数据 $y_{ij}(i=1 \sim n, j=1 \sim p)$ 综合成以 $\beta=(\beta_1, \beta_2, \cdots, \beta_p)$ 为投影方向的一维投影值 Z_i:

$$Z_i = \sum_{j=1}^{p} \beta_j y_{ij} \tag{2}$$

式中,$\beta_j > 0$,$\sum_{j=1}^{p} \beta_j^2 = 1$。然后,根据 $Z_i(i=1 \sim n)$ 的一维散布图进行分级。在综合投影值时,要求投影值 $Z_i(i=1 \sim n)$ 的散布特征满足局部投影点尽可能密集,最好凝聚成若干个点团,而在整体上投影点团之间尽可能散开条件。为此,投影指标函数可构造为[3]:

$$Q = Q(\beta) = S_z D_z \tag{3}$$

式中, S_z 为投影值 $Z_i(i=1\sim n)$ 的标准差, D_z 为投影值 $Z_i(i=1\sim n)$ 的局部密度, 即:

$$S_z = \sqrt{\sum_{i=1}^{n}(Z_i-\bar{Z})^2/(n-1)} \tag{4}$$

$$D_z = \sum_{i=1}^{n}\sum_{j=1}^{n}(R-r_{ij})U(R-r_{ij}) \tag{5}$$

式中, $\bar{Z}$ 为序列 $Z_i(i=1\sim n)$ 的均值; R 为求局部密度的窗口半径[2], 它的选取既要使包含在窗口内的投影点的平均个数不太少, 避免滑动平均偏差太大, 又不能使它随着 n 的增大而增加太快; 距离 $r_{ij} = |Z_i - Z_j|$; $U(h)$ 为单位阶跃函数。

(3)优化投影指标函数。当给定森林生态系统生态价位分级指标样本数据时, 投影指标函数 $Q(\beta)$ 只随投影方向 β 的变化而变化。不同的投影方向反映不同的数据结构特征, 最佳投影方向可最大可能暴露高维样本数据的某种分级特征结构。因此, 可通过求解投影指标函数最大化问题来估计最佳投影方向, 即:

$$\max Q(\beta) = S_z D_z \tag{6}$$

$$s, t, \beta_j > 0; \sum_{j=1}^{p}\beta_j^2 = 1 \tag{7}$$

(4)分级。把由第3步求得的最佳投影方向 β 代入式(2)后, 即可得到森林生态系统生态价位的投影值 $Z_i(i=1\sim n)$。该值可反映各森林生态系统生态价位的综合特征, 通过 $Z_i(i=1\sim n)$ 值大小的比较, 即根据投影值 $Z_i(i=1\sim n)$ 的投影点的密集程度, 将投影点凝聚成若干个点团, 每一个点团可划分为一个生态位分级。

根据公式, 以长白山阔叶红松林为例, 各生态系统的投影值的散点图表明, 14 个森林生态系统生态价位可分为 3 级(图1)。

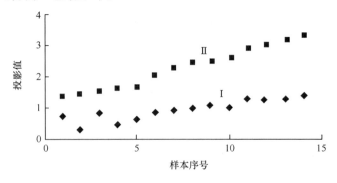

图1 分级样本数据的投影值的散点图

3 意义

吴承祯等[1]总结概括了基于改进的投影寻踪的森林生态系统生态价位分级模型,利用该模型可把各森林生态系统多维分类指标综合成一维投影值。投影值越大表示该森林类型生态服务价值越大。根据投影值大小可对森林生态系统样本集进行合理分级。实例分级结果表明,直接由样本数据驱动的改进的投影寻踪森林生态系统生态价位分级模型用于生态价位分级,简单可行,具有较强的适用性和应用性;可操作性强,其优化时间及投影函数值分别为传统投影寻踪技术的34%和143%;投影寻踪效果很理想,可广泛应用于生态学、生物学及区域可持续发展研究中各类非线性、高维数据分级与评价。

参考文献

[1] 吴承祯,洪伟,洪滔. 基于改进的投影寻踪的森林生态系统生态价位分级模型. 应用生态学报,2006,17(3):357 - 361.

[2] Zheng JM,Jiang FQ,Zeng DH. Eco - value level classification and ecosystem management strategy of broad - leaved Korean pine forest in Changbai Mountain. Chin J Appl Ecol. 2003,14(6):839 - 844.

[3] Friedman JH, Turkey JW. A projection pursuit algorithm for exploratory data analysis. IEEE Trans,1974,23(9):881 - 890.

柳杉树轮 $\delta^{13}C$ 年序列差异模型

1 背景

树木年轮因能提供年甚至季节的高分辨率气候记录,已成为气候与环境变化研究的重要代用资料[1]。树轮稳定碳同位素作为气候变化研究的代用资料,为热带、亚热带等地区气候变化的研究提供了新的手段与方法。赵兴云等[2]在前人研究的基础上,对天目山地区不同柳杉个体的 $\delta^{13}C$ 序列变化及其差异进行了对比分析,目的在于对不同树轮 $\delta^{13}C$ 序列作为气候变化研究代用资料的适宜性及气候要素重建结果的一致性与可靠性进行探讨。并提出了柳杉树轮 $\delta^{13}C$ 年序列差异模型。

2 公式

Feng 等[3,4]认为,影响树轮 $\delta^{13}C$ 序列变化的因素主要有气候因素和大气 CO_2 浓度。气候因素影响树轮 $\delta^{13}C$ 序列的高频变化,大气 CO_2 浓度影响树轮 $\delta^{13}C$ 序列的低频变化。所以,为了真实地反映树轮 $\delta^{13}C$ 序列所记录的气候变化信息与大气 CO_2 变化信息,必须从原树轮 $\delta^{13}C$ 序列中分别将其记录的气候信息与大气 CO_2 浓度变化信息分离出来。本研究采用多项式拟合法,去除原 $\delta^{13}C$ 序列中的高频变化,以提取其记录的低频变化信息;用差值法去除原 $\delta^{13}C$ 序列中大气 CO_2 浓度变化对树轮 $\delta^{13}C$ 序列的影响,以提取其所记录的气候变化信息,即序列的高频变化。

树轮稳定碳同位素分析流程[5]:①先将树盘刨光,然后逐轮逐年分别雕刻木质样品各 2 g 左右,用来测定每一整轮的 $\delta^{13}C$ 值。其中,CF - 1:髓心部分去掉 14 年,共雕刻 163 年(1835—1997 年);CF - 2:因边缘部分腐烂去掉 5 年,髓心部分去掉 23 年,共雕刻 301 年(1685—1985 年);CF - 3:边材去掉 1 年,髓心部分去掉 4 年,共雕刻 146 年(1837—1982 年)。②将雕刻的每个样品,在 70 ~ 80℃下干燥 3 d,磨至 30 ~ 60 目。③经过抽提、氯化、碱洗等过程,提取 α - 纤维素。④制备供质谱分析用的 CO_2 气体,并在 MAT - 252 型质谱仪上测定 $\delta^{13}C$。测定结果以 $\delta^{13}C$ PDB 表示,简写为 $\delta^{13}C$[5],分析误差不大于 0.1‰。

$$\delta^{13}C(‰) = \left[(\delta^{13}C_{\text{Sample}}/\delta^{13}C_{\text{Standard}}) - 1 \right] \times 1\,000 \tag{1}$$

CF - 1 的多项式拟合为:

$$\delta^{13}C = -23.09 - 6.322 \times 10^{-3}t - 6.299 \times 10^{-5}t^2 \quad (r^2 = 0.62, P = 0.001) \tag{2}$$

CF－2 的多项式拟合为：

$$\delta^{13}C = -21.241 - 4.375 \times 10^{-3}t - 1.678 \times 10^{-5}t^2 \quad (r = 0.7, P = 0.001) \quad (3)$$

CF－3 的多项式拟合为：

$$\delta^{13}C = -29.197 + 0.019t - 7.953 \times 10^{-6}t^2 \quad (r = 0.79, P = 0.001) \quad (4)$$

式中，t 为与年份相对应的序号，为原 $\delta^{13}C$ 序列的拟合值。用实测的 3 株树轮 $\delta^{13}C$ 序列分别减去相应的拟合序列，可以得到相应的 3 个差值序列。用 Feng 等[3]建立的关系式计算大气 CO_2 浓度及其 $\delta^{13}C_{atm}$：

$$C_a = 277.78 + 1.35\exp[0.015\,2(t - 1\,740)] \quad (5)$$

$$\delta^{13}C_{atm} = -6.429 - 0.006\exp[0.021\,7(t - 1\,740)] \quad (6)$$

式中，t 为公元年份；C_a 为大气 CO_2 浓度；$\delta^{13}C_{atm}$ 为大气 CO_2 中的碳同位素比。同时用下式[4]：

$$\delta = (\delta^{13}C_{air} - \delta^{13}C_{plant})/(1 + \delta^{13}C_{plant}) \quad (7)$$

计算树轮 $\delta^{13}C$ 序列的残差值（假定式(7)中大气 $\delta^{13}C_{air}$ 与式(6)中 $\delta^{13}C_{atm}$ 相等）。

根据公式，对浙江西天目山柳杉树轮 $\delta^{13}C$ 年序列进行计算，由图 1 可见，3 株柳杉树轮 $\delta^{13}C$ 年序列呈现出较为一致的变化趋势。

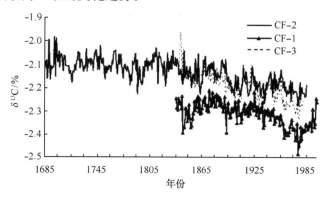

图 1　浙江西天目山柳杉树轮 $\delta^{13}C$ 年序列

3　意义

赵兴云等[2]总结概括了柳杉树轮 $\delta^{13}C$ 年序列差异模型，对天目山 3 株柳杉树轮 $\delta^{13}C$ 年序列分别进行了测定，分析了柳杉树轮 $\delta^{13}C$ 年序列变化的异同及其原因。结果表明，气候因素引起树轮 $\delta^{13}C$ 年序列的高频变化及大气 CO_2 浓度引起的低频变化对不同的柳杉个体是共同的。3 株树轮 $\delta^{13}C$ 年序列间的差异主要是树木地处局部环境条件的不同所造成的，但是局部环境条件所引起的树轮 $\delta^{13}C$ 序列间的个性差异对其共性变化影响较小。所以,3 个树轮 $\delta^{13}C$ 年序列间的个性差异,并不影响树轮 $\delta^{13}C$ 年作为气候变化研究代用资料的适宜性及重建历史气候结果的可靠性与一致性。此模型为往后的研究打下了理论基础。

参考文献

[1] Ke SZ, Liu ZR, Qian JL, et al. Angular distribution of element contents in tree rings and the environmental information. Pedosphere. 1999,9(1):6 – 76.

[2] 赵兴云,王建,钱君龙,等. 天目山柳杉树轮 $\delta^{13}C$ 年序列差异. 应用生态学报. 2006,17(3):362 – 367.

[3] Feng X, Epstein S. Carbon isotopes of trees from arid environment and implication for reconstructing atmosphere CO_2 concentration. Geochim Cosmochima Acta. 1995,59:2599 – 2608.

[4] Feng X. Long – term Ci/Ca responses of trees in western North America to atmospheric CO_2 concentration derived from carbon isotope chronologies. Oecologia. 1998,117(1):19 – 25.

[5] Qian JL, Lü J, Tu QP. Reconstruction of the last 160a climate in Tianmu Mountain regions by the $\delta^{13}C$ values of tree rings. Sci China(Series D). 2001,31:333 – 341.

土地利用的马尔可夫模型

1 背景

人类对土地的开发利用及其引起的土地覆盖变化被认为是全球环境变化的重要组成部分。土地利用变化的马尔可夫链分析在多种尺度上都得到了广泛应用,尤其是大尺度下对城市和非城市地区土地利用变化的分析和预测[1]。吴琼等[2]以北京市城市规划设计研究院提供的北京市土地利用监测数据为例,提出了马尔可夫链统计性质的皮尔逊 χ^2 检验方法。

2 公式

2.1 马尔可夫模型

有限维一阶马尔可夫链定义为满足马尔可夫性:

$$P\{X_t = j \mid X_{t-1} = i, X_{t-2} = i_{t-2}, \cdots, X_0 = i_0 \mid\} = P\{X_t = j \mid X_{t-1} = i\} \tag{1}$$

的随机变量序列 $\{X_t, t \in T\}$,$T = \{0,1,2,\cdots\}$ 为参数集,$i_k(k = 0,1,\cdots,t-2)$ 属于有限维状态空间 $N = \{1,2,\cdots,N\}$。马尔可夫性又称为无后效性,即当过程在某时刻 $t-1$ 所处状态已知的条件下,过程在时刻 t 所处的状态只与过程在 $t-1$ 时刻的状态有关,而与过程在 $t-1$ 以前所处状态无关。

如果转移概率 $p_{ij}(t) = P\{X_t = j \mid X_{t-1} = i\}$ 与现在所处时刻 $t-1$ 无关,只与现在所处状态 i 有关,称马尔可夫链为时齐马尔可夫链,或者平稳马尔可夫链。当

$$p_{ij}(t) = p_{ij} \quad t \in T \tag{2}$$

时齐马尔可夫链完全取决于转移概率矩阵:

$$P = \begin{bmatrix} p_{11} & p_{12} & \cdots & p_{1N} \\ p_{21} & p_{22} & \cdots & p_{2N} \\ \vdots & \vdots & \vdots & \vdots \\ p_{N1} & p_{N2} & \cdots & p_{NN} \end{bmatrix} p_{ij}(0), \sum_{j=1}^{n} p_{ij} = 1 \tag{3}$$

和初始分布 $s(0) = [s_1(0), s_2(0), \cdots, s_N(0)]$,$\sum_i (0) = 1$ 时齐马尔可夫链在时刻 m 的状态为:

$$s(m+1) = s(m)P \tag{4}$$

其极限分布为 $s^* = \lim\limits_{m\to\infty} s(0)P^m$。公式(4)表明,如果马尔可夫链为时齐的,且其转移概率矩阵已知,则可依据公式(4)预测马尔可夫链在未来各时刻的状态。这也是马尔可夫链用于预测问题的依据。

一阶时齐马尔可夫链的状态转移概率可以通过极大似然估计求得[3],估计结果为:

$$\hat{p}_{ij} = \frac{n_{ij}}{n_i} = \frac{n_{ij}}{\sum\limits_{i=1}^{T} n_i(t-1)} = \frac{\sum\limits_{i=1}^{T} n_{ij}(t)}{\sum\limits_{i=1}^{T}\sum\limits_{j} n_{ij}(t)} \tag{5}$$

且满足约束条件 $\sum\limits_j p_{ij} = 1$。式中,n_{ij} 为所有采样时段中从 i 类土地转移到 j 类的所有单元个数;n_i 为所有采样时段中转移的 i 类土地单元数;$n_i(t-1)$ 为在第 t 个子时段中转移的 i 类土地单元数;$n_{ij}(t)$ 为在第 t 个子时段中转移的 i 类土地单元数[4]。

2.2 时齐性检验

时齐性检验即检验一阶马尔可夫模型的概率转移矩阵是否随时间变化。将全部采样时段分成 M 个等间隔互斥子时段,则时齐性检验即为比较各子时段的概率转移矩阵在统计学上是否一致。把 M 个子时段的数据合起来,可以用公式(5)估计概率转移矩阵的公共值。如果各子时段的概率转移矩阵在统计学上一致,则各子时段的概率转移矩阵与其公共值应接近[3]。时齐性的假设检验为,H_0:对任意子时段 m,$p_{ij|m} = p_{ij}(m=1,\cdots,M)$;$H_a$:至少存在一个子时段 k,$p_{ij|k} \neq p_{ij}$。$p_{ij|m}$ 为第 m 子时段的概率转移矩阵。该检验的皮尔逊 χ^2 统计量[3]为:

$$K^{(M)} = \sum_{m=1}^{M}\sum_{i=1}^{N}\sum_{j\in A_i|m} n_{i|m}\frac{(\hat{p}_{ij|m} - \hat{p}_{ij})^2}{\hat{p}_{ij}} \tag{6}$$

式中,$A_i = \{j:\hat{p}_{ij} > 0\}$。令 a_i 代表 A_i 中的元素个数,该统计量服从自由度为 $(M-1)\sum\limits_{i=1}^{n}(a_i-1)$ 的 χ^2 分布。

2.3 马尔可夫性(无后效性)检验

若马尔可夫链为独立过程或者随机游动,则其在各确定时刻的状态相互独立,此时的概率转移矩阵满足:

$$P\{X_t = j | X_{t-1} = i, X_{t-1} = i_{t-2}, \cdots, X_0 = i_0\} = P\{X_t = j\} \tag{7}$$

即为零阶马尔可夫链。如果过程为一阶马尔可夫链,转移概率满足马尔可夫性,即式(1)。如果随机过程为 u 阶马尔可夫链,则概率转移矩阵满足:

$$P\{X_t = j | X_{t-1} = i, X_{t-2} = i_{t-2}, X_0 = i_0\} = P\{X_t = j | X_{t-1} = i, X_{t-2} = i_{t-2}, \cdots, X_{t-u} = i_{t-u}\} \tag{8}$$

所以马尔可夫性(无后效性)检验等同于检验马尔可夫链的阶数是否为一阶。该检验分为两步,首先是零阶对一阶的检验,如果拒绝,再进行一阶对二阶的检验,若接受,则马尔可夫性(无后效性)在统计学上成立。

零阶对一阶的假设检验为,H_0:对任意 i,$p_{ij} = p_j (i = 1, \cdots, N)$;$H_a$:至少存在一个 i,使得 $p_{ij} \neq p_j$。在原假设成立的情况下,p_{ij} 的估计值为 $\hat{p}_j = n_j / n$,其中 $n_j = \sum_t n_j(t)$。该检验的皮尔逊 χ^2 统计量为:

$$K^{(O_0)} = \sum_{i=1}^{N} \sum_{j=1}^{N} n_i \frac{(\hat{p}_{ij} - \hat{p}_j)^2}{\hat{p}_j} \tag{9}$$

此统计量服从自由度为 $(N-1)^2$ 的 χ^2 分布。

如果马尔可夫链为二阶,则由式(8)可知,随机变量 X 在时刻 t 处于状态 j 的概率不仅与 $t-1$ 时刻的状态有关,而且与 $t-2$ 时刻的状态有关。此时 $t-1$ 时刻的状态和 $t-2$ 时刻的状态构成了一个复合状态空间[1]。如果马尔可夫链的有限维状态空间定义为 N = {Q, R},该复合状态空间就是 {Q Q, Q R, R R, R Q},这时时齐二阶马尔可夫链的状态转移概率为 $P_{hij} = P\{X_t = j \mid X_{t-1} = i, X_{t-2} = h\}$,即随机变量 X 在 $t-1$ 时刻处于状态 i 且在 $t-2$ 时刻处于状态 h 的条件下,X 在时刻 t 处于状态 j 的概率,相应的转移单元数为 $n_{hij}(t)$,且 $n_{hi}(t-1) = \sum_j n_{hij}(t-1)$。$p_{hij}$ 的极大似然估计为 $\hat{p}_{hij} = \frac{n_{hij}}{n_{hi}}$,其中 $n_{hij} = \sum_{t=2}^{T} n_{hij}(t)$,$n_{ij} = \sum_{t=2}^{T} n_{hi}(t-1)$[3]。

一阶对二阶的假设检验为,H_0:对任意 h,$p_{hij} = p_{ij}(h = 1, \cdots, N)$;$H_a$:至少存在一个 h,$p_{hij} \neq p_{ij}$。该检验的皮尔逊 χ^2 统计量为:

$$K^{(O_1)} = \sum_{h=1}^{N} \sum_{i=1}^{N} \sum_{j \in B_i} n_{hi} \frac{(\hat{p}_{hij} - \hat{p}_{ij})^2}{\hat{p}_{ij}} \tag{10}$$

式中,$B_i = \{j : \hat{p}_{ij} > 0\}$。皮尔逊 χ^2 统计量 $K^{(O_1)}$ 在 $n_{hi} = 0$ 的情况下没有定义,令 b_i 代表 B_i 中的元素个数,c_i 代表 $C_i = \{h : n_{hi} > 0\}$ 中的元素个数,统计量 $K^{(O_1)}$ 服从自由度为 $\sum_{i=1}^{i=n} (b_i - 1)$ $(c_i - 1)$ 的 χ^2 分布。

表 1 中的数据根据公式(6)利用各子时段数据计算,给出了北京市土地利用变化的转移概率。

表 1 1986—2001 年全时段土地利用转移概率矩阵

项目	城市建设用地	农村建设用地	裸地	耕地	林地和灌丛	水域
城市建设用地	1	0	0	0	0	0
农村建设用地	0	1	0	0	0	0
裸地	0.001 64	0	0.989 40	0	0	0.008 97
耕地	0.023 10	0.003 10	0.000 04	0.971 82	0	0.001 95
林地和灌丛	0.000 04	0.000 01	0	0	0.999 93	0.000 02
水域	0.005 18	0.000 11	0	0.002 59	0	0.992 12

3 意义

吴琼等[2]以北京市土地利用变化监测数据为例,提出了马尔可夫链统计性质的皮尔逊 χ^2 拟合优度检验方法。检验结果表明,土地利用研究中通常假设的时齐性和马尔可夫性(一阶性)在统计学上并不成立,即北京土地利用演变过程为非时齐的高阶马尔可夫链。相对于马尔可夫统计性质的似然比检验中转移概率大于零的要求,皮尔逊 χ^2 检验对转移概率的要求则相对宽松,允许转移概率为零,所以应用的范围较似然比检验更为广泛。

参考文献

[1] Bell EJ, Hinojosa RC. Markov analysis of land use change: Continuous time and stationary processes. Socio – Econ Plan Sci. 1977,11(1):13 – 17.

[2] 吴琼,王如松,李宏卿,等. 土地利用/景观生态学研究中的马尔可夫链统计性质分析. 应用生态学报. 2006,17(3):434 – 437.

[3] Chen XR. Advanced Statistics. Hefei: China Science and Technology University Press. 1999,248 – 250.

[4] Anderson TW, Goodman LA. Statistical inference about Markov chains. Ann Math Stat. 1957,28(1):89 – 110.

树种多样性的加性分配模型

1 背景

物种多样性已成为生态学研究的主要内容之一,也是衡量不同单元优先保护的关键依据[1]。物种多样性的测定一般考虑物种的存在与否和各物种的多度两部分的数据。陈小勇等[2]结合遗传多样性研究中的分配方法和原理,建立基于物种丰富度、Shannon 指数和 Simpson 指数的物种多样性加性分配方法[3],研究浙江天童国家森林公园内森林群落内树种多样性。

2 公式

α、β、γ 多样性间的关系目前多采用 Whittaker[4]建立的乘积关系:$\beta = \gamma/\alpha$,以使 α 和 β 多样性具有不同的性质,不具可比性。实际上,Whittaker 进一步做了修正,表述为:$\beta = \gamma/\bar{\alpha} - 1$ [5-6]。由此可以得到:$\gamma = \bar{\alpha} + \bar{\alpha}\beta$;可简写成:$\gamma = \bar{\alpha} + \beta'$。$\beta'$ 为 Whittaker 最初表述的、反映 α 多样性变化率的 α 多样性与 α 多样性均值的乘积,与 α 多样性具有直接可比性[3]。

α、β、γ 多样性三者之间存在一种加性关系:

$$\gamma = \alpha + \beta$$

式中,α 为单元(如图 1 中的样方、样地、地点、生态区等)内多样性均值;β 为单元间的多样性,即单元之间的差异程度。当所有研究单元具有相同的物种时,以物种丰富度测定的 $\gamma = \alpha$,$\beta = 0$。

由于存在不同层次,某层次的物种多样性既是较低层次单元之和的 γ 多样性,也是组成更高层次的 α 多样性。因此有一般公式:

$$\alpha_{n-1} = \bar{\alpha}_n + \beta_n$$

式中,$\bar{\alpha}_n$ 和 β_n 分别是第 n 层次的 α 多样性的均值和 β 多样性;α_{n+1} 是更高一个层次的 α 多样性,也是所有 n 层次的 γ 多样性。

在遗传多样性测定中,采用 G_{ST} 测定遗传分化程度:

$$G_{ST} = (H_s - H_p)/H_p$$

式中,H_s、H_p 分别为物种和种群水平上的遗传多样性。

类似地,也可以计算不同单元物种多样性的差异程度,暂且称之为分异度系数(D_n)。

其算式为：

$$D_n = \beta_n/\alpha_{n+1} = 1 - \alpha_n/\alpha_{n-1}$$

对于物种丰富度来说，以上指标分别用物种数（S）代入即可。

Shannon 指数：

$$H_{\text{Shannon}} = - \sum p_i \ln p_i$$

式中，p_i 为第 i 个物种重要值比率。

Simpson 指数：

$$H_{\text{Simpson}} = 1 - \sum p_i^2$$

较高层次的 Shannon 多样性指数、Simpson 指数根据较低层次数据合并后的总体平均 p_i 值计算。

为了解加性关系和乘积关系计算的 β 多样性的差异，利用乘积关系（$\beta = \gamma/\bar{\alpha}$）计算 β 多样性（或者称为物种替换速率）。

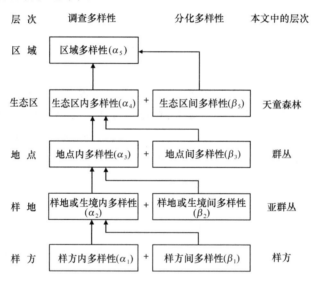

图 1　不同层次 α、β 多样性的加性分配关系[7] 及本研究中的层次

3　意义

陈小勇等[2] 总结概括了树种多样性的加性分配模型，根据物种丰富度、Shannon 指数和 Simpson 指数建立了物种多样性分配方法，提出分异度系数，对天童森林公园内不同森林类型的树种多样性进行了分析。结果表明，基于物种丰富度指数，总体的多样性只有小部分归功于样方内多样性，而多样性大多分配在样方间、亚群丛间或群丛间，例如，在木荷－栲

树群丛中,样方内只贡献了20.3%的物种丰富度。而在 Shannon 指数和 Simpson 指数中,多样性大多分配在样方内。这种差异主要是由于后两种指数不仅考虑了物种的存在与否,也考虑了其在样方内的多度。同时比较分析了加性分配与传统方法的结果。为不同多样性指数加性分配提供了理论依据。

参考文献

［1］ Chen XY,Li YY,Lu HP. Identification of geographic priority for biodiversity conservation. In:Chen Y – Y ed. Biodiversity Conservation and Regional Sustainable Development. Beijing:China Forestry Press. 2002. 28 – 36.

［2］ 陈小勇,陆慧萍,应向阳,等. 天童国家森林公园树种多样性的加性分配. 应用生态学报. 2006,17 (4):567 – 571.

［3］ Lu H – P,Shen L,Zhang X,et al. Identifying populations for priority conservation Ⅱ. Models based on haplotype richness and their applications in Ginkgo biloba. Acta Ecol Sin. 2004,24(10): 2312 – 2316.

［4］ Whittaker RH. Vegetation of the Siskiyou Mountains, Oregon and California. Ecol Monogr. 1960,30:279 – 338.

［5］ Koleff P, Gaston KJ, Lennon JJ. Measuring beta diversity for presence – absence data. J Anim Ecol. 2003, 72:367 – 382.

［6］ Magurran AE. Ecologieal Diversity and its measurement. New Jersey:Princeton University Press. 1988.

［7］ Gering M, Yamada, Y,Rabbitts Trt. et al. Lmoz and Sel/Tall concert non – axial mesoderm into haemagroblasts which olifferentiate into enalothelial cells in the absence of Gatal. Decelopment. 2003. 130:6187 – 6199.

微根管的细根动态模型

1 背景

微根管是一种非破坏性野外观察细根动态的方法[1],目前已广泛地应用于农作物、草地、沙漠植物、果园和森林等人工或自然植物群落的细根寿命研究中。它最大的优点是在不干扰细根生长过程的前提下,既能多次监测单个细根从出生到死亡,也能记录细根的生长、生产和物候等特征,是估计生态系统地下碳分配和碳平衡研究的有效方法[2]。史建伟等[3]根据两年多的实践,从微根管的发展、安装使用以及影响因素3个方面介绍了微根管在细根研究中的应用,并通过水曲柳(*Fraxinus mandshurica*)和落叶松(*Larix gmelini*)细根微根管测定的实例说明有关参数的计算方法。

2 公式

2.1 体积单位

为使数据能成为一种描述生态系统过程,并与以常用的单位土壤体积为基础的地下特征和动态数据进行比较,以微根管为基础的细根现存量、生产量和周转估计也可以转换成以一个体积为基础的单位来表示。有两种方法已被用于将微根管图像数据转换成单位体积的根长密度。方法一是运用观测到的根数量(包括与观测窗相交而不能测量根长的根)[4]来计算管所占据单位土壤体积内的根长期望值。

$$RLD_v = E_f N / A \tag{1}$$

式中,RLD_v 为单位体积根长密度($m \cdot m^{-3}$);N 为观察到的根数;A 为观察微根管图片面积(m^2);E_f 为理论转换系数($m \cdot m^{-1}$),不同植物种转换系数不同。

方法二是计算单位体积根长密度。假设管周围的 2 – D 图像处在较小的范围,如 2 ~ 3 mm,能观察到所有的根。它是用观察到的根长除以微根管图片面积与单位土壤体积内根长密度的田间深度乘积:

$$RLD_v = L / (A \times DOF) \tag{2}$$

式中,L 为在微根管图片中观察到的根长(m);DOF 是田间深度(m)。式(1)计算 RLD_v 时往往需要建立根长与根数量之间的关系,来计算理论转换系数 E_f,需要综合考虑根在观察窗内生长的方向以及根的最大生长长度等因素,而这样通常会产生较大的误差。因此,目前多数研究者主要采用式(2)来计算 RLD_v。

以上任一单位体积根长密度也能通过乘以取样土壤剖面深度(D)转换成以单位面积为基础的根长密度：

$$RLD_A(m \cdot m^{-2}) = RLD_v(m \cdot m^{-3}) \times D \tag{3}$$

2.2 生物量转换

如果比根长(SRL)或每克根生物量的根长为已知，那么单位体积根长密度可以转换为生物量密度。通常结合土钻法取得的数据来估计。每单位土壤体积根生物量密度用下式来计算：

$$RBD_v = \sum (RLD_i/SRL_i) \tag{4}$$

式中，RBD_v 为单位体积根生物量密度($g \cdot m^{-3}$)；RLD_i 为直径为 i 的单位体积根长密度($m \cdot m^{-3}$)；SRL_i 为直径为 i 的比根长($m \cdot g^{-1}$)。

2.3 现存量、生产和周转

运用上述介绍的方法，体积根长密度(RLD_v)或根生物量密度(RBD_v)在每次微根管取样时能够作为细根现存量的估计值。所有每次取样得到的根长密度[式(1)或式(2)]的差值总和用于估计细根的生产或周转，也可以通过式(4)转换为根生物量密度来表示。周转率的计算可用以下公式：

$$T = P/Y \tag{5}$$

式中，T 为细根周转速率(次/年)；P 为细根年产量(年长度产量或年生物量产量)；Y 为活细根现存量平均值(平均长度或平均生物量)。

根据公式，进行实际计算。运用单位体积根生物量密度变化来表示生产和死亡，生产量用最后取样与开始取样的单位体积根生物量密度的增加量，绝对周转(死亡)量用减少量，数据分析见表1。

表1 水曲柳(A)和落叶松(B)细根数据分析

树种	时间	总长度/mm	RLD_v/($\times10^4$ m·m^{-3})	RLD_A/($\times10^3$ m·m^{-2})	RBD_v/($\times10^2$ g·m^{-3})	总生长量/(g·m^{-3})	总死亡量/(g·m^{-3})
A	4月18日	9.09	1.443	2.655	4.433	174.2	
	5月7日	11.58	1.838	3.382	5.647		
	5月18日	12.52	1.987	3.656	6.104		
	6月2日	12.63	2.005	3.689	6.160		
	6月15日	1.66	2.010	3.698	6.175		
B	4月18日	11.47	1.821	2.677	12.28		
	5月7日	11.27	1.789	2.630	12.06		
	5月18日	10.75	1.706	2.508	11.50		
	6月2日	8.80	1.397	2.054	9.420		
	6月15日	7.81	1.240	1.823	8.361		

3 意义

史建伟等[3]总结概括了微根管数据分析模型,从微根管的发展、功能、安装步骤、图像采集、参数计算、影响观测因素和存在问题等方面逐一进行介绍,并通过水曲柳和落叶松微根管细根观测实例介绍在细根周转过程研究中的应用。结果表明,微根管可以比较精确地估计出细根长度、单位面积上根长密度、单位体积上根长密度、细根生长量、细根死亡量和细根周转等。微根管是一个观察细根生长、衰老、死亡和分解过程的有效工具。微根管观测精度主要取决于微根管安装的质量和数量、微根管取样间隔期和取样数量、微根管图像分析技术等。旨在提高对微根管法的认识,促进我国根系研究的发展,为微根管研究细根的应用奠定基础。

参考文献

[1] Johnson MG, Tingey DT, Phillips DL, et al. Advancing fine root research with minirhizotrons. Environ Exp Bot. 2001,45:263 – 289.

[2] Hendrick RL, Pregitzer KS. Applications of minirhizotrons to understand root function in forests and other natural ecosystems. Plant Soil. 1996,185:293 – 304.

[3] 史建伟,于水强,于立忠,等. 微根管在细根研究中的应用. 应用生态学报,2006,17(4):715 – 719.

[4] Merrill SD, Upchurch DR. Converting root numbers observed at minirhizotrons to equivalent root length density. Soil Sci Soc Am J. 1994,58:1061 – 1067.

磷的植物响应模型

1 背景

外来种的入侵性取决于外来种自身特性与潜在可被入侵生境特征之间的相互作用[1]。生境资源的有效性影响其可入侵性,养分是最重要的环境资源之一。养分的增加可促进外来种的入侵,贫瘠环境下更是如此。王满莲等[2]以紫茎泽兰和飞机草为材料,研究两种植物生长、生物量分配和光合生理特性对磷营养的响应,探讨与其入侵性有关的特征以及生境磷素的增加是否会促进其入侵,在此过程中提出了植物形态和光合特性对磷营养响应模型。

2 公式

2.1 生长和生物量分配参数

分别于 2003 年 12 月 31 日和 2004 年 3 月 31 日测定了紫茎泽兰和飞机草的形态、生物量分配和生长相关参数。第 1 次测定参数为:株高、总叶面积、叶干重(所有叶测定指标均指单株现存叶)、支持结构干重和根干重,在此基础上第 2 次增测了分枝数和冠宽。第 2 次测定前先测定植株成熟叶片的气体交换参数和光合色素含量。每次测定选取不同处理下的两种植物各 8 株。用直尺(精确度 1 mm)测株高和冠宽,其中冠宽取 2 个垂直方向测定值的平均数。用 Li-3000 型叶面积仪测叶面积。称重部分在 80℃烘 48 h,电子天平(精确度 0.000 1 g)称量。计算参数:叶生物量分数(LMF,叶重/植株总重)、根生物量分数(RMF,根重/植株总重)、比叶面积(SLA,总叶面积/总叶重)、冠面积(0.25π×冠宽 2)和叶面积指数(LAI,总叶面积/冠面积)[3]。采用 Poorter 等[4]的方法计算平均相对生长速率(RGR)和净同化速率(NAR)。

$$RGR = \frac{\ln W_2 - \ln \overline{W_1}}{\Delta t}$$

$$NAR = \frac{W_2 - \overline{W_1}}{L_2 - L_1} \times \frac{\ln L_2 - \ln \overline{L_1}}{\Delta t}$$

式中,$\overline{W}$、$\overline{L_1}$ 分别为第 1 次测定时某种植物总生物量(g)和叶面积(cm²)8 个重复的算术平均值;W_2、L_2 分别为第 2 次测定时某种植物单个重复的总生物量和叶面积;Δt 为两次测定的时间间隔(d)。

2.2 气体交换参数的测定

选取植株第 3 对或第 4 对(自上而下)成熟叶片为测定对象,各处理所选叶片的空间取向和角度尽量一致(西向且基本与地面水平),4 个重复。测定前先对不同处理的两种植物做预备实验,确定其大概的饱和光强,并将待测叶片在该光强下诱导 30 min 以充分活化光合系统。叶片与光源间有 10 cm 厚的流动水层,以减少叶片升温。用 Li – 6400 便携式光合仪(LI – COR,Lincoln,Nebraska,USA)测定叶片净光合速率(P_n)。使用开放气路,空气流速为 0.5 L·min^{-1},叶片温度 30℃,CO_2 浓度 360 μmol·mol^{-1},设定的光强分别为 2 000 μmol·m^{-2}·s^{-1}、1 500 μmol·m^{-2}·s^{-1}、1 000 μmol·m^{-2}·s^{-1}、800 μmol·m^{-2}·s^{-1}、500 μmol·m^{-2}·s^{-1}、300 μmol·m^{-2}·s^{-1}、200 μmol·m^{-2}·s^{-1}、100 μmol·m^{-2}·s^{-1}、50 μmol·m^{-2}·s^{-1} 和 0 μmol·m^{-2}·s^{-1},每一光强下停留 3 min。以光量子通量密度(PFD)为横轴、P_n 为纵轴绘制光合作用光响应曲线(P_n – PFD 曲线)。依据 Bassman 和 Zwier[5] 的方法拟合 P_n – PFD 的曲线方程:

$$P_n = P_{\max}(1 - C_0 e^{-\Phi PFD/P_{\max}})$$

式中,$P_{\max}$ 为最大净光合速率;Φ 为弱光下量子效率;C_0 为度量弱光下净光合速率趋于 0 的指标。通过适合性检验,拟合效果良好,然后用下式计算光补偿点(LCP):

$$LCP = P_{\max}\ln(C_0)/\Phi$$

假定 P_n 达到 $P_{\max}$99% 的 PFD 为光饱和点(LSP),则:

$$LSP = P_{\max}\ln(100C_0)/\Phi$$

用 One – way ANOVA 法分析紫茎泽兰和飞机草在不同供磷水平下各参数的差异,用独立样本 t – Test 分析相同供磷水平下的种间差异,所用软件为 SPSS 11.5(SPSS Inc.,USA),用 SigmaPlot 8.02(SPSS Inc.,USA)绘图。

根据公式,对两种植物生长和形态特性对磷水平的响应进行绘图。由图 1 可见,紫茎泽兰的 RGR 在供磷量 $0.1 \sim 0.6$ g·kg^{-1} 之间差异不显著,但显著高于对照,NAR 和株高均随供磷量的增加总体呈上升趋势,供磷量为 0.1 g·kg^{-1} 时值最高;紫茎泽兰和飞机草的分枝数和 LAI 均随供磷量的增加而增大,过量养分下降低不显著;飞机草的 RGR、NAR 和株高均随供磷量的增加呈先升后降的趋势,在供磷量为 0.2 g·kg^{-1} 时达最高值,之后有所下降。

3 意义

王满莲等[2] 总结概括了植物形态和光合特性对磷营养的响应模型,比较研究了紫茎泽兰和飞机草的生长、形态、生物量分配和光合特性对磷营养的可塑性反应以及与其入侵性的关系。两种入侵植物对磷营养变化表现出很强的可塑性和适应性。两种入侵植物偏好磷较高的环境,土壤磷含量升高有利于其入侵,并在高磷时,通过增大株高、分枝数和叶面

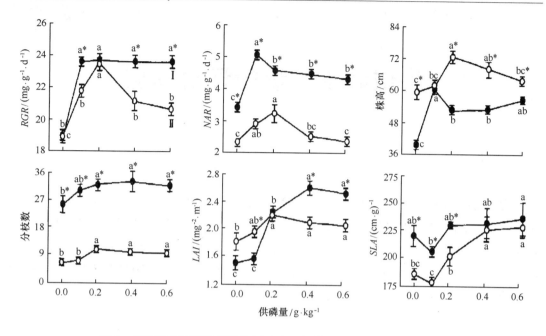

图1 不同磷水平下紫茎泽兰(Ⅰ)和飞机草(Ⅱ)的生长和形态特性

积指数荫蔽排挤本地种。在本地种基本停止生长的干季,紫茎泽兰和飞机草仍维持较高的相对生长速率。为当地的生物入侵和生态规划提供了理论依据。

参考文献

[1] Ehrenfeld JG. Effects of exotic plant invations on soil nutrient cycling processes. Ecosystems. 2003,6:503 – 523.

[2] 王满莲,冯玉龙,李新. 紫茎泽兰和飞机草的形态和光合特性对磷营养的响应. 应用生态学报, 2006,17(4):602 – 606.

[3] Poorter L. Growth responses of 15 rain – forest tree species to a light gradient:The relative importance of morphological and physiological traits. Funct Ecol. 1999,13:396 – 410.

[4] Poorter L, Werger MJ. Light environment, sapling architecture, and leaf display in six rain forest tree species. Am J Bot. 1999,86:1464 – 1473.

[5] Bassman J, Zwier JC. Gas exchange characteristics of Populus trichocarpa, Populus deltoids and Populus trichocarpa × P. deltoids clone. Tree Physiol. 1991,8:145 – 159.

海域环境质量的评价模型

1 背景

由于受到地表径流、工业废水及生活污水和海水养殖等因素的影响,河口近海的环境污染问题日益严峻,对其环境进行保护和评价已成为政府部门和科学家们关注的焦点[1]。近年来,随着珠江口周边地区经济的飞速发展,生活污水、工农业废水及养殖废水入海量不断扩大,珠江口海域已成为我国近海污染最严重的海域之一。根据 2003 年 8 月至 2004 年 8 月的调查资料,姜胜等[2] 对广州海域环境质量进行了评价。

2 公式

2.1 单项水质评价方法

标准指数法计算公式为:

$$S_{i,j} = C_{i,j}/C_{s,j} \tag{1}$$

式中,$S_{i,j}$ 为标准指数;$C_{i,j}$ 为污染物 i 在监测点 j 的浓度;$C_{s,j}$ 为调查因子 i 的评价标准值。

DO 的标准指数为:

$$S_{DO,j} = \frac{|DO_f - DO_j|}{DO_f - DO_s}, DO_j \geqslant DO_s \tag{2}$$

$$S_{DO,j} = 10 - 9\frac{DO_j}{DO_s}, DO_j < DO_s \tag{3}$$

$$DO_f = 468/(31.6 + T) \tag{4}$$

式中,$S_{DO,j}$ 为 DO 的标准指数;DO_f 为饱和 DO 浓度;DO_j 为 j 站位的 DO 测定值;DO_s 为 DO 的评价标准值;T 为 j 站位的水温测定值。

pH 值的标准指数为:

$$S_{pH,j} = \frac{pH_j - pH_{sm}}{pH_{sm} - pH_{sd}} \tag{5}$$

式中,$S_{pH,j}$ 为 pH 值的标准指数;pH_j 为 j 站位的 pH 值测定值;pH_{sm} 为 pH 值的评价标准上限和下限(7.8~8.5)的平均值;pH_{sd} 为 pH 值水质标准的下限值。

2.2 综合评价指数方法

采用分指数的平均值和最大值的平方和的尼罗梅法,既考虑了平均分指数的影响,也照顾到了最大分指数的影响:

$$WQI = \sqrt{\frac{S_{max}^2 + S_j^2}{2}}$$ (6)

$$S_j = \frac{1}{n}\sum_{i=1}^{n} S_{i,j}$$ (7)

式中,WQI 为多项污染的综合质量指标;S_{max} 为各项污染物中的最大分指数;S_j 为 j 站位各项污染物的分指数之平均值;n 为评价因子种类数量。

2.3 富营养化水平评价

采用目前国内常用的富营养化公式评价广州海域富营养化状况,其公式为:

$$E = \frac{COD \times DIN \times DIP}{4\,500} \times 10^6$$ (8)

式中,当 E 值大于或等于 1 即为水体富营养化(COD、DIN、DIP 的单位均为 mg·L^{-1})。E 值越高,富营养化程度就越严重。

根据公式,计算了广州海域水质污染指数和富营养化指数,见表 1。

表 1　广州海域水质污染指数和富营养化指数

站位	单项污染指数												S_j	WQI	E
	pH值	DO	COD	油类	DIN	PO$_4^{3-}$-P	Cu	Cd	Pb	Zn	Hg	As			
S_1	2.91	6.07	1.90	2.66	15.70	2.27	1.06	0.63	3.77	1.49	0.84	0.27	3.30	11.34	89.92
S_2	2.97	5.74	1.92	3.20	13.75	2.40	1.36	0.62	2.12	0.79	0.39	0.21	2.96	9.94	84.26
S_3	2.97	5.43	1.71	3.40	13.35	2.00	0.75	0.40	2.34	0.48	0.30	0.25	2.78	9.64	60.70
S_4	3.09	5.13	1.92	2.80	13.55	2.80	1.35	0.24	1.44	0.72	0.40	0.25	2.81	9.78	96.87
S_5	3.43	1.95	1.07	2.50	7.45	3.00	1.08	0.26	0.88	0.45	1.42	0.38	1.99	5.453	1.74
S_6	3.06	4.24	1.54	2.40	8.40	2.20	1.61	0.85	1.40	0.52	0.68	0.42	2.72	6.23	37.82
S_7	3.03	3.61	1.90	1.66	8.75	3.27	1.31	0.87	0.84	0.36	0.62	0.21	2.20	6.38	72.22
S_8	2.91	3.54	1.49	1.82	8.55	2.87	1.34	1.03	0.85	1.79	0.56	0.21	2.25	6.25	48.53
S_9	2.77	2.79	1.17	1.48	8.80	3.27	1.29	0.85	0.91	1.14	2.22	0.20	2.24	6.42	44.65
S_{10}	2.00	1.81	1.14	1.24	8.30	2.47	1.30	1.11	1.59	0.58	0.66	0.22	1.87	6.02	31.12
S_{11}	2.09	1.90	1.00	1.24	7.50	3.20	1.00	1.26	0.70	0.40	1.52	0.21	1.84	5.50	32.00
S_{12}	2.09	0.54	1.03	2.32	7.15	2.80	0.74	0.41	1.76	0.51	0.82	0.19	1.70	5.20	27.36
S_{13}	1.71	0.58	0.91	2.00	7.60	5.80	1.38	0.69	0.98	0.31	2.22	0.19	2.03	5.56	53.19
S_{14}	1.71	0.87	1.35	1.52	6.65	3.50	1.04	1.26	0.55	0.53	0.84	0.34	1.68	4.85	40.70
S_{15}	2.43	0.99	0.88	1.72	6.20	2.93	1.70	0.29	1.58	0.36	0.86	0.21	1.68	4.54	21.34
S_{16}	2.37	0.85	0.92	2.24	7.75	2.47	1.11	0.33	1.21	0.43	1.08	0.31	1.76	5.62	23.45
S_{17}	1.63	0.85	1.02	1.36	6.10	3.33	1.85	0.66	0.51	0.88	0.90	0.20	1.61	4.46	27.65
平均	2.60	2.73	1.36	2.14	9.35	2.98	1.21	0.69	1.43	0.68	0.96	0.25	2.22	6.80	48.44

根据水质单项指标标准评价结果可知,广州海域平均单项污染指数达到2.22,属中度污染类型。

3 意义

姜胜等[2]总结概括了广州海域环境质量评价模型,根据2003年8月至2004年8月的水质调查数据,运用水质质量单项标准指数法、综合指数WQI法和富营养化评价法,对广州海域环境质量进行评价。结果表明,DIN的污染情况最严重,所有监测站位DIN含量均超过四类海水水质标准,其平面分布呈现从湾内向湾外递减的特征。受珠江径流和陆源排污等的影响,广州海域大部分处于重度污染,且严重富营养化,其单项污染指数、综合污染指数和富营养化指数的平均值分别为2.22、6.80和48.44,表现为从湾内向湾外递减的趋势,高值区均出现在黄埔港至狮子洋海域。此模型旨在为广州海域环境保护提供科学依据。

参考文献

[1] Dai M,Li CH,Jia XP,et al. Ecological characteristics of phytoplankton in coastal area of Pearl River estuary. Chin J Appl Ecol. 2004,15(8): 1389 – 1394.

[2] 姜胜,顾继光,冯佳和,等. 广州海域环境质量评价. 应用生态学报,2006,17(5):894 – 898.

生态的多样性模型

1 背景

鉴于目前对多样性与生态系统相互关系、多样性与生态系统服务功能及其变化的相互关系的研究已经日渐深入,生物多样性研究已成为目前生态学界研究的热点之一,生态多样性评估与模拟也成为最近的一个研究热点[1]。岳天祥等[2]分析并校验了最近提出的一个模型——Scaling 生态多样性模型的理论完备性,并以新疆维吾尔自治区阜康市为案例区,讨论并比较了该模型与传统 Shannon 模型在不同空间尺度和空间分辨率上的应用情况。

2 公式

2.1 多样性模型的缺陷剖析

以最为常用的 Shannon 多样性模型为例,讨论此类多样性模型存在的缺陷。

2.1.1 Shannon 模型的大样本需求

根据 Shannon 模型的推导过程可以发现,如果在研究中采用 Shannon 模型,每个物种或每类景观元的个体数必须大于 100,模拟得到的多样性结果才是有意义的。

$$假定 \quad N = \sum_{i=1}^{m} n_i \tag{1}$$

$$并且 \quad R = \frac{N!}{\prod\limits_{i=1}^{m} n_i!} \tag{2}$$

式中,N 为物种或景观元的个体总数;m 为物种或景观元种类数;n_i 为第 i 种物种或景观元的个体数。则:

$$H = \frac{\ln R}{N} = \frac{1}{N}\left(\ln N! - \sum_{i=1}^{m} \ln n_i!\right) \tag{3}$$

根据 Stirling 公式:

$$n! \geqslant \left(\frac{n}{e}\right)^n (2\pi n)^{\frac{1}{2}} e^{w(n)} \tag{4}$$

$$H = \frac{1}{n}\left\{\ln\left[\left(\frac{N}{e}\right)^N (2\pi n)^{\frac{1}{2}} e^{w(N)}\right]\right\} - \sum_{i=1}^{m} \ln\left[\left(\frac{n_i}{e}\right)^{n_i} (2\pi n_i)^{\frac{1}{2}} e^{w(n_i)}\right] =$$

$$- \sum_{i=1}^{m} p_i \ln p_i + \varepsilon(n_1, n_2, \cdots, n_m) \qquad (5)$$

式中:

$$\frac{1}{12(n + 0.5)} < w(n) < \frac{1}{12n};$$

$$\varepsilon(n_1, n_2, \cdots, n_m) = \left[\frac{1}{2N} \left(\ln(2\pi N) - \sum_{i=1}^{m} \ln(2\pi n_i) \right) + \frac{w(N) - \sum_{i=1}^{m} w(n_i)}{N} \right];$$

$$p_i = \frac{n_i}{N}$$

当 $n_i \geqslant 100$ 时,我们可以得到一个近似表达式[3],即 Shannon 模型:

$$H \approx - \sum_{i=1}^{m} p_i \ln p_i \qquad (6)$$

2.1.2 Shannon 模型不能反映空间尺度信息

多样性和相应的研究区域的面积有着非常密切的关系。如果取样的区域更大,将会发现更多的物种。物种数量和面积的关系可以表达为:

$$m = C \cdot \left(\frac{1}{S} \right)^{-D_0} \qquad (7)$$

或

$$\log m = \log C + D_0 \cdot \log S \qquad (8)$$

式中,m 为物种的数量;S 为面积;C 为常量;D_0 为 Hausdorf 分维数。

2.1.3 Shannon 模型不能表达多样性的丰富性信息

Shannon 模型的核心函数 $f(x) = - x \ln x$ 并不是一个严格递增的函数。因为 $\frac{df(x)}{dx} = -(\ln x + 1)$,因此当 $x < 0.3679$,$x > 0.3679$ 和 $x = 0.3679$ 时,$\frac{df(x)}{dx}$ 分别小于 0,大于 0 和等于 0。也就是说,当 $x < 0.3679$ 时,$f(x) = - x \ln x$ 递增;当 $x > 0.3679$ 时,$f(x) = - x \ln x$ 递减;当 $x = 0.3679$ 时,$f(x) = - x \ln x$ 达到极大值(表1)。因此,当 p_i 为研究区域内第 i 种物种或景观元所占的比例小于 0.3679 时,Shannon 模型模拟得到的多样性指数将随 p_i 的增加而增大;当 $p_i > 0.3679$ 时,多样性指数将随 p_i 的增加而减小;当 $p_i = 0.3679$ 时,多样性指数将达到最大值。

表 1 $f(x) = -x\ln x$ 及其自变量的关系

x	$f(x) = -x\ln x$
0	0
0. 000 01	0. 000 1
0. 000 1	0. 000 9
0. 001	0. 006 9
0. 01	0. 046 1
0. 1	0. 230 3
0. 2	0. 321 9
0. 367 9	0. 367 9
0. 4	0. 366 5
0. 5	0. 346 6
0. 6	0. 306 5
0. 7	0. 249 7
0. 8	0. 178 5
0. 9	0. 094 8
1	0

2. 2　Scaling 生态多样性模型

Scaling 生态多样性模型的数学表达式为:

$$D(\varepsilon,t) = -\frac{\ln\left\{\sum_{i=1}^{m(\varepsilon,t)}\left[p_i(\varepsilon,t)\right]^{\frac{1}{2}}\right\}^2}{\ln(\varepsilon)} \tag{9}$$

式中, $p_i(\varepsilon,t)$ 为第 i 个调查对象(如物种,景观元)出现的概率; $m(\varepsilon,t)$ 为调查对象的总数; t 为时间变量; $\varepsilon = (e+a)^{-1}$, a 为研究区域的面积或样方的面积(以公顷为单位), $e = 2.71828$。

根据 Lagrange 乘数法[4], $D(\varepsilon,t)$ 达到最大值的必要条件是:

$$\frac{\partial D(\varepsilon,t)}{\partial p_j(\varepsilon,t)} + \lambda \cdot \frac{\partial k[p_1(\varepsilon,t),\cdots,p_m(\varepsilon,t)]}{\partial p_j(\varepsilon,t)} = 0 \tag{10}$$

式中, $j = 1,2,\cdots,m$; $k[p_1(\varepsilon,t),\cdots,p_m(\varepsilon,t)] = 1 - \sum_{i=1}^{m(\varepsilon,t)} p_i(\varepsilon,t)$。

此微分方程的解是 $p_j(\varepsilon,t) = \dfrac{1}{m(\varepsilon,t)}$,即在约束 $\sum_{i=1}^{m(\varepsilon,t)} p_i(\varepsilon,t) = 1$ 时,当研究区域内每种调查对象数量相等时, $D(\varepsilon,t)$ 达到其最大值 $-\dfrac{\ln m(\varepsilon,t)}{\ln\varepsilon}$。这说明 Scaling 生态多样性模型能够表示多样性的均一性方面的信息。

当 $p_j(\varepsilon, t) > 0 (j = 1, 2, \cdots, m)$ 时,

$$\frac{\partial D(\varepsilon, t)}{\partial p_j(\varepsilon, t)} = \frac{1}{\left\{ p_j(\varepsilon, t)^{\frac{1}{2}} \cdot \sum_{i=1}^{m} \left[p_j(\varepsilon, t) \right] \right\}^{\frac{1}{2}}} > 0 \qquad (11)$$

因此,$D(\varepsilon, t)$ 是 $p_j(\varepsilon, t)$ 的严格递增函数,也就是说,Scaling 生态多样性模型能够表示多样性的丰富性方面的信息。

3   意义

岳天祥等[2]总结概括了生态多样性研究模型,引进了 Scaling 生态多样性模型,以新疆维吾尔自治区阜康市为案例区进行模拟研究。结果表明,随着空间分辨率逐渐粗化,Shannon 模型模拟结果缺乏规律性,而 Scaling 生态多样性模型模拟得到的景观元多样性在 30 m ×30 m ~ 150 m×150 m 的空间尺度范围内不受空间分辨率的影响;Scaling 生态多样性模型具有理论上的完备性,能够综合反映研究区域内研究对象丰富性和均一性两方面的多样性信息,可以监控和模拟不同空间尺度上的生态多样性,并可用于研究区域内不同空间尺度上研究对象多样性情况的趋势预测和情景分析。

参考文献

[1] Ibanez JJ, Caniego J, San Jose F, et al. Pedodiversity – area relationships for islands. Ecol Model. 2005, 182: 257 – 269.

[2] 岳天祥,马胜男,吴世新,等. 生态多样性模型的理论分析及应用:以新疆维吾尔自治区阜康地区为例. 应用生态学报,2006,17(5):867 – 872.

[3] Haken H. Synergetics. Berlin: Springer – Verlag. 1983.

[4] Kolman B, Trend W F. Elementary Multivariable Calculus. New York: Academic Press. 1971.

温室番茄的分配与产量模型

1 背景

干物质分配的模拟一直是作物模拟模型研究的重要内容。倪纪恒等[1]通过不同地点、品种和基质试验,利用累积辐热积来拟合温室番茄的分配指数,并与采收指数(Harvest index,HI)相结合来预测番茄产量,建立了适合我国栽培技术和种植制度的温室番茄干物质分配和产量预测的模拟模型。

2 公式

2.1 辐热积计算

相对热效应(Relative thermal effectiveness,RTE)指的是作物在实际温度条件下生长一天与作物在最适温度条件下生长一天的比例。在生长下限温度与最适温度之间,热效应随着温度的升高呈线性增加,在最适温度和生长上限温度之间,热效应随着温度的升高呈线性递减。则每小时相对热效应(RTE)与温度(T)的关系可用公式(1)表示。

$$RTE = \begin{cases} 0 & (T \leq T_b) \\ (T - T_b)/(T_0 - T_b) & (T_b < T < T_0) \\ 1 & (T = T_0) \\ (T_m - T)/(T_m - T_0) & (T_0 < T < T_m) \end{cases} \qquad (1)$$

式中,T_0 为生长最适温度;T_b 为生长下限温度;T_m 为生长上限温度;T 为每小时的平均温度。根据文献资料[2],番茄各生育时期的生长三基点温度如表1所示。

表1　番茄各生育时期的生长三基点温度*　　　　　　　　　　　　　　单位:℃

生育期	T_b	T_0	T_m
苗期	10	25	30
开花期	15	25	30
结果期	15	25	35
采收期	15	25	35

* T_b、T_0、T_m 分别为生长下限温度、生长最适温度和生长上限温度。

光温对番茄生长的影响可以用辐热积(Product of thermal effectiveness and PAR,简称 TEP)来量化。辐热积为相对热效应与光合有效辐射(PAR)的乘积。每日相对辐热积(Relative product of thermal effectiveness and PAR,简称 RTEP)由各小时的平均相对热效应乘以相应小时内总光合有效辐射累加得到。

$$HRTEP = RTE \times PAR \times 3\,600 \tag{2}$$

$HRTEP$ 为每小时的相对辐热积($J \cdot m^{-2} \cdot h^{-1}$),$RTE$ 为每小时的相对热效应,PAR 为每小时的平均光合有效辐射($J \cdot m^{-2} \cdot s^{-1}$),3 600 是将 1 h 内的平均光合有效辐射($J \cdot m^{-2} \cdot s^{-1}$)换算成该时段内的总光合有效辐射($J \cdot m^{-2} \cdot h^{-1}$)的单位换算系数。

每日的相对辐热积($RTEP$)可以将一天内 24 h 的相对辐热积累加得到。

$$RTEP = \sum (HRTEP/1\,000\,000) \tag{3}$$

$RTEP$ 为每日相对辐热积($MJ \cdot m^{-2} \cdot d^{-1}$),1 000 000 是将 J 转换为 MJ 的单位换算系数。

最后将每日相对辐热积进行累加,得到整个生育期的累积辐热积(TEP)。

$$TEP(i+1) = TEP(i) + RTEP(i+1) \tag{4}$$

$TEP(i+1)$ 为第 $i+1$ 天的累积辐热积($MJ \cdot m^{-2}$),$TEP(i)$ 为第 i 天的累积辐热积($MJ \cdot m^{-2}$),$RTEP(i+1)$ 为第 $i+1$ 天的每日相对辐热积($MJ \cdot m^{-2} \cdot d^{-1}$)。

2.2 分配指数计算

在运用分配指数模拟干物质分配时,一般认为同化产物首先在地上部分和地下部分之间分配,然后在地上部分之间进行分配[3]。

地上部分分配指数指的是地上部分干重占总干重的比例。各个器官的分配指数指的是植株体器官干重占地上部分干重的比例。

$$PIS = WSH/B \tag{5}$$

$$PIS = 1 - PIR \tag{6}$$

式中:PIS 为地上部分分配指数;PIR 为根分配指数。WSH 为地上部分干重($kg \cdot hm^{-2}$);B 为总干物量($kg \cdot hm^{-2}$)。

$$PIST = W_s/WSH \tag{7}$$

$$PIL = W_l/WSH \tag{8}$$

$$PIF = W_f/WSH \tag{9}$$

式中:$PIST$、PIL 和 PIF 分别为茎、叶和果实分配指数。W_s、W_l 和 W_f 分别为茎、叶和果实干重($kg \cdot hm^{-2}$),WSH 为地上部分干重($kg \cdot hm^{-2}$)。

根据试验的资料和式(1)~式(9)计算得到的地上部分和根系的分配指数与累积辐热积的关系如图1(a)所示,番茄地上部分干物质分配给茎、叶、果的分配指数与累积辐热积的关系如图1(b)所示。

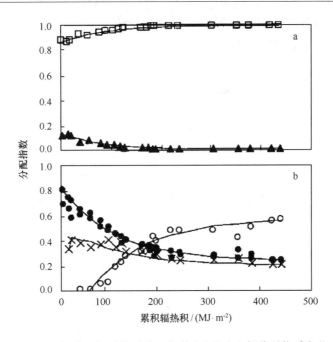

图1　地上部分和根干物质分配指数(a)及地上部分干物质向茎、
叶和果分配指数(b)与累积辐热积的关系

2.3　分配指数与温度和辐射定量关系确定

番茄地上部分和根系的分配指数与累积辐热积的关系公式为:

$$PIS = 1 - 0.12 \times \exp(- TEP/100) \quad R^2 = 0.96 \quad RMSE = 0.008 \qquad (10)$$

$$PIS = 1 - PIS \qquad (11)$$

式中,PIS 为地上部分分配指数;PIR 为根系分配指数;TEP 为累积辐热积($J \cdot m^{-2}$)。

番茄地上部分干物质分配给茎、叶、果的分配指数与累积辐热积的关系公式为:

$$PIL = 0.23 + 0.59 \times \exp(- TEP/110) \quad R^2 = 0.89 \quad RMSE = 0.04 \qquad (12)$$

$$PIST = \begin{cases} 0.02 \times TEP & TEP \leqslant 21 \quad R^2 = 0.99 \\ 0.2 + 0.3 \times \exp(- TEP/108) & 21 < TEP \leqslant 515 \quad R^2 = 0.80 \end{cases} \qquad (13)$$

$$PIF = 1 - PIST - PIF \qquad (14)$$

式中,PIL 为叶分配指数;$PIST$ 为茎分配指数;PIF 为果分配指数,TEP 为累积辐热积($MJ \cdot m^{-2}$)。

2.4　地上部分、根系和各器官生长模拟

地上部分干重可以通过模拟总干重与地上部分分配指数的乘积得出,根干重可以通过模拟总干重与根系分配指数的乘积得出。

$$WSH(i) = B(i) \times PIS(i) \qquad (15)$$

$$Wr(i) = B(i) \times PIR(i) \qquad (16)$$

式中,$WSH(i)$、$Wr(i)$分别为第i天的地上部分干重和根干重($kg \cdot hm^{-2}$);$PIS(i)$和$PIR(i)$为第i天的地上部分分配指数和根分配指数。$B(i)$为第i天模拟总干重($kg \cdot hm^{-2}$),通过干物质生产子模型求得[4]。

地上部分各器官干重可通过下面的公式计算:

$$W_s(i) = WSH(i) \times PIST(i) \tag{17}$$
$$W_1(i) = WSH(i) \times PIL(i) \tag{18}$$
$$W_f(i) = WSH(i) \times PIF(i) \tag{19}$$

式中,$WSH(i)$为第i天的地上部分干重($kg\ DM \cdot hm^{-2}$);$PIST(i)$、$PIL(i)$和$PIF(i)$分别为第i天茎、叶和果实分配指数;$W_s(i)$、$W_1(i)$和$W_f(i)$分别为第i天茎、叶和果实干重($kg \cdot hm^{-2}$)。

2.5 产量模拟

模型通过分配指数计算出的果实干重包括已采收的果实干重和植株上未成熟的果实干重,而番茄产量指的是已采收果实的重量。番茄产量的干重可以通过果干重与采收指数的乘积求得。

采收指数(Harvest index,HI)指的是已采收果实干重占果实总干重的比例。果实采收指数与累积辐热积的拟合公式为:

$$HI = 0.74 \times \{1 - \exp[-(TEP - 155.0562) \times 0.0056/0.74]\}$$
$$R^2 = 0.95 \quad RMSE = 0.05 \tag{20}$$

式中,HI为果实采收指数;TEP为累积辐热积($MJ \cdot m^{-2}$)。

则番茄产量的干重可以通过果实干重与采收指数的乘积求得。

$$Yd(i) = W_f(i) \times HI \tag{21}$$

式中,$Yd(i)$为番茄产量的干重($kg \cdot hm^{-2}$);$W_f(i)$为果干重($kg \cdot hm^{-2}$);HI为采收指数。

由于番茄产量通常以鲜重来计算,番茄产量可以通过番茄产量的干重除以果实干物质含量(Drymatter content,DMC)得到。

$$Y(i) = Yd(i)/DMC \tag{22}$$

式中,$Y(i)$为第i天的番茄产量($kg \cdot hm^{-2}$);$Yd(i)$为第i天番茄产量的干重($kg \cdot hm^{-2}$)。根据前人研究的成果,DMC取值0.05[5]。

2.6 模型检验

采用检验模型时常用的统计方法——回归估计标准误差(Rootmean squared error,RMSE)对模拟值和实测值之间的符合度进行统计分析。RMSE值越小,表明模拟值与实测值的一致性越好,模拟值和实测值之间的偏差越小,即模型的模拟结果越准确、可靠。因此,RMSE能够很好地反映模型模拟值的预测性,其计算公式为:

$$RMSE = \sqrt{\frac{\sum_{i=1}^{n}(OBS_i - SIM_i)^2}{n}} \tag{23}$$

式中,OBS_i 为实测值,本文中为实测的番茄地上部分干重,根干重,茎、叶、果干重(kg·hm^{-2})和产量(kg·hm^{-2});SIM_i 为模型模拟值,本文中为模拟的番茄地上部分干重、根干重、茎干重、叶干重、果干重(kg·hm^{-2})和产量(kg·hm^{-2});n 为样本容量。

3　意义

倪纪恒等[1]总结概括了温室番茄干物质分配与产量的分析模型,用累积辐热积拟合分配指数,既考虑了生育期的影响,又考虑了同化产物量的影响,提高了对温室番茄干物质分配和产量的预测精度,同时模型克服了"源库"调节理论输入参数多、实用性不强的局限性。本模型的建模思路不仅为温室番茄生产在其他整枝方式下的干物质分配模拟提供了参考,而且为番茄生长模拟模型走向实用奠定了基础。为我国温室番茄生长和产量预测及番茄栽培管理及环境调控提供了理论依据。

参考文献

［1］ 倪纪恒,罗卫红,李永秀,等. 温室番茄干物质分配与产量的模拟分析. 应用生态学报,2006,17(5):811 - 816.

［2］ Jiang XM. Theory of Vegetable Cultivation. Beijing:China Agricultural Press. 1997,150 - 168.

［3］ Cao WX,Luo WH. Crop System Simulation and Intelligent Management. Beijing:Higher Education Press. 2003,30 - 47.

［4］ Ni JH, Luo WH, Li YX. Simulation of leaf area, photosynthesis and drymatter production in greenhouse tomato. Sci Agric Sin. 2005,38(8):1629 - 1635.

［5］ De Koning ANM. Growth of tomato crop:Measurement for model validation. Acta Hort. 1993,328:141 - 146.

玉米的双涌源能量模型

1 背景

作物蒸散是作物根系层水量平衡和各涌源能量平衡的关联要素,用能量平衡原理研究作物蒸散机理,对充分认识节水灌溉原理及涌源能量流通具有重要的理论价值。于婵等[1]将 FAO – 56 的作物系数法与双涌源能量平衡模型相结合,使用微气象参数的梯度观测值模拟计算了 2004 年 5 月 22 日至 9 月 8 日内蒙古浑善达克沙地人工草地种植的行作物——青贮玉米冠层、土壤表面有效能量和潜热、显热通量分布,用潜热、显热通量相互作用及相互传输规律分析了无水分胁迫的青贮玉米生育期内的蒸散机理。

2 公式

2.1 双涌源潜热通量

由于行作物——青贮玉米的蒸散速率随叶面积指数的变化而变化[1],故按叶面积指数界定生长初期、发育、中期和后期阶段长度,以与 FAO – 56 作物系数法理论相匹配。无水分胁迫的 FAO – 56 双作物系数模型为:

$$ET_{ci} = K_{ci}ET_{oi} = (K_{cbi} + K_{ei})ET_{oi} = E_{ci} + E_{si} \tag{1}$$

式中,K_{ci}、K_{cbi} 和 K_{ei} 分别为第 i 天的作物系数、基本作物系数和蒸发系数;ET_{ci}、E_{ci} 和 E_{si} 分别为第 i 天作物蒸散、冠层蒸腾和土壤蒸发速率($\mathrm{mm \cdot d^{-1}}$);ET_{oi} 为第 i 天参考作物蒸发散速率($\mathrm{mm \cdot d^{-1}}$),计算式为:

$$ET_{oi} = \frac{0.408\Delta_i(R_n^i - G_i) + \gamma \dfrac{900}{T_i + 273}u_2^i(e_s^i - e_a^i)}{\Delta_i + \gamma(1 + 0.34)} \tag{2}$$

式中,R_n^i 为第 i 天太阳净辐射($\mathrm{MJ \cdot m^{-2} \cdot d^{-1}}$);$T_i$ 为第 i 天平均气温($℃$);u_2^i 为第 i 天 2 m 高处的日平均风速($\mathrm{m \cdot s^{-1}}$);e_s^i 为第 i 天饱和水汽压(kPa);e_a^i 为第 i 天实际水汽压(kPa);γ 为湿度计常数($\mathrm{kPa \cdot ℃^{-1}}$)。$G_i$ 为第 i 天土壤热通量密度($\mathrm{MJ \cdot m^{-2} \cdot d^{-1}}$)。所需气象参数均由 AZW – 001 自动气象站观测得到。

Δ_i 为第 i 天饱和水汽压与温度曲线的斜率($\mathrm{kPa \cdot ℃^{-1}}$),计算式为:

$$\Delta_i = \frac{4\,098\left[0.610\,8\exp\left(\dfrac{17.27T_i}{T_i + 237.3}\right)\right]}{(T_i + 237.3)^2} \tag{3}$$

冠层潜热通量的 λE_c^i 和土壤潜热通量的 λE_e^i 计算式为:

$$\lambda E_c^i = \lambda K_{cbi}ET_{oi} \tag{4}$$

$$\lambda E_e^i = \lambda K_{ei}ET_{oi} \tag{5}$$

$$\lambda_i = 2.501 - (2.361 \times 10^{-3})T_i \tag{6}$$

式中,λ_i 为第 i 天汽化潜热($\mathrm{MJ \cdot kg^{-1}}$)。

(1)初始生长阶段蒸发系数:由播种到叶面积指数(LAI)达到 0.1 时为初始生长阶段,该阶段土壤蒸发是蒸散量的主要部分。初始生长阶段的土壤蒸发又分为两个阶段。第一阶段为"能量受限"阶段——土壤水分维持在田间持水量或接近田间持水量,蒸发耗损水分累计深度(D)小于土壤易蒸发水量(REW),土壤表面有效能量控制土壤以潜在蒸发速率(E_{so})蒸发。该阶段作物系数为[2]:

$$K_{cbi}^i = E_{so}/ET_0^* = 1.15 \tag{7}$$

ET_0^* 为第一阶段参考作物日蒸发量平均值($\mathrm{mm \cdot d^{-1}}$)。

完成第 1 阶段蒸发所需要的时间长度为 t_1。

$$t_1 = \frac{REW}{1.15ET_0^*} \tag{8}$$

当第一蒸发阶段蒸发消耗水分累计深度(D_e)大于土壤易蒸发水量(REW)时,土壤蒸发速率小于潜在蒸发速率(E_{so}),且蒸发速率随土壤表层含水量的减小而成比例减小。因此第 2 阶段为蒸发递减阶段 K_{cbi}^i,用下式计算:

$$K_{cbi}^i = \left\{TEW - (TEW - REW)\exp\left[\frac{-(t_w - t_1)E_{so}\left(1 + \dfrac{TEW}{TEW - REW}\right)}{TEW}\right]\right\}/t_wET_0 \tag{9}$$

式中,t_w 为初始生长阶段中发生的灌溉或降水的平均时间间隔(d);TEW 为可蒸发的总水量(mm)。

土壤蒸发两阶段模型确定的作物系数 K_{cbi}^i,在出苗前为 $K_{cbi}^i = K_{ei}^i$(蒸发系数),出苗后为基本作物系数 K_{cbini}^i 与蒸发系数 K_{ei}^i 之和,即:

$$K_{cbi}^i = K_{ei}^i + K_{cbini}^i \tag{10}$$

当 $t_w > t_1$ 时用式(9)计算 K_{cbini}^i,再求 K_{ei}^i。当 $t_w < t_1$ 时用下式求 K_{ei}^i。

$$K_{cbi}^i = K_{ei}^i + K_{cbini}^i = 1.15 \tag{11}$$

基本作物系数 K_{cbini}^i 取 FAO-56 建议值[2]。式(9)中各参数计算见参考文献[2]。

(2)生长发育中期、后期阶段基本作物系数、蒸发系数:生长发育阶段长度(L_{dev})是叶面积指数由 0.1 到冠层完全覆盖地表的时段;生长中期阶段长度(L_{mid})是由发育期末到叶面积指数由全覆盖时的值开始减小的拐点间的时段；生长后期阶段长度(L_{end})是由生长中期阶段末到开始保鲜收割的时段。

生长初期、中期阶段基本作物系数是常数[1]，可根据此常数获得其他生长阶段的基本作物系数。生长发育阶段和生长发育后期阶段内基本作物系数建议值分别在前一阶段末的基本作物系数建议值K_{cbprev}和下一阶段初基本作物系数建议值K_{cbnext}（在生长后期它就是后期阶段末的基本作物系数建议值）之间线性变化，即：

$$K_{cbi} = K_{\text{cbprev}} + \left[\frac{i - \sum (L_{\text{prev}})}{L_{\text{stage}}} \right] (K_{\text{cbnext}} - K_{\text{cbprev}}) \tag{12}$$

式中，K_{cbi}为生长发育阶段、生长后期阶段中第i天的基本作物系数建议值；i为生长阶段内的日序数（由1到该生长阶段长度）；L_{stage}为计算K_{cbi}的生长阶段的长度(d)；K_{cnext}为计算K_{cbi}的下一个阶段初基本作物系数建议值；K_{cprev}为计算K_{cbi}的前一个阶段末基本作物系数建议值；$\sum (L_{\text{prev}})$为所有先前生长阶段长度总和(d)。

上述方法计算得到的各生长阶段的基本作物系数建议值是在2 m高处风速(u_2)1 m・s$^{-1} \leqslant u_2 \leqslant 6$ m・s^{-1}、最低相对湿度($RH_{\min}$)20% $\leqslant RH_{\min} \leqslant$80%和作物平均高度条件下的值，必须根据实地微气象要素和作物在各阶段实际高度进行修正，修正公式为：

$$K_{cbi} = K_{cbi(\text{建议})} + \{0.04(u_2^i - 2) - 0.004(RH_{\min}^i - 45)\}\{h_i/3\}^{0.3} \tag{13}$$

式中，u_2^i、$RH_{\min}^i$和h_i分别为第i天的平均风速、最低相对湿度和作物高度实测值。

$$K_{ei} = \min\{K_{ri}(K_{ci\max} - K_{cbi}), f_e wi K_{ci\max}\} \tag{14}$$

$K_{ci\max}$为降雨和灌溉后第i天作物系数最大值。用下式计算：

$$K_{ci\max} = \max(\{1.2 + [0.04(u_2^i - 2) - 0.004(RH_{\min}^i - 45)](h_i/3)^{0.3}\}, \{K_{cbi} + 0.005\}) \tag{15}$$

式中，K_{ri}为取决于蒸发层累计蒸发深度的第i天蒸发衰减系数；f_{ewi}为发生棵间蒸发的土壤占全部土壤面积的比例，无量纲，它们的计算参见参考文献[2]。

2.2　分配到双涌源的有效能量

太阳净辐射在两个涌源上的分配与冠层叶面积指数(LAI)、冠层吸光系数(C)、土壤热通量(G)有关，但主要取决于LAI。

$$A_c^i = R_n^i\{1 - \exp(-C \times LAI_i)\} \tag{16}$$

$$A_s^i = R_n^i \exp(-C \times LAI_i) - G \tag{17}$$

2.3　冠层上的能量平衡关系式

$$\lambda E_c^i + H_c^i = A_c^i \tag{18}$$

2.4　土壤表面上的能量平衡关系式

$$\lambda E_s^i + H_s^i = A_s^i \tag{19}$$

2.5　双涌源上的总能量日平衡关系式

$$\lambda E_c^i + \lambda E_s^i + H_c^i + H_s^i = R_n^i - G_i \tag{20}$$

$$\lambda E_c^i / R_n^i + \lambda E_s^i / R_n^i + H_c^i / R_n^i + H_s^i / R_n^i + G_i / R_n^i = 1.0 \qquad (21)$$

式中, A_c^i、A_s^i 为第 i 天分配到冠层和地表面的有效能量（MJ·m^{-2}·d^{-1}）; G_i 为第 i 天土壤热通量密度（MJ·m^{-2}·d^{-1}）; H_c^i 是第 i 天冠层叶子与冠层空隙间空气的显热通量; H_s^i 为第 i 天土壤表面到冠层高度的显热通量（MJ·m^{-2}·d^{-1}）; λE_c^i、λE_s^i 分别为第 i 天冠层到参考高度、土壤表面到冠层高度的潜热通量（MJ·m^{-2}·d^{-1}）; R_n^i 为第 i 天太阳净辐射（MJ·m^{-2}·d^{-1}）。

图 1 和图 2 为蒸腾、蒸发速率模拟值与实测值间的比较,可以看出计算潜热通量的蒸散量取得了较好的模拟效果。

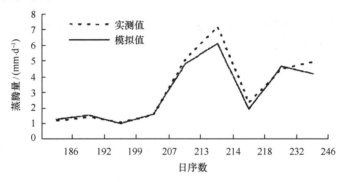

图 1　蒸腾量模拟值与实测值之间的比较

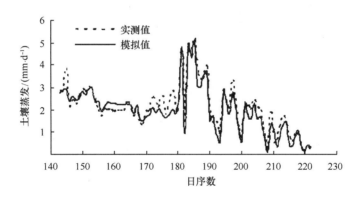

图 2　土壤蒸发模拟值与实测值之间的比较

3　意义

于婵等[1]总结概括了双涌源能量分配的计算模型,以内蒙古浑善达克沙地人工草地种植的行作物——青贮玉米为研究对象,将 FAO - 56 的双作物系数法与双涌源能量平衡模型相结合,计算了太阳入射能量按叶面积指数(LAI)分配到两个涌源(冠层、土壤表面)的有效能量 A_c 和 A_s、潜热通量 λE_c 和 λE_s 以及显热通量 H_c 和 H_s。分析两个涌源在有效能量驱使下的潜热和显热通量相互作用。对干旱地区确定高效用水灌溉制度具有重要的理论指导意义。

参考文献

[1] 于婵,朝伦巴根,高瑞忠,等. 无水分胁迫下行作物蒸发散与双涌源能量分配和交换关系. 应用生态学报,2006,17(5):839-844.

[2] Allen RG, Pereira LS, Dirk R, et al. Crop evapotranspiration—Guidelines for computing crop water requirements. FAO Irrigation and Drainage Paper 56. Rome:FAO. 1998.

土壤有机碳的储量及分布模型

1 背景

土壤碳是地表"快速碳循环系统"(由土壤、生物、海洋表层和大气等构成的地表碳循环)中最大的碳库[1]。土壤有机碳库的轻微变化也足以引起大气中 CO_2 的极大改变,进而通过温室效应影响全球气候变化[2]。吕成文等[3]对区域土壤碳库储量、空间分布特征等进行研究,提出了土壤有机碳储量及空间分布特征模型。

2 公式

2.1 计算各组分土壤有机碳密度

土壤有机碳密度指单位面积上一定深度范围的土层中所包含的土壤有机碳数量。其统计模型为:

$$SOC = \sum_{i=1}^{n} (I - \theta_i\%) \times \rho_i \times C_i \times T_i/100 \tag{1}$$

式中,SOC 为土壤有机碳密度(kg·m^{-3});θ_i 为第 i 层大于 2 mm 砾石含量(体积百分含量,%);ρ_i 为第 i 层土壤容重(g·cm^{-3});C_i 为第 i 层土壤有机碳含量(g·kg^{-1});T_i 为第 i 层土层厚度(cm)。

2.2 计算区域土壤有机碳储量

区域土壤有机碳储量指区域范围内土层中所包含的土壤有机碳总量。土层厚度通常有两种计算标准:①按剖面实际土层厚度计算;②按国际通行的 0~100 cm 剖深为统计基准计算。本研究采用后者,计算模型如下:

$$\text{Sum}C = \sum_{i=1}^{n} SOC_i \times S_i/1\,000 \tag{2}$$

式中,$\text{Sum}C$ 为区域土壤有机碳储量(t);SOC_i 为 0~100 cm 剖深各组分土壤有机碳密度(kg·m^{-2});S_i 为各土壤组分面积(m^2)。

2.3 计算区域土壤有机碳密度均值

区域土壤有机碳密度均值是衡量和比较区域土壤有机碳水平的重要指标之一。考虑到区域内各土壤组分面积的差异,直接按各组分土壤有机碳密度加和求得的均值显然不能

完全反映其真实水平。这里按区域内各土壤组分面积加权求得其有机碳密度均值。计算模型如下:

$$PSOC = \sum_{i=1}^{n} SOC_i \times S_i / S \qquad (3)$$

式中,$PSOC$ 为相应剖深下区域土壤有机碳密度加权均值$(kg \cdot m^{-2})$;SOC_i 为相应剖深下第 i 个土壤组分有机碳密度;S_i 为第 i 个土壤组分面积;S 为该区域土壤总面积。

基于 HNSOTER 数据库,按酸性火成岩、基性火成岩、酸性变质岩、碎屑沉积岩、冲积物、海积物和火成碎屑物 7 个岩组,结合式(3)计算相应岩组土壤有机碳密度均值(按面积加权统计),结果见表 1。

表 1   海南岛不同岩组类型土壤平均有机碳密度

剖深 /m	平均有机碳密度/$(kg \cdot m^{-2})$						
	酸性火成岩	基性火成岩	酸性变质岩	碎屑沉积岩	冲积物	海积物	火成碎屑物
0～20	3.5	4.6	3.7	4.3	2.5	1.2	7.3
0～100	9.0	13.1	8.3	8.3	5.6	4.1	14.7

3   意义

吕成文等[3]总结概括了土壤有机碳储量及空间分布特征分析模型,基于海南岛 1∶200 000 土壤－地体数字化数据库(HNSOTER),在 GIS 系统的支持下,对海南岛土壤有机碳储量及分布特征进行了探讨,不仅对全球变化研究工作有指导意义,而且对维护土壤生态系统健康及促进区域土壤资源的可持续利用有重要的参考价值。

参考文献

[1] Houghton JT, Jenkins GJ, Ephraums JJ. Climate Change: The IPCC Scientific Assessment. Cambridge: Cambridge University Press. 1990.

[2] Jenkinson DS, Adams DE, Wild A. Model estimates of CO_2 emissions from soil in response to globalwarming. Nature. 1991,351: 304－306.

[3] 吕成文,崔淑卿,赵来. 基于 HNSOTER 的海南岛土壤有机碳储量及空间分布特征分析. 应用生态学报,2006,17(6):1014－1018.

黄土土壤的侵蚀模型

1 背景

水土流失是土地退化的主要方式之一,在我国黄土丘陵区尤为突出。水蚀强度通常用水蚀模数来衡量,从分析土壤侵蚀机理和过程构建土壤侵蚀数学模型是定量评价土壤侵蚀强度的主要手段。李玉环等[1]立足于研究区获取的数据情况,在 GIS 平台上分析筛选出能够反映黄土丘陵区复杂地貌类型的因子模型。

2 公式

修正的国际通用土壤侵蚀方程由 6 大因子组成,可用公式表达为:

$$A = R \cdot K \cdot S \cdot L \cdot C \cdot P \tag{1}$$

式中,A 为某栅格年均土壤潜在侵蚀量($t \cdot hm^{-2} \cdot a^{-1}$);$R$ 为平均降雨侵蚀力因子 $[(MJmm) \cdot hm^{-2} \cdot h^{-1} \cdot a^{-1}]$;$K$ 为平均土壤可蚀性因子 $[t \cdot hm^{-2} \cdot (MJmm)^{-1} \cdot hm^2 \cdot h]$;$L$、$S$ 为平均地形参数,即坡长和坡度因子;C 为平均土地覆盖和管理因子;P 为平均保护措施因子;L、S、C、P 为无量纲单位;R、K 的单位要保持一致。

2.1 R 因子测算

R 因子为降雨引起的沟蚀和片蚀等的侵蚀动力因子,反映降雨分离土壤以及雨水对土壤的搬运能力。降雨量和降雨强度越大,对土壤的运移作用越大,降雨侵蚀力越强。

Wang[2]全面分析了我国不同水蚀区降雨侵蚀力的研究成果确定了侵蚀性降雨标准为次雨量的降雨,选用 $R = EI_{30}$ 为计算中国降雨侵蚀力的统一指标,并提出了计算年降雨侵蚀力的计算公式,即:

$$R = 0.164(Pa \cdot I_{60} \cdot 100)^{0.953} \tag{2}$$

式中,R 为某年降雨侵蚀力 $[(MJmm) \cdot hm^{-2} \cdot h^{-1} \cdot a^{-1}]$;$Pa$ 为同年次降雨量的年降雨量不小于 10 mm 的年降雨量(mm);I_{60} 为同年最大小时降雨量($mm \cdot h^{-1}$)。

2.2 K 因子测算

土壤可蚀性因子(K)是指在其他因素相同条件下,由于土壤性质不同所引起的侵蚀量差异,它以单位降雨侵蚀力在标准小区上引起的土壤流失量来衡量,它与土壤机械组成的粒级含量(N_1、N_2)、土壤有机质含量(OM)、土壤结构级别(S)、土壤渗透性级别(P)等土壤

性状之间存在函数关系[3],可表述为:

$$K = F(N_1, N_2, OM, S, P) \tag{3}$$

基于式(3),国内外学者开展了大量土壤可蚀性值的研究[4],土壤有机质能够改善土壤结构的水稳性,土壤几何平均粒度一定程度上反映土壤结构等级水平。故在此选用 Torri 等[5]的模型:

$$K = 0.029\,3(0.65 - D_G + 0.24D_G^2)\exp$$

$$\left\{-0.002\,1\frac{OM}{f_{clay}} - 0.000\,37\left(\frac{OM}{f_{clay}}\right)^2 - 4.02f_{clay} + 1.72f_{clay}^2\right\}$$

$$D_G = -3.5f_{clay} - 2.0f_{silt} - 0.5f_{sand} \tag{4}$$

式中,K 为土壤可蚀性因子值[$t \cdot hm^{-2} \cdot (MJmm)^{-1} \cdot hm^2 \cdot h$];$OM$ 为有机质含量(%);f_{clay} 为土壤黏粒(0.000 05 ~ 0.002 mm)含量(%);f_{sand} 为土壤沙粒(0.05 ~ 2.0 mm)含量(%);f_{silt} 为土壤粉沙粒(0.002 ~ 0.05 mm)含量(%);D_G 为土壤质地的几何平均粒度。

2.3 S 和 L 因子计算

地形对水土流失影响的因子有两个,即坡度(Steepness,S)因子和坡长(Length,L)因子[3]。Desmet 等[6]根据上坡排水的贡献面积和栅格间距提出的坡长因子算法更有推广价值,即:

$$L_{(i,j)} = \frac{(A_{(i,j)} + D^2)^{m+1} - A_{(i,j)}^{m+1}}{x^m \cdot D^{m+2}(22.13)^m}$$

$$m = \frac{F}{1 + F}$$

$$F = \frac{\sin\beta/0.089\,6}{3(\sin\beta)^{0.8} + 0.56} \tag{5}$$

式中,$L_{(i,j)}$ 为第(i,j)个栅格单元的坡长因子值;$A(i,j)$ 为第(i,j)个栅格单元入口处的单位贡献面积;D 为栅格间距;x 为形状修正因子,在此取值为1;m 为坡长指数;β 为坡度(%)。

RUSLE 中改进的坡度因子算式定义坡度(β)是最大坡降方向上所有次单元格的平均度数,且以9%坡度为阈限,基于物理过程分别模拟出缓坡和陡坡的坡度因子算式[7]:

$$S_{(i,j)} = \begin{cases} 10.8\sin\beta_{(i,j)} + 0.03 & \tan\beta_{(i,j)} < 0.09 \\ 16.8\sin\beta_{(i,j)} - 0.50 & \tan\beta_{(i,j)} \geqslant 0.09 \end{cases} \tag{6}$$

2.4 C 和 P 因子的确定

在 RUSLE 模型中以 C 因子表示作物种植和管理效应,以 P 因子代表作物种植和管理的维护措施[4]。C、P 因子与土地利用/覆被类型有关,是防止水土流失的重要因子,对水土保持起重要作用。在 RUSLE 改进研究中,有专家将 C 因子分为若干个次因子,包括前期土壤管理状况、作物郁闭度、地表覆盖、地表糙度、土壤前期含水量,从而使 C 值对保土耕作措施、轮作措施等的估算更加准确;模型中 P 值对等高耕作、带状耕作及其对泥沙输移的影响加以考虑[8]。

根据公式计算,参照 1990 年全国土壤侵蚀遥感普查资料并结合因子图的具体分析,确定出与之对应的土壤侵蚀模数、地面坡度和植被覆盖度等因子分级标准,并对侵蚀方式、侵蚀形态及其部位做出相应的定性描述(表 1)。

表 1 水蚀等级及其评价因子界定

水蚀等级	主导侵蚀因子			侵蚀方式	地形部位	侵蚀形态
	水蚀模数 /(t·hm^{-2}·a^{-1})	坡度 /°	植被覆盖度 /%			
微水蚀	<10	<8	≥30	击溅侵蚀、面蚀	风蚀区、分水岭、墚峁顶	局部风蚀、搬移
轻度水蚀	10~80	8~15	20~30	细沟侵蚀、面蚀	墚峁坡上	面状侵蚀带
中度水蚀	80~150	15~25	20~30	浅沟、切沟侵蚀、面蚀	墚峁坡中下	线状侵蚀带
重度水蚀	≥150	≥25	<20	冲沟侵蚀、溯源侵蚀、重力侵蚀	沟缘线以下	水蚀沟壑、滑坡、泻溜等

3 意义

李玉环等[1]总结概括了 RUSLE 模型因子算法筛选模型,以黄土高原北部的横山县为例,利用 ETM + 遥感数据和 RUSLE 水土流失模型实现了基于"3S"技术的黄土丘陵区水土流失定量反演,并在神经网络技术支持下对定量反演结果进行评价。研究技术和方法切实可行,具有推广价值,研究结果对流域治理和水土保持具有指导意义。

参考文献

[1] 李玉环,王静,张继贤. 基于 RUSLE 水蚀模数演算与人工神经网络评价. 应用生态学报,2006,17(6):1019 - 1026.

[2] Wang WZ. Calculation and distribution of rainfall erosivity R in China. J Soil Water Conserv. 1995,9(4): 5 - 18.

[3] Renard KG, Foster GR, Weesies GA, et al. Predicting Soil Erosion by Water:A Guide to Conservation Planning With the Revised Universal Soil Loss Equation (RUSLE), United States Department of Agriculture, Agricultural Research Service, Agriculture Handbook 1997. 703, 384.

[4] Hui C J. Development of soil water erosion module using GIS and RUSLE. http://www. environmental -

center. com /articles/article1400 /tech – 94. 2004. 92 – 95.

[5] Torri D, Poesen J, Borselli L. Predictability and uncertainty of the soil erodibility factor using a global dataset. Catena. 1997,31: 1 – 22.

[6] Desmet P J J. A GIS procedure for automatically calculating the USLE LS factor on topographically complex landscape units. J Soil Water Conserv. 1996,51: 427 – 433.

[7] Schroeder SA. Slope gradient effect on erosion of reshaped spoil. Soil Sci Soc Am J,1987,51: 405 – 409.

[8] Tang ZH. Development of sand erosion and sediment model and GIS application. Sediment Res. 2002, (5):54 – 61.

种群的竞争模型

1 背景

种群竞争不仅是决定生态系统结构和功能的关键生态过程之一,也是生态学研究的焦点,通过种群的空间格局来研究种群的竞争与共存是探索种群竞争与共存机理的新途径[1]。梁仁君等[2]试图通过建立一定的数学模型,进一步研究 n – 集合种群双向竞争的前提下(即强弱物种之间彼此都存在一定的竞争影响),在不同竞争能力和扩散能力条件下种群竞争机制及序列变化动态,并通过计算机进行种群动态的模拟。

2 公式

2.1 n – 集合种群竞争模型

Tilman 等[3,4]研制了栖息地毁坏下单向(强物种对弱物种的竞争)的 n – 集合种群竞争机制:

$$\frac{\mathrm{d}p_i}{\mathrm{d}t} = c_i p_i \left(1 - D - \sum_{j=1}^{i} p_j \right) - m_i p_j - \sum_{j=1}^{i-1} p_i c_i p_j$$
$$(i = 1,2,\cdots,n; \quad j = 1,2,\cdots,n-1; \quad i \neq j) \tag{1}$$

式中,p_i、p_j 为种群 i、j 占有的斑块比例(种群密度);m_i 为种群 i 的个体死亡率;c_i 为种群 i 的扩散系数;D 为被毁坏的栖息地占总的栖息地比率;t 为时间。

Tilman 假设集合种群里各物种种群具有相等的死亡率 m,在未破坏栖息地上的平衡态的各种群占有栖息地的比率 p_i^0 和扩散率 c_i 均为几何级数分布:

$$m_i = m, p_i^0 \big|_{D=0} = q(1-q)^{i-1}, c_i = m_i/(1-q)^{2i-1} \tag{2}$$

式中,q 为集合种群里最强物种种群对栖息地的占有率。

很明显,式(1)只考虑了种群本身固有的性质(m,p)和扩散动态(c),没有考虑种群的竞争能力,对于非捕食 – 被捕食(食饵)生态系统,竞争能力也是不能忽视的,而且竞争往往是双向的。在此基础上,参考 Xu 等[5]的 2 – 种群逃亡共存模型,引进竞争系数 a_j,提出以下双向的 n – 集合种群竞争模型:

$$\frac{\mathrm{d}p_i}{\mathrm{d}t} = c_i p_i \left(1 - D - p_i - \sum_{j=1}^{i-1} a_j p_j \right) - m_i p_i - \sum_{j=1}^{i-1} p_i c_j p_j a_j$$

$$(i = 1,2,\cdots,n;\quad j = 1,2,\cdots,n-1;\quad i \neq j) \tag{3}$$

式中，$c_i p_i\left(1 - D - p_i - \sum\limits_{j=1}^{i-1} a_j p_j\right)$ 为种群 i 个体对斑块的侵占速率；$m_i p_i$ 为种群 i 群体死亡率；$c_j p_j a_j p_i$ 为种群 i 所占斑块被种群 j 个体侵占的速率。

2.2　双向竞争下的 n - 集合种群的平衡态

对于式(3)，其平衡态为：

$$p_i^0 = 0;$$

$$p_i^0 = 1 - D - \frac{m_i}{c_i} - \frac{1}{c_i}\sum_{j=1}^{i-1} c_j p_j^0 a_j - \sum_{j=1}^{i-1} a_j p_j^0$$

式中，p_i^0 为第 j 个方程的平衡态。当 $D + \dfrac{m_i}{c_i} + \dfrac{1}{c_i}\sum\limits_{j=1}^{i-1} c_j p_j^0 a_j + \sum\limits_{j=1}^{i-1} a_j p_j^0 \geqslant 1$ 时，$p_j^0 \leqslant 0$；当 $p_i^0 < 0$ 时无实际意义，得到式(3)平衡态的解为：

$$p_i^0 = \begin{cases} 1 - D - \dfrac{m_i}{c_i} - \dfrac{1}{c_i}\sum\limits_{j=1}^{i-1} c_j p_j^0 a_j - \sum\limits_{j=1}^{i-1} a_j p_j^0 \\ 0 \end{cases} \tag{4}$$

式(4)就是集合种群物种共存的基本条件。从模型的机理和图1可以发现，在稳定态，c_j 与 a_j 呈现指数型负相关关系（$p_i = p_j = 0.4$，$m_i = 0.002/\mathrm{d}$，$c_i = 0.1$，$D = 0.2$）。

为了便于研究，在式(2)中取 $n = 6$，利用 Mathcad 专业软件来进行计算机模拟集合种群的动态变化。

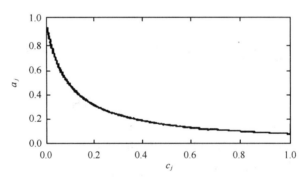

图1　种群扩散系数 c_j 与竞争系数 a_j 之间的关系

3　意义

梁仁君等[2]总结概括了基于竞争和扩散能力的非捕食 - 被捕食集合种群系统的竞争模型，在不考虑栖息地毁坏的情况下，引进双向竞争机制，将 Tilman 的单向竞争模式推广为 n - 集合种群双向竞争模型，并对6 - 集合种群的竞争动态进行了计算机模拟研究。此模型以期揭示竞争和扩散能力对种群动态的影响,对退化栖息地恢复中种群演替行为及保护生物多样性以增强系统的稳定性和生态服务功能[6]具有一定的理论指导意义。

参考文献

［1］ Ba L, Wang DL, Liu Y, et al. Analysis on competition and coexistence patterns of Aneurolepidium chinense and its main companion species. Chin J Appl Ecol. 2002,13(1): 50 – 54.

［2］ 梁仁君,林振山. 基于竞争和扩散能力的非捕食－被捕食集合种群系统的竞争机制. 应用生态学报.2006,17(6):987 – 991.

［3］ Tilman D, Lehman DL, Yin C. Habitat destruction, dispersal and deterministic extinction in competition communities. Am Nat. 1997,149: 407 – 435.

［4］ Tilman D, Robert MM, Lehman CL, et al. Habitat destruction and the extinction debt. Nature. 1994,371: 65 – 66.

［5］ Xu CL, Li ZZ, Zhang J – G, et al. Model of escape and coexistence and simulation with computer under patch environment. J Desert Res. 2001,21(3):296 – 298.

［6］ Kang B, Liu SR, Shi ZM, et al. Understory vegetation composition and main woody population niche of artificial masson pine forest in south subtropical area. Chin J Appl Ecol. 2005,16(9): 1786 – 1790.

城市生态系统的评价模型

1 背景

生态系统健康是指生态系统所具有的稳定性和可持续性,即在时间上具有维持其组织结构、自我调节和抵抗胁迫的能力。生态系统健康的研究重点是:生态系统内部以及自然生态系统、社会系统、经济系统和人类系统间的健康作用机制、健康标准及其评价方法[1]。针对目前研究中存在的不足,桑燕鸿等[2]在详细分析城市生态系统健康概念的基础上,构建了城市生态系统健康综合评价模型。

2 公式

各子系统的单项指标权重(表1)采用改进的均方差法确定。均方差法不仅能反映指标间的相对重要性,还能初步反映指标间的协调程度。评价指标权重的确定步骤如下。

(1)对评价指标进行无量纲化处理:$y_{ij} = x_{ij}/\max(x_j)$;

(2)计算评价指标的均值:$\bar{y}_i = \dfrac{1}{n}\sum\limits_{i=1}^{n} y_{ij}$;

(3)计算评价指标的方差平方:$s_j^2 = \dfrac{1}{n}\sum\limits_{i=1}^{n}(y_{ij} - \bar{y}_j)^2$;

(4)确定权重:$w_j = s_j / \sum\limits_{j=1}^{n} s_j$。

表 1　城市生态系统健康评价指标体系及评价标准

系统	一级指标	二级指标	健康标准	病态标准	权重
自然子系统	组织	1)人均地表水资源量/m^3	1 750	813	0.133
		2)森林覆盖率/%	>50	<20.2	0.012
		3)建成区绿化覆盖率/%	>50	<19.59	0.012
		4)人均公共绿地面积/m^2	>11	<1.88	0.106
		5)每公顷耕地化肥施用量/$(t \cdot hm^{-2})$	<200	>1 000	0.082
		6)每公顷耕地农药施用量/$(t \cdot hm^{-2})$	<10	>50	0.094

系统	一级指标	二级指标	健康标准	病态标准	权重
	恢复力	7)环境污染治理投资占 GDP 比重/%	>3.5	<0.8	0.198
		8)城市大气污染综合防治指数	0.45	>0.91	0.076
		9)城镇生活污水处理率/%	>80	<10	0.142
		10)工业固体废物综合得用率/%	100	<51.21	0.077
		11)工业废水排放达标率/%	100	<48.73	0.068
经济子系统	活力效率	12)人均 GDP/元	40 000	<4 111	0.070
		13)工业总产值增长率/%	>25	<10.5	0.083
		14)GDP 增长率/%	>13	<8.8	0.066
		15)全社会劳动生产率/(×10⁴ 元·人⁻¹)	>10	<1	0.054
	发展力	16)国土产出率/(×10⁴ 元·人⁻²)	>3 000	<1 000	0.076
		17)高新技术产值占工业总产值比重/%	>30	<0.21	0.106
		18)全社会固定资产投资占 GDP 比重/%	>40	<14.21	0.060
		19)基础设施投资占 GDP 比重/%	>12	<1.75	0.091
		20)R&D 费用占 GDP 比重/%	>4	<0.2	0.143
		21)万元 GDP 能耗/(tSCE)	<0.5	>1.52	0.064
		22)万元 GDP 水耗/t	<250	>1 129	0.103
		23)工业用水重复利用率/%	>70	<7.07	0.085
社会子系统	组织	24)城市人口失业率/%	<1.2	>3.5	0.179
		25)农民人均纯收入/元	>6 000	<2 363	0.117
	发展力	26)万人教师数/人	>480	<338	0.032
		27)万人专业技术人员数/人	250	<18.26	0.119
	服力能力	28)万人医生数/人	>50	<7	0.122
		29)万人医院卫生院床位/张	>80	<3	0.158
		30)人均拥有铺装道路面积/m²	>8	<0.29	0.187
		31)城镇居民人均住房面积/m²	>25	<10	0.086

通常采用的指标标准化方法是将所有指标归一化到[0,1]区间内。评价指标分为正指标和逆指标。本研究用隶属度的概念对指标进行标准化处理。对正指标,采用升半梯形法进行处理:

$$N(x'_{ij}) = \begin{cases} 0 & x_{ij} \leqslant C(x_{ij}) \\ \dfrac{x_{ij} - C(x_{ij})}{T(x_{ij}) - C(x_{ij})} & C(x_{ij}) < x_{ij} < T(x_{ij}) \\ 1 & x_{ij} \geqslant T(x_{ij}) \end{cases} \tag{1}$$

对逆指标,采用降半梯形法进行处理:

$$N(x'_{ij}) = \begin{cases} 1 & x_{ij} \leqslant T(x_{ij}) \\ \dfrac{x_{ij} - C(x_{ij})}{T(x_{ij}) - C(x_{ij})} & T(x_{ij}) < x_{ij} < C(x_{ij}) \\ 0 & x_{ij} \geqslant C(x_{ij}) \end{cases} \tag{2}$$

式中,x_{ij}、$T(x_{ij})$、$C(x_{ij})$、$N(x'_{ij})$分别为第i个评价样本的第j个指标的原始值、健康标准值、病态标准值和标准化值。

生态系统健康水平是一个相对的概念,很难做出明确的判断。本研究用城市生态系统各子系统某一时刻的健康状态值与病态标准值以及健康标准值的相对矢量模数判断其健康水平,用协调指数判断各子系统间的协调程度,用综合健康指数判断城市复合生态系统的健康水平。

假设城市生态系统第k个子系统内包含N个要素,共有M种健康状态,则这M种不同的健康状态可以用矩阵M表示:

$$M(x_{ij}) = \begin{vmatrix} x_{11} & x_{12} & \cdots & x_{1j} & \cdots & x_{1m} \\ x_{21} & x_{22} & \cdots & x_{2j} & \cdots & x_{2m} \\ \vdots & \vdots & \cdots & \vdots & \cdots & \vdots \\ x_{i1} & x_{i2} & \cdots & x_{ij} & \cdots & x_{im} \\ \vdots & \vdots & \vdots & \cdots & \vdots \\ x_{n1} & x_{n2} & \cdots & x_{nj} & \cdots & x_{nm} \end{vmatrix} \tag{3}$$

式中,x_{ij}是城市生态系统第i个指标的第j个状态值($i=1,2,\cdots,n$, $j=1,2,\cdots,m$)。

用向量$O_1 = (y'_1, y'_2, \cdots, y'_j, \cdots, y'_n)$、$O_2 = (y''_1, y''_{n2}, \cdots, y''_j, \cdots, y''_n)$分别表示健康目标值和相对病态值。

经标准化处理后,矩阵M转换成矩阵N:

$$M(x'_{ij}) = \begin{vmatrix} x'_{11} & x'_{12} & \cdots & x'_{1j} & \cdots & x'_{1m} \\ x'_{21} & x'_{22} & \cdots & x'_{2j} & \cdots & x'_{2m} \\ \vdots & \vdots & \vdots & \cdots & \vdots \\ x'_{i1} & x'_{i2} & \cdots & x'_{ij} & \cdots & x'_{im} \\ \vdots & \vdots & \vdots & \cdots & \vdots \\ x'_{n1} & x'_{n2} & \cdots & x'_{nj} & \cdots & x'_{nm} \end{vmatrix} \tag{4}$$

相对病态值和健康目标值分别为向量:

$$O'_1 = (0,0,\cdots,0,\cdots,0)、O'_2 = (1,1,\cdots,1,\cdots,1)$$

系统的健康水平是系统远离病态与接近健康状态的综合表现。因此,第k个子系统的健康水平可以用健康指数C_k表示:

$$C_k = \frac{NO'_1}{NO'_1 + NO'_2} \qquad 0 \leqslant C_k \leqslant 1 \tag{5}$$

式中,NO'_1、NO'_2 表示第 k 个子系统内任一状态点 N 与相对病态点 O'_1、健康目标点 O'_2 之间的矢量模数(图1):

$$|NO'_1| = \sqrt{\sum_{j=1}^{n}(w_j \times x_{ij} - w_j x'_j)^2} = \sqrt{\sum_{j=1}^{n} w_j^2 x'^2_{ij}} \tag{6}$$

$$|NO'_2| = \sqrt{\sum_{j=1}^{n}(w_j \times x_{ij} - w_j x''_j)^2} = \sqrt{\sum_{j=1}^{n} w_j^2 (x'_{ij} - 1)^2} \tag{7}$$

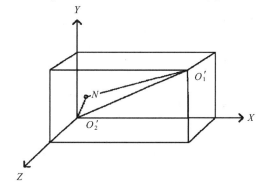

图1 子系统健康水平空间示意图

协调指数是反映系统间协调水平的综合性指标,能够表示系统间的协调程度。定义协调指数为:

$$C_c = \frac{2}{n(n-1)} \sum_{i=1}^{n} \sum_{j=1}^{n} \left[\frac{4 \times C_{Hi} \times C_{Hj}}{(C_{Hi} + C_{Hj})} \right]^m \quad (i \neq j) \tag{8}$$

式中,m 为调节系数,$m \geqslant 2$。

城市复合生态系统的健康水平不仅与各子系统的健康水平有关,还与各子系统间的协调度有关。采用非线性加权函数求解城市复合生态系统的综合健康指数 H:

$$H = C_H^{w_H} \times C_c^{w_c} \tag{9}$$

式中,w_H、w_C 分别为健康指数和协调指数的权重。

3 意义

桑燕鸿等[2]总结概括了城市生态系统健康评价模型,并将该方法应用于佛山市城市生态系统的健康评价。结果表明,在研究时段内,佛山市城市生态系统健康水平逐年上升;综合评价方法不仅能反映城市整体健康状况,而且能辨别各子系统的相对健康水平,具有一定的理论价值和可操作性。该模型可以清晰地辨识城市整体健康状况和各子系统的相对健康状况。

参考文献

[1] Dai QH, Liu GB, Liu PL, et al. Approach to health diagnoses of eco – economic system in mesoscale in Loess Hilly Area. Sci Agric Sin. 2005,38(5): 990 – 998.

[2] 桑燕鸿,陈新庚,吴仁海,等. 城市生态系统健康综合评价. 应用生态学报,2006,17(7):1280 – 1285.

小花蝽的捕食模型

1 背景

小花蝽($Oriu\ minutus$)是农业生态系统的一种重要捕食性天敌,可捕食蚜虫、粉虱、螨类及小型昆虫的卵和若虫等,在苜蓿地数量多,发生时间长,对牛角花齿蓟马有较强的控制作用[1]。张世泽等[2]研究了小花蝽对牛角花齿蓟马捕食作用及其种内干扰反应,提出了小花蝽的捕食作用模型。

2 公式

2.1 功能反应

试验结果用 Holling Ⅱ 型反应进行数学模拟,其方程[3]为:

$$N_a = a'TN(1 + a'T_hN) \tag{1}$$

式中,N_a 为捕获猎物数;a' 为捕食者对猎物的瞬时攻击率;T 为猎物暴露于捕食者的总时间;N 为猎物初始密度;T_h 为捕食者捕食猎物所需的时间。

2.2 寻找效应估计

采用 Ma 等[4]方法计算。其算式为:

$$S = a'(1 + a'T_hN) \tag{2}$$

2.3 干扰反应

试验结果用 Hassell 方程[5]进行拟合:

$$E = N_a/NP \quad 或 \quad E = QP^{-m} \tag{3}$$

式中,E 为捕食效率;N_a 为捕食的猎物数;N 为猎物密度;P 为捕食者密度;Q 为搜索常数,m 为干扰系数。

2.4 分摊竞争强度

采用 Zou 等[6]的方法计算。其算式为:

$$I = (E_1 - E_p)/E_1 \tag{4}$$

式中,I 为分摊竞争强度;E_1 为 1 头天敌的捕食作用率;E_p 为密度为 P 的天敌捕食作用率。

2.5 捕食作用方程

采用 Hassell 等[7]带干扰参数的捕食作用方程计算,其方程为:

$$N_a = a'dNP(1 - m)/(1 + a'T_hN) \qquad (5)$$

式中,N_a 为捕获猎物数;a' 为捕食者对猎物的瞬时攻击率;d 为常数;N 为猎物初始密度;P 为捕食者密度;T_h 为捕食者捕食猎物所需的时间;m 为干扰常数。

捕食量与猎物密度间的关系表现为逆密度制约,功能反应曲线表现为一上升渐近线或负加速曲线(图1)。

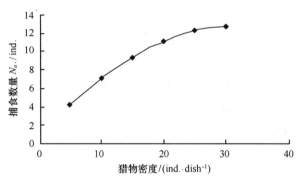

图1 小花蝽成虫对牛角花齿蓟马的功能反应

小花蝽成虫对牛角花齿蓟马密度的功能反应属于 II 型功能反应,可以用 Holling 圆盘方程进行拟合。

3 意义

张世泽等[2]总结概括了小花蝽对牛角花齿蓟马的捕食作用模型,在室内研究了小花蝽 (*Oriusminutus*)成虫对牛角花齿蓟马(*Odontothrips loti*)3 ~ 4 龄若虫的捕食作用和种内干扰作用。结果表明,小花蝽对牛角花齿蓟马的捕食功能反应均符合 Holling II 型方程,小花蝽的捕食作用有较强的种内干扰反应,捕食率与个体相互干扰的关系符合 Hassell 模型,为牛角花齿蓟马的生物防治和小花蝽的保护利用提供依据。

参考文献

[1] Lattin J D. Bionomics of the Anthocoridae. Annu Rev Entomol. 1999,44: 207 – 231.

[2] 张世泽,吴林,许向利,等. 小花蝽对牛角花齿蓟马的捕食作用. 应用生态学报,2006,17(7):1259 – 1263.

[3] Holling C S. Some characteristics of simple type of predation and parasitism. Can Entomol. 1959, 91: 385 – 398.

[4] Ma X,Wei D – Y, Zhao Q. Studies on the predation of Menochilus sexmaculata(Fabricius) on Toxoptera citricidus. Tillage Cultiv. 1996,16(3): 55 – 57.

［5］ Hassell M P，Varley G C. New inductive population model for insect parasites and its bearing on biological control. Nature. 1969,223:1113 − 1137.

［6］ Zou YD，Geng JG，Chen GC,et al. Predation of Harmonia axyridis nymph on Schizaphis graminun. Chin J Appl Ecol. 1996,7(2): 197 −200.

［7］ Hassell M P，Rogers D J. Insect parasite responses in the development of population model. J Anim Ecol. 1972,41: 661 −667.

填埋场的温度空间模型

1 背景

准好氧填埋设计思想是不用动力供氧,而是利用渗滤液收集管道的不满流设计,在垃圾堆体发酵产生温差的推动下,使空气自然流通,并在填埋场内部形成一定的好氧区域[1]。温度变化可作为有机质降解程度和填埋场稳定化的指标[2]。李帆等[3]的研究目的在于了解准好氧填埋结构下温度的空间格局及其变化规律,提出了温度空间变异性模型。

2 公式

准好氧填埋结构下,利用温度检测探头进行温度测量(图1)。

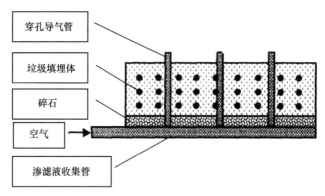

图1 准好氧填埋装置示意图
● 代表温度检测探头

2.1 温度空间变异结构的特点

空间上温度是区域化变量,因此可用区域化变量理论和方法进行研究[4]。假设其在所研究的区域内满足本征假设,则其半变异函数 $r(h)$ 为:

$$r(h) = \left(\frac{1}{2N}\right) \sum_{i=1}^{N} \left[Z(x_i) - Z(x_i + h) \right]^2 \tag{1}$$

式中,h 为分隔2个观测点的距离;N 为被 h 分隔的观测数据对的个数;$Z(x_i)$ 和 $Z(x_{i+h})$ 为空间距离为 h 的点所分别对应的温度。

为了使变异函数模型尽量真实地描述变量的变化规律,在建立理论模型的过程中要对模型进行最优拟合,即根据变异函数的计算值,选择合适的理论模型,拟合一条最优的理论变异函数模型曲线。常用的半变异函数理论模型有球状模型、高斯模型和线性模型。对各个模型的优化筛选见表1。

表1 变异函数理论模型参数

模型类型	基台值	变程a	残差平方和	标准差	决定系数
球状模型	83.5	4.1	1 053	10.82	0.746 9
高斯模型	83.7	3.5	813	9.51	0.818 4
有基台值的线性模型	83.6	3.5	562	7.91	0.874 4

由表1可知,有基台值的线性模型残差平方和与标准差最小,且决定系数最高,说明理论曲线与实际值误差较小。该模型配合的理论曲线的精确度高,所以采用有基台的线性模型(2)进行拟合。

$$
\begin{cases}
r(h) = C_0 + Ah & (h < \alpha) \\
r(h) = C_0 + C & (h \geq \alpha)
\end{cases}
\tag{2}
$$

将各参数代入(2)后,得到温度的半变异函数模型(3)和剖面温度的半变异函数图(图2):

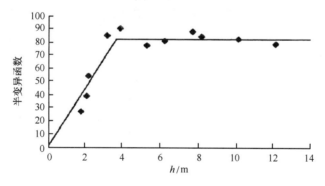

图2 温度半变异函数图

$$
\begin{cases}
r(h) = 83.6 + 23.9h & (h < 3.5) \\
r(h) = 83.6 & (h \geq 3.5)
\end{cases}
\tag{3}
$$

2.2 填埋体温度的空间分布

在半变异分析的基础上,用克里格插值法对未测点的参数进行最优内插估值。图3为运用克里格插值法绘制的温度等值线图。等值线间距越小,或等值线越密,则表示温度变异性越大。反之,间距越大,则表示温度变异性越小。从等值线的疏密即可直观地判断温度在填埋体中的不均匀性程度[5]。

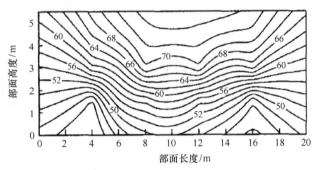

图3　剖面上的温度等值线分布

由图3可以得到处于某一温度范围的面积占总面积的比例,并以此制定权重[6](表2),计算出整个剖面上的温度加权平均值(59.8℃)。温度加权平均值的计算公式为:

$$Q = \sum_{i=1}^{6} q_i \times r \qquad (4)$$

式中,q_i为某温度范围内的测量值的平均值(℃),r为该温度范围面积所占的权重。

表2　剖面温度范围所对应权重

项目	温度范围/℃					
	<50	50~55	55~60	60~65	65~70	>70
所占面积/m²	21.56	18.19	16.13	16.74	17.51	9.88
权重系数	0.196	0.165	0.147	0.152	0.159	0.181

总面积为110 m²。

3　意义

李帆等[3]总结概括了准好氧填埋场的温度空间变异性模型,利用半变异函数,对准好氧填埋装置中温度的空间变异特性进行了研究,并对装置内部温度进行了Kriging(克里格法)插值,得到纵剖面的等温线图。对不同理论模型进行优化拟合结果表明,剖面上温度半变异函数用线性有基台值模型拟合,效果最好。为改进填埋工艺、加快填埋场的快速稳定化提供科学依据。

参考文献

［1］ Masataka H. Commonly Waste Finally Disposal. Chuanqi Japan Environment Sanitation. 1994,586 – 599.

［2］ Crutcher AJ, Rovers FA. Temperature as an indicator of landfill behavior. Waste Air Solid Pollut. 1982, 17: 218 – 222.

［3］ 李帆,黄启飞,张增强,等. 准好氧填埋场的温度空间变异性. 应用生态学报,2006,17(7):1291 – 1294.

［4］ Hou JR, eds. 1985. Theory and Method of Geostatistics. Beijing: China Geology Press.

［5］ Wang ZQ. Geostatistics and Its Application in Ecology. Beijing: Science Press. 1999,1 – 34.

［6］ Dong L, Liu YQ, Huang QF,et al. Study on distribution of methane content in semi – aerobic landfill structure. Res Environ Sci. 2005,18(3): 20 – 23.

水稻茎蘖的动态模型

1 背景

水稻茎蘖的消长对水稻的成穗率及单位面积穗数有着直接的影响,并最终影响到产量。因此,研究水稻茎蘖动态的模拟模型对指导水稻生产具有重要的理论和实践意义,特别是在未来大气 CO_2 浓度逐步增高的情况下,模拟结果更能有效地指导水稻生产并进行相应的预测和评价。孙成明等[1]借助中国唯一的 FACE 研究平台,通过设置不同的 N 水平,研究了 FACE 条件下水稻茎蘖动态的模拟模型。

2 公式

2.1 FACE 水稻茎蘖动态模型的推导

在正常条件下,若不考虑自然灾害及人为因素等的影响,水稻群体的茎蘖数由基本茎蘖数、新生茎蘖数和死亡茎蘖数 3 个方面组成。FACE 水稻也符合这个规律。FACE 水稻茎蘖动态的基本模型描述如下:

$$T_i = T_N + T_F + D \qquad (1)$$

式中,T_i 为移栽后第 t 天水稻群体茎蘖数量;T_N 为常规条件下移栽后第 t 天群体茎蘖增加量;T_F 为 FACE 条件下移栽后第 t 天群体茎蘖额外增加量;D 为水稻移栽后的基本茎蘖数(一般以移栽后 5 d 左右的茎蘖数为 D 的初始值)。

2.1.1 常规条件下水稻茎蘖的增加量

常规条件下水稻群体茎蘖的增加量由两方面决定,即茎蘖发生量和茎蘖死亡量。由微分原理可知,某一时刻茎蘖发生数与死亡数之差即为茎蘖增加数。据此可以推导出常规条件下水稻茎蘖增长模型:

$$T_N = \frac{A_1}{1 + e^{a_1 - b_1 t}} - \frac{A_2}{1 + e^{a_2 - b_2 t}} \qquad (2)$$

式中,A_1 为常规条件下由水稻品种特性决定的群体茎蘖最大可能发生数量;A_2 为常规条件下特定水稻品种群体茎蘖最大必须死亡数量;a_1、b_1、a_2、b_2 均为曲线控制系数。A_1 和 A_2 的生物学意义显著,由式(1)和式(2)可知,常规条件下水稻群体理论上的茎蘖成穗数可表示为:

$$A_1 - A_2 + D \tag{3}$$

理论茎蘖成穗率可表示为：

$$(A_1 - A_2 + D)/(A_1 + D) \tag{4}$$

2.1.2 FACE 条件下水稻茎蘖的额外增加量

FACE 处理后水稻群体茎蘖数量较常规条件下均有不同程度的增加,增加部分的变化趋势也呈"S"形曲线,其函数关系描述如下：

$$T_F = C \times \left(\frac{B_1}{1 + e^{a_3 - b_3 t}} - \frac{B_2}{1 + e^{a_4 - b_4 t}} \right) \tag{5}$$

式中,C 为 CO_2 浓度系数,C 可由实际增加 CO_2 浓度除以试验增加 CO_2 浓度求得；B_1 为 FACE 条件下水稻群体茎蘖潜在增加数量；B_2 为 FACE 条件下水稻群体茎蘖潜在死亡数量；a_3、b_3、a_4、b_4 均为曲线控制系数。

FACE 条件下水稻群体的理论茎蘖数和茎蘖成穗率与常规条件下有所不同。由式(1)、式(2)及式(5)可得,FACE 水稻的理论茎蘖数应为：

$$A_1 - A_2 + B_1 - B_2 + D \tag{6}$$

理论茎蘖成穗率应为：

$$(A_1 - A_2 + B_1 - B_2 + D)/(A_1 + B_1 + D) \tag{7}$$

根据式(6)和式(7),将表 1 中各参数的终值代入,得到 FACE 水稻各处理的理论茎蘖数。

表 1　FACE 水稻茎蘖动态模型的参数值

年份	处理	T_N						R^2	T_E						R^2
		A_1	a_1	b_1	A_2	a_2	b_2		B_1	a_3	b_3	B_2	a_4	b_4	
2001	MNMP	397.23	8.157	0.416	151.05	14.656	0.299	0.995	97.15	5.417	0.287	70.00	4.073	0.746	0.926
	MNLP	404.42	7.368	0.369	169.63	7.957	0.164	0.995	80.73	10.957	0.528	39.30	15.724	0.342	0.988
	LNMP	392.05	7.651	0.385	174.11	11.259	0.226	0.995	61.68	10.422	0.468	16.89	6.739	0.136	0.980
	LNLP	388.49	7.702	0.379	180.61	11.995	0.246	0.998	92.23	4.513	0.250	44.30	6.364	0.209	0.983
2002	HN	365.32	5.042	0.216	139.13	11.141	0.227	0.983	129.60	4.504	0.221	79.35	6.813	0.129	0.950
	MN	362.08	5.011	0.215	130.80	13.993	0.276	0.987	133.34	5.915	0.262	79.75	5.308	0.099	0.974
	LN	324.71	5.265	0.235	112.28	15.441	0.293	0.990	115.60	4.442	0.244	89.44	7.187	0.129	0.954
2003	HN	339.40	4.408	0.193	140.35	12.955	0.278	0.986	115.49	7.156	0.346	53.83	20.916	0.435	0.985
	MN	333.43	4.424	0.191	132.24	16.879	0.366	0.985	114.98	6.637	0.318	50.67	21.813	0.468	0.974
	LN	329.96	4.402	0.191	134.50	16.915	0.376	0.985	112.11	6.670	0.320	53.26	19.362	0.417	0.976
	平均 Mean		6.239	0.297		13.011	0.268			6.857	0.334		10.896	0.319	

注:MNMP 施氮量为 250 kg·hm^{-2},施磷量为 70 kg·hm^{-2};MNLP 施氮量为 250 kg·hm^{-2},施磷量为 35 kg·hm^{-2};LNMP 施氮量为 150 kg·hm^{-2},施磷量为 70 kg·hm^{-2};LNLP 施氮量为 150 kg·hm^{-2},施磷量为 35 kg·hm^{-2}。

2.2 施氮量对茎蘖数的影响

由式(3)及式(6)可知,群体最终的茎蘖数与模型的 4 个生物学参数 A_1、A_2、B_1 及 B_2 关系密切,N 处理对茎蘖数的影响是通过对生物学参数的影响来实现的。进一步分析表明,施 N 量与各参数有如下关系(N 施用量的单位为 $g \cdot m^{-2}$):

$$A_1 = -0.079\ 1N^2 + 5.205N + 267.05 \tag{8}$$

$$A_2 = 0.051\ 9N^2 - 2.300N + 157.33 \tag{9}$$

$$B_1 = -0.052\ 0N^2 + 3.112N + 78.89 \tag{10}$$

$$B_2 = 0.096\ 3N^2 - 4.811N + 103.56 \tag{11}$$

式中,A_1 和 B_1 与施 N 量之间呈开口向下的半抛物线关系,即随着施 N 量的增加,茎蘖的发生量也随之增加,然后趋向平稳并略有下降;A_2 和 B_2 与施 N 量间呈开口向上的抛物线关系,即施 N 量过多或过少茎蘖死亡量都会增加。

3 意义

孙成明等[1]总结概括了 FACE 水稻茎蘖动态模型,模型以时间为驱动因子,描述了水稻茎蘖数随移栽天数的动态变化过程,对常规及 CO_2 浓度增加条件下水稻茎蘖的变化均有很好的拟合性。通过不同年份试验数据对模型的检验,预测根均方差(RMSE)最大为 44.27 个·m^{-2},最小为 13.96 个·m^{-2},且相关系数均达到了极显著水平。表明模型的预测程度较高,具有很好的适用性。为未来大气 CO_2 浓度升高条件下我国水稻高产栽培技术措施的制订提供科学依据。

参考文献

[1] 孙成明,庄恒扬,杨连新,等.FACE 水稻茎蘖动态模型.应用生态学报,2006,17(8):1448-1452.

林冠的降雨截留量模型

1 背景

对于森林流域，降雨需要经过林冠截留，以穿透降雨、树干径流形式到达地面，即林下降雨。林冠分配降雨过程影响着森林流域产、汇流过程，是森林水文学研究的热点之一[1]。王安志等[2]在该模型基础上，结合微气象学估算截留水分蒸发模型。

2 公式

2.1 次降雨截留过程模型及改进

Wang 等[3,4]在实验室通过改变降雨强度和叶面积指数，在忽略附加截留量基础上，得到的次降雨截留过程的半经验半理论模型为：

$$\frac{\mathrm{d}P(t)}{\mathrm{d}t} = P_c \cdot R \cdot LAI_1 \cdot f[\beta] \tag{1}$$

式中，$P(t)$ 为截留量随时间变化函数（mm）；t 为时间；R 为雨强（mm·min^{-1}）；LAI_1 为叶面积指数，定义为叶面积与树木投影面积的比值；P_c 为郁闭度，0.8；$f(\beta)$ 为随冠层湿润程度变化的截留系数；β 为表征林冠湿润程度的无量纲数，等于林冠截留水量与其最大截留量的比，即：

$$\beta = \frac{P(t)}{G} \tag{2}$$

式中，G 为截留容量。

LAI_1 可以表示为：

$$LAI_1 = \frac{LAI}{P_c} \tag{3}$$

式中，LAI 为林地的叶面积指数。

Wang 等[4]以红松为例，给出针叶树种截留系数 $f(\beta)$：

$$f(\beta) = 0.2(1 - \beta)^{1.942} \tag{4}$$

长白山阔叶红松林为典型的针阔混交林，为了修正式（4），根据 Wang 等[3,4]的实验方法，得到阔叶树种（以色槭为例）$f(\beta)$：

$$f(\beta) = 0.336(1 - \beta)^{1.722} \tag{5}$$

将式(4)、式(5)验系数取平均,到长白山阔叶红松林截留系数:

$$f(\beta) = 0.268(1 - \beta)^{1.832} \tag{6}$$

2.2 截留水分蒸发的计算模型

Bigelow[5]利用改进的 Penman – Monteith 方程来计算林冠水分潜在蒸发 E_c,表示为:

$$E_c = \frac{P_c\{\Delta R_n + \rho c_p[e_s(T) - e]g_a f\}}{\lambda[\Delta + \gamma(1 + g_a/g_c)]} \tag{7}$$

式中,R_n 为净辐射通量($J \cdot m^{-2} \cdot s^{-1}$);$\rho$ 为 25℃下的空气密度(1 184 g $\cdot m^{-3}$);C_p 为空气定压比热容(1.010 J $\cdot g^{-1} \cdot$ ℃$^{-1}$);$e_s(T)$ 为温度为 T 时的饱和水汽压(kPa);e 为自由大气水汽压(kPa);g_a 为空气动力学传导率(mol $\cdot m^{-2} \cdot s^{-1}$);$g_c$ 为林冠传导率(mol $\cdot m^{-2} \cdot$ s^{-1});λ 为水在 25℃下蒸发潜热(2 435 J $\cdot g^{-1}$);f 为传导率单位转换系数(0.024 5 m$^3 \cdot$ mol^{-1});γ 为 25℃下的干湿表常数(0.066 4 kPa $\cdot$ ℃$^{-1}$);饱和水汽压随温度的增长率 Δ 只与气温有关。考虑林冠截留水分的蒸发过程中没有气孔阻力,因此 $g_a/g_c = 0$,林冠截留水分潜在蒸发 E_i 可由式(7)得到:

$$E_i = \frac{P_c\{\Delta R_n + \rho c_p[e_s(T) - e]g_a f\}}{\lambda(\Delta + \gamma)} \tag{8}$$

空气动力学传导率 g_a 表示为:

$$g_a = \frac{k^2 u(z)}{f\ln^2[(z - d)/z_0]} \tag{9}$$

式中,k 为 VonKarman 常数(0.41);z 为气象仪器高度(m);z_0 为粗糙度(m);u 为风速(m $\cdot$ s^{-1});d 为零平面位移高度(m)。赵晓松等详细分析了 d 和 z_0。

由于 Penman – Monteith 公式一般用来计算潜在蒸散量,引入林冠截留水分蒸发与林冠湿润程度和林冠截留水分潜在蒸发成正比的假设,从而林冠截留水分的实际蒸发量 E_{ir} 表示为:

$$E_{ir} = \beta \frac{P_c\{\Delta R_n + \rho c_p[e_s(T) - e]g_a f\}}{\lambda(\Delta + \gamma)} \tag{10}$$

利用式(1)和式(10),得到了每次降雨对应截留量(图1)。由图1可以看出,5月12日的 15:00 至 18:00 是一个连续的降雨过程,在降雨起初的 0.5 h 内,林冠截留量高达 0.074 mm,占降雨量(0.2 mm)的 37%。

3 意义

王安志等[2]总结概括了长白山阔叶红松林降雨截留量的估算模型,利用林冠截留降雨半经验半理论模型,以雨强和叶面积指数为模型输入,林冠湿润程度为参数,结合 Penman – Monteith 公式,有效地模拟了长白山阔叶红松林次降雨的截留过程和 2004 年 5—9 月的林

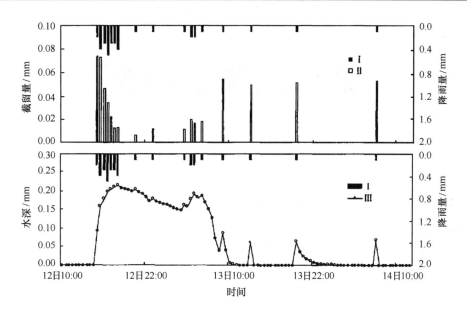

图1　30 min 的降雨量(Ⅰ)与截留量(Ⅱ)和林冠持水深(Ⅲ)

冠截留总量。结果表明,研究期间的林冠截留总量为 39. 96 mm,占降雨总量的 10. 2% ,与实测资料吻合。根据模拟结果,探讨了不同时间尺度上截留量与降雨量之间的关系,随着时间尺度的增大,截留量与降雨量的相关关系趋于明显。为估算长白山阔叶红松林 2004 年 5—9 月历次降雨截留过程及其截留总量提供理论依据。

参考文献

[1] Pike RG, Scherer R. Overview of the potential effects of forest management on low flows in snow melt – dominated hydrologic regimes. BC J Ecosyst Manage. 2003 ,3: 1 – 17.

[2] 王安志,裴铁璠,金昌杰,等. 长白山阔叶红松林降雨截留量的估算. 应用生态学报,2006,17(8): 1403 – 1407.

[3] Wang AZ, Liu JM, Pei T – F,et al. An experiment and model of interception by Pinus ko – raiensis Nakai J Beijing For Univ. 2005 ,27(2) :30 – 35.

[4] Wang AZ, Li JZ, Liu JM, et al. A semi – theoretical model of canopy rainfall interception for Pinus ko-raiensis Nakai Ecol Model. 2005 ,184: 355 – 361.

[5] Bigelow SW. Evapotranspiration modelled from stands of three broad – leaved tropical trees in Costa Rica. Hydrol Proc. 2001 ,15:2779 – 2796.

景观的空间格局模型

1 背景

景观空间格局是大小和形状各异的景观要素在空间上的排列。它既是景观异质性的重要表现，又是各种生态过程在不同尺度上相互作用的结果，属于生命组建的一种宏观分异性状[1]。郭泺等[2]研究了广州景观格局的时空变化与区域梯度分异，提出了空间自相关性分析模型。

2 公式

空间自相关性的分析采用了 Moran I 指数和 Geary C 指数，它们是度量空间自相关性的两个常用指标[3,4]。Moran I 反映的是空间邻接或空间邻近的区域单元属性值的相似程度，而 Moran I 系数与 Geary C 指数存在负相关关系，其计算公式为：

$$I = \frac{n\sum_{i=1}^{n}\sum_{i=1}^{n}w_{ij}(x_i-\bar{x})(x_j-\bar{x})}{\sum_{i=1}^{n}\sum_{j=1}^{n}W_{ij}\sum_{i=1}^{n}(x_i-\bar{x})^2};$$

$$C = \frac{(n-1)\sum_{i=1}^{n}\sum_{j=1}^{n}w_{ij}(x_i-\bar{x})^2}{2\sum_{i=1}^{n}\sum_{j=1}^{n}W_{ij}\sum_{i=1}^{n}(x_i-\bar{x})^2}$$

式中，x_i 和 x_j 是变量 x 在相邻配对空间单元（或栅格细胞）的取值，是变量的平均值；W_{ij} 是邻接权重矩阵；n 是空间单元总数。其中权重函数 W_{ij} 的选择十分关键，本研究选用二元相邻权重来确定相邻权重 W_{ij}，即当空间单元 i 和 j 相连接时 W_{ij} 为 1，否则为 0（实际计算中，可规定如果有 $i=j$，则定义 $W_{ij}=0$）。I 取值从 $-1\sim1$；当 $I=0$ 时代表空间无关，I 取正值时为正相关，I 取负值时为负相关。C 系数与变异函数有一定类似之处，二者的计算公式中均含有 $(x_i$ 和 $x_j)$ 两项。C 系数取值大于或等于 0；C 值小于 1 时，代表正相关，C 值越大于 1 则相关性越小。

空间自相关分析的显著性检验。I 和 C 系数的期望值和方差的计算公式如下：

$$E(I) = -1/(N-1), E(C) = 1$$

$$Var(I) = \frac{n^2 S_1 - n S_2 + 3 S_0^2}{(n^2 - 1) S_0^2};$$

$$Var(C) = \frac{(n-1)n(2S_1 + S_2) - 4S_0^2}{2(n+1)S_0^2}$$

式中，E 是期望值；Var 是方差。

$$S_0 = \sum_{i=1}^{n} \sum_{j=1}^{n} W_{ij};$$

$$S_1 = \sum_{i=1}^{n} \sum_{j=1}^{n} (W_{ij} + W_{ji})^2 / 2;$$

$$S_2 = \sum_{i=1}^{n} \left(\sum_{j=1}^{n} W_{ij} + \sum_{j=1}^{n} W_{ji} \right)^2$$

从研究区景观格局指数沿 36 个梯度带的变化可以看出（图 1），伴随着城市化进程，各梯度带景观多样性明显增加，增加幅度最大的区域集中在 1～13 梯度带。

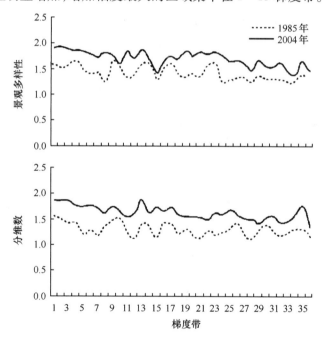

图 1 景观格局指数的梯度变化特征

3 意义

郭泺等[1]总结概括了空间自相关性分析模型，以广州市为研究对象，利用 1985 年、1990 年、1995 年、2000 年和 2004 五期遥感影像，研究了广州市 20 年来景观空间格局的时空变化特征。结果表明,广州市 1985—2004 年景观格局变化明显,斑块数和斑块密度增加,斑块的形状更加不规则,景观结构更加复杂,景观各指数的动态变化反映了景观格局明显分异变化的特征,但变化速率、强度和发展态势在全市和不同行政区表现出梯度变化特征。对于合理规范城市发展、保护区域生态以及建设可持续的城市均具有重要意义。

参考文献

[1] Chang XL, Zhang AD, Yang H. Scale effects of landscape research in Kerqin Sandy Land. Acta EcolSin. 2003,23(4):635-641.

[2] 郭泺,夏北成,刘蔚秋,等. 城市化进程中广州市景观格局的时空变化与梯度分异. 应用生态学报. 2006,17(9):1671-1676.

[3] Gunilla GA, Synnφve N. Landscape change patterns in mountains, land use and environmental diversity, Mid-Norway 1960-1993. Land sc Ecol,2001. 15:155-170.

[4] Moran PAP. The interpretation of statistical maps. J R Stat Soc London Ser B. 1948,10:243-251.

沙化草地的景观结构公式

1 背景

沙漠化(沙质荒漠化)过程是我国北方地区主要的环境退化问题之一,它不仅导致区域植被、土壤、气候和水分条件发生极大变化,而且使沙漠化地区的景观结构、功能以及生物学和生态学过程发生变化[1,2]。王辉等[3]以玛曲县沙化草地区域为例,从斑块类型层次出发,以区域景观格局为研究对象。利用 GIS 技术对沙化草地区域景观结构特性进行定量分析。

2 公式

在景观生态学研究中,已经发展和完善了许多数量化的景观测度指标,这些指标涵盖了景观结构特征的各个方面。概括起来这些指数包括两个层次,即斑块层次和景观层次[4,5]。本研究主要从斑块层次尺度出发,从异质性特征、破碎化特征、形状特征三方面考虑,选用景观多样性指数、景观优势度指数、斑块密度、分离度、伸长指数、分维数 6 个景观特征指数分析研究其结构特征。

2.1 景观多样性指数

景观多样性指数(H)反映景观要素的多少及各景观要素所占比例的变化。其计算是基于 Shannon – Wiener 指数,公式如下:

$$H = - \sum_{I=1}^{m} p_i \ln P_i$$

式中,H 为多样性指数;P_i 为景观类型 i 所占面积比例;m 为景观类型的数量。

2.2 景观优势度指数

景观优势度指数用于测度景观多样性对于景观最大多样性的程度。公式如下:

$$SHDI = H_{max} + \sum_{i=1}^{m} (P_i \times \ln P_i)$$

式中,$SHDI$ 为景观优势度指数;H_{max} 为最大多样性指数;P_i 为景观类型 i 所占面积比例。

2.3 斑块密度

斑块密度从斑块数目这一侧面反映了景观被分割的破碎程度,其计算公式为:

$$PD = \sum_{i=1}^{m} n_i / A$$

式中,PD 为斑块密度;n 为斑块的总个数;A 为景观的总面积;i 为斑块类型。

2.4 分离度指数

景观分离度指某一景观类型中不同斑块个体分布的分离程度。最先由 Pearce 提出,Chen 等[6] 在 1996 年对该公式进行了修正,本研究采用修正后的公式:

$$F_i = D_i / S_i$$

$$D_i = 1/2 \sqrt{n/A}, \quad S_i = A_i / A$$

式中,D_i 为斑块的分离度;S_i 为景观类型的面积指数;A_i 为斑块类型 i 的面积;A 为景观的总面积;i 为斑块类型;n 为斑块的总个数。

2.5 分维数

景观分维数是用来测定斑块形状对内部斑块生态过程影响的指标,本研究使用下式来度量斑块形状的复杂程度。其值在 $1 \sim 2$ 之间,愈靠近 1,斑块的形状愈简单,愈靠近 2,斑块形状愈复杂。

$$MPFD = \sum_{i=1}^{m} \sum_{j=1}^{n} 2\ln(0.25P_{ij}/\ln a_{ij}) / N$$

式中,$MPFD$ 为平均斑块分维数;P_{ij} 为斑块 ij 的周长;a_{ij} 为斑块 ij 的面积;N 为景观中斑块的总数量;m 为景观类型数量;n 为某类景观类型的斑块数。

2.6 伸长指数

伸长指数是衡量斑块形状的一个指标,斑块伸长指数越大,斑块的形状越长。

$$G = P / \sqrt{A}$$

式中,G 为伸长指数;P 为斑块周长;A 为相应斑块面积。

根据公式,计算河流阶地带景观异质性、破碎化指数及形状指数(图 1)。

从图 1 可知,本区域各景观类型的多样性差异较大,流动沙地和灌木林地的多样性指数最高。

3 意义

王辉等[1] 总结概括了区域景观特征分析模型,以黄河源区玛曲县沙化草地为对象,运用景观生态学原理,借助地理信息系统技术,选取景观异质性指数(景观多样性、景观优势度)、景观破碎化指数(斑块密度、分离度)、形状指数(伸长指数、分维数)3 类指标,分析了黄河源区沙化草地不同景观类型的空间分布及景观格局现状特征,揭示了黄河源区沙化草地景观结构特征及变化过程,为黄河源区景观生态恢复提供了理论依据。

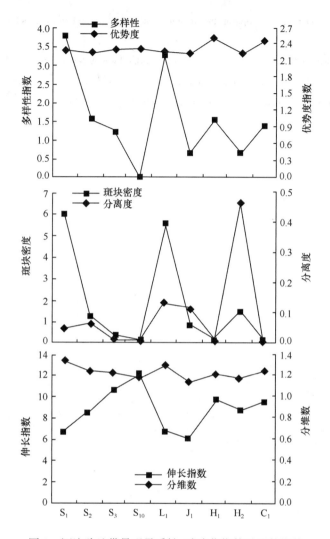

图1 河流阶地带景观异质性、破碎化指数及形状指数

参考文献

[1] Chang XL, Gao YB. Quantitative expression in regional desertification study. J Desert Res. 2003,23(4): 106－110.

[2] Chang XL, Lu CX, Gao YB,et al. Analysis of landscape patch structure influence on desertification process of Kerqin sandy land. Acta EcolSin. 2004,24(6):1237－1242.

[3] 王辉,袁宏波,徐向宏,等. 黄河源区沙化草地区域景观特征. 应用生态学报,2006,17(9):1665－1670.

[4] Chen P, Chu Y, Gu FX, et al. Spatial heterogeneity of vegetation and soil characteristics in oasis desert ecotone. Chin J ApplEcol. 2003,14(6):904-908.

[5] Forman RTT, Godron M. Landscape Ecology. New York: John Wiley and Sons. 1986.

[6] Chen LD, Fu BJ. Analysis of impact of human activity on landscape structure in Yellow River delta—A case study of Dongying region. Acta Ecol Sin. 1996,16(4): 337-344.

多尺度的景观影像模型

1 背景

图像分割是指把图像分成各具特性的区域并提取出感兴趣目标的技术和过程。它是从图像处理到图像分析的关键步骤,广泛用于遥感领域对图像目标进行提取和量测等过程。孙小芳等[1]采用基于区域合并分割技术的多分辨率分割技术,以不同目标分割阈值生成两种尺度的景观影像目标层,并对所生成的目标层进行分类,对小阈值分割分类后的结果进行分割并生成中间尺度的景观影像目标层。最后生成 3 个尺度的景观影像目标层,利用多分辨率分割实现了原始影像信息在不同尺度间的转换。

2 公式

2.1 多分辨率分割与分类

多分辨率分割是一种由底层到上层的区域合并技术,最开始目标的大小只有一个像元。采用[式(1)]计算目标的差异值,差异值由 3 个部分组成,一是目标光谱值[式(2)],二是目标形状值即紧密度和光滑度[式(3)、式(4)]。为了达到异质性最小化的目的,对相邻差异值相差最小的目标进行合并,直到影像目标的最小像元超过所设定最小分割单元,则计算结束。通过这个聚类过程,小的影像目标逐步合并成较大的影像目标,最佳的分割结果遵循目标异质性最小化原则。

$$f = w \times h_{\text{color}} + (1 - w)\left[w_{\text{cmpet}} \times h_{\text{cmpet}} + (1 - w_{\text{cmpet}}) \times h_{\text{smooth}}\right] \tag{1}$$

式中,w 为光谱信息权重;w_{cmpet} 为紧密度权重;f 为目标差异值;h_{color} 为目标合并后光谱值;h_{cmpet} 为目标合并后紧密度值;h_{smooth} 为目标合并后光滑度值。

$$h_{\text{color}} = \sum_{C} W_c\left[n_{\text{merge}} \times \sigma_c^{\text{merge}} - (n_{\text{obj1}} \times \sigma_c^{\text{boj1}} + n_{\text{obj2}} \times \sigma_c^{\text{obj2}})\right] \tag{2}$$

$$h_{\text{cmpet}} = n_{\text{merge}} \times l_{\text{merge}} / - \sqrt{n_{\text{merge}}} - (n_{\text{obj1}} \times l_{\text{obj1}} / \sqrt{n_{\text{obj1}}} + n_{\text{obj2}} \times l_{\text{obj2}} / \sqrt{n_{\text{obj2}}}) \tag{3}$$

$$h_{\text{smooth}} = n_{\text{merge}} \times l_{\text{merge}} / b_{\text{merge}} - (n_{\text{obj1}} \times l_{\text{obj1}} / b_{\text{obj1}} + n_{\text{obj2}} \times l_{\text{obj2}} / b_{\text{obj2}}) \tag{4}$$

式中,n_{merge} 为合并目标像元总数了;σ_c^{merge} 为合并目标像元均方差;n_{obj1} 为目标 1 像元总数;σ_{cobj1} 为目标 1 像元均方差;n_{obj2} 为目标 2 像元总数;σ_{cobj2} 为目标 2 像元均方差;l_{merge} 为合并目标边界周长;l_{obj1} 为目标 1 边界周长;l_{obj2} 为目标 2 边界周长;b_{merge} 为合并目标最小外接矩形

边界周长;b_{obj1} 为目标 1 最小外接矩形边界周长;b_{obj2} 为目标 2 最小外接矩形边界周长。

2.2 景观度量指标

2.2.1 景观多样性指数

景观多样性指数借用了信息论中关于不定性的研究方法,即在一个景观系统中,景观元素类型越丰富、破碎化程度越高,则其信息含量和信息的不定性也越大,所计算出的多样性指数也就越高[2]。景观类型多样性指数按 Shannon – Wiener 公式计算:

$$H = - \sum_{i=1}^{n} P_i \log P_i \tag{5}$$

式中,H 为景观多样性指数;P_i 是第 i 种景观类型占总面积的比;n 是景观类型数目。多样性指数越大,景观多样性越高。

2.2.2 景观优势度指数

优势度指数表示景观多样性对最大多样性的偏离程度,或描述景观结构中一种或几种景观类型支配景观的程度[3]。其计算方法也是基于信息论,即通过计算最大可能多样性指数(H_{max})离差来表示,其计算公式为:

$$D = H + \sum_{i=1}^{n} P_i \log_2 P_i \tag{6}$$

$$H_{max} = \log_2 n \tag{7}$$

式中,D 为优势度指数;P_i 是第 i 种景观类型占总面积的比;n 是景观类型总数。H_{max} 为研究区内各类景观所占比例相等时,景观的最大多样性指数。

2.2.3 景观均匀度指数

均匀度指数表征景观中不同景观类型分配的均匀度。它与优势度为负相关,优势度与均匀度是从不同侧面对同一个问题的度量,均匀度指数意义与优势度相反,用均匀度可印证优势度的计算结果[4],均匀度的计算公式为:

$$E = (H/H_{max}) \times 100\% \tag{8}$$

2.2.4 景观分维数

景观分维数用来测定斑块的复杂程度,根据面积与周长的关系,将分维数定义如下:

$$P = K(A^{D/2}) \tag{9}$$

对单个正方形斑块,取 $K = 4$,有:

$$D = 2\lg(P/4)/\lg A \tag{10}$$

式中,D 为分维数;P 为斑块周长;A 为斑块面积;D 值的范围为 1～2,1 代表最简单的正方形斑块,2 代表等面积下周边最复杂的斑块的分维数。

2.2.5 景观破碎度指数

破碎度表示景观被分割的破碎程度。计算公式为:

$$FN_1 = (N_P - 1)/N_c \tag{11}$$
$$FN_2 = MP_s(N_f - 1)/N_c \tag{12}$$

式中,FN_1 和 FN_2 是斑块数破碎化指数;N_c 是景观数据阵的方格网中格子总数,在计算中,采用研究区内最小的斑块面积去除总面积作为 N_c 值,也就是以最小斑块面积作为每一个网格的大小;N_P 为景观内各类斑块的总数;MP_s 是景观中各类斑块的平均面积,这里以最小斑块数目为单位;N_f 是景观中某一景观类型斑块总数。

2.2.6 嵌块体的内缘比

以周长和面积之比值来表示嵌块体的边界效应:

$$S = P/A \tag{13}$$

式中,P 为嵌块体周长;A 为嵌块体面积。

根据公式,对各尺度下城市绿地的斑块数量、面积、周长、分维数、内缘比、破碎度、多样性、优势度、均匀度和破碎度等表征斑块形状与空间景观格局参数[5-7]进行计算(表1)。

表1 不同尺度下景观的空间特征

尺度	绿地类型（像元）	斑块数	面积（像元）	周长（像元）	分维数	内缘比	破碎度	多样性	优势度	均匀度	破碎度
50 像元分割	>10 000	1	15 410	1 458	1.223	0.095	0.000	2.200	0.122	0.948	0.326
	4 000~2 000	3	9 785	1 458	1.284	0.149	0.435				
	2 000~1 000	4	6 006	2 260	1.457	0.376	0.300				
	1 000~500	7	4 571	2 110	1.488	0.462	0.261				
	500~0	86	9 637	5 908	1.591	0.613	0.635				
分类后分割	>10 000	1	15 411	1 458	1.223	0.095	0.000	2.438	0.183	0.921	0.274
	4 000~2 000	3	9 881	2 202	4.372	0.223	0.439				
	2 000~1 000	3	4 349	1 416	1.401	0.326	0.193				
	1 000~500	6	3 761	1 626	1.459	0.432	0.209				
	500~0	61	8 064	4 494	1.562	0.557	0.529				
300 像元分割	>10 000	1	14 325	1 166	1.186	0.081	0.000	1.641	0.681	0.707	0.113
	4 000~2 000	3	9 872	1 166	1.234	0.118	0.439				
	2 000~1 000	2	3 018	1 140	1.411	0.378	0.101				
	1 000~500	1	700	222	1.226	0.317	0.000				
	500~0	2	757	386	1.379	0.510	0.025				

3 意义

孙小芳等[1]总结概括了基于分割的多尺度城市绿地景观分析模型,利用多分辨率分割生成3种尺度的城市绿地景观。以50像元和300像元的目标分割值生成小尺度和大尺度的景观影像目标层,利用最近邻法分类两个目标层,对小尺度景观分类后的结果进行分割生成中间尺度的景观影像目标层并进行分类。从3个景观尺度的分类目标层中矢量化提取出绿地信息并计算6个景观指数,多样性、均匀度和破碎度随着景观尺度的增大而减小,优势度随着景观尺度的增大而增大。基于分割产生多尺度景观的方法可以满足城市绿地景观研究的需求。

参考文献

［1］ 孙小芳,卢健,孙依斌. 基于分割的多尺度城市绿地景观. 应用生态学报,2006,17(9):1660－1664.

［2］ Li XB, Chen YH, Li X. Study on regional land cover patterns derived from multi－scale remotely sensed data. Acta Phytoecol Sin. 2003,27(5):577－586.

［3］ Griffiths G H, Lee J, Eversham B C. Landscape pattern and species richness regional scale analysis from remote sensing. Int J Remote Sens. 2001,21: 2685－2704.

［4］ Li YH, Zhao Y, Guan DX. Land degradation and landscape ecological construction in Liaoning Province. Chin J Appl Ecol. 2001,12(4): 601－604.

［5］ Chen YH, Li XB, Shi PJ. 2002. Landscape spatial－temporal pattern analysis on change in the fraction of green vegetation based on remotely sensed data:A case study in Haidian District, Beijing. Acta Ecol Sin,22(10): 1581－1585.

［6］ Xu JH, Yue WZ, Tan WQ. 2004. A statistical study on spatial scaling effects of urban landscape attern:A case study of the central area of the external circle high－way. Acta Geogr Sin,59(6): 1058－1067.

［7］ Yue WZ, Xu JH, Tan WQ. 2005. Spatial scale analysis of the diversities of urban landscape:A case study within the external circle highway of Shanghai City. Acta Ecol Sin,25(1): 122－128.

树的光响应模型

1 背景

绿色植物通过光合作用将太阳能转变成为化学能并储藏在合成的有机物中。这一过程是地球生态系统一切生命活动的物质基础和能量来源[1]。张弥[2]以红松（*Pinus koraiensis*）、紫椴（*Tilia amurensis*）、蒙古栎（*Quercus mongolica*）和水曲柳（*Fraxinus mandshurica*）幼树4个树种的成年植株为研究对象，采用直角双曲线与非直角双曲线两种方法对其光响应曲线进行研究，比较两种方法拟合结果的差异。

2 公式

将测定的光响应曲线分别用直角双曲线与非直角双曲线方法进行拟合。

（1）直角双曲线的表达式为[3]：

$$P_n = \frac{\alpha I P_{max}}{\alpha I + P_{max}} - R_d \tag{1}$$

式中，P_n 为净光合速率（$\mu mol \cdot m^{-2} \cdot s^{-1}$）；$I$ 为光量子通量密度（$\mu mol \cdot m^{-2} \cdot s^{-1}$）；$\alpha$ 为初始量子效率；P_{max} 为光饱和时的最大净光合作用速率（$\mu mol \cdot m^{-2} \cdot s^{-1}$）；$R_d$ 为暗呼吸（$\mu mol \cdot m^{-2} \cdot s^{-1}$）。其中 α 与 P_{max} 是描述光合作用光响应特征的参数，α 是光响应曲线的初始斜率，表示植物在光合作用对光的利用效率[1]，而 P_{max} 是叶片光合能力的一个量度[4]。

（2）非直角双曲线表达式为[5]：

$$\theta P^2 - P(\alpha I + P_{max}) + \alpha I P_{max} = 0 \tag{2}$$

式中，P 为总光合作用速率（$\mu mol \cdot m^{-2} \cdot s^{-1}$）；$\theta$ 为非直角双曲线的凸度。当 $\theta = 0$ 时，式（2）即为式（1），即直角双曲线是非直角双曲线的一个特殊形式。当 $\theta \neq 0$ 时，由于 $P_n = P - R_d$，式（2）转化为：

$$P_n = \frac{\alpha I + P_{max} - \sqrt{(\alpha I + P_{mac})^2 - 4\theta \alpha I P_{max}}}{2\theta} - R_d \tag{3}$$

利用SPSS统计软件，将式（1）与式（3）通过迭代法分别对每一组光响应曲线进行拟合，得出相应的 α、P_{max}、R_d 以及 L_{cp}（光补偿点，即光合作用过程中吸收的 CO_2 和光呼吸过程中释放的 CO_2 等量时的光照强度，在光响应曲线中 $P_n = 0$ 时的 I 值，单位：$\mu mol \cdot m^{-2} \cdot s^{-1}$），后对每种树的各个参数值求平均。

由图 1 可以看出,无论哪一种树种,由两种方法拟合结果的差异均相同,即在光较弱时,直角双曲线的初始斜率大于非直角双曲线,这是由于直角双曲线不考虑曲线的弯曲程度,因此必须让初始斜率大才能使曲线的拟合符合实测[6]。

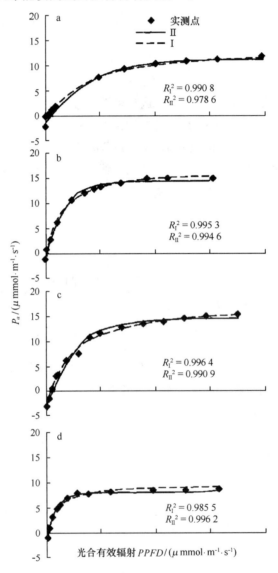

图 1   用直角双曲线(Ⅰ)与非直角双曲线(Ⅱ)拟合的 4 个树种叶片光响应曲线

3　意义

张弥等[2]总结概括了光响应曲线拟合模型,以叶片光合作用观测资料为基础,利用直角双曲线与非直角双曲线两种方法对长白山阔叶红松林的主要建群树种光合作用的光响应曲线进行了拟合。结果表明,两种方法拟合结果不同,直角双曲线方法简单,但非直角双曲线的拟合结果更符合生理意义。该地区不同尺度的植被生理生态过程模拟为森林生态系统生产力等相关研究提供参考。

参考文献

［1］ Pan RC. Plant Physiology. 4th Ed. Beijing: Higher Education Press. 2001,55 – 57, 91 – 95.

［2］ 张弥,吴家兵,关德新,等. 长白山阔叶红松林主要树种光合作用的光响应曲线. 应用生态学报, 2006,17(9):1575 – 1578.

［3］ Lewis JD, Olszyk D, Tingey DT. Seasonal patterns of photosynthetic light response in Douglas – fir seedlings subjected to elevated atmospheric CO_2 and temperature. Tree Physiol. 1999,19(4 – 5): 243 – 252.

［4］ Coombs J, Hall DO, Long SP, et al. Techniques in Bioproductivity and Photosynthesis. 2nd ed. Oxford: Pergamon Press. 1986,90 – 91.

［5］ Herrick JD, Thomas RB. Effects of CO_2 enrichment on the photosynthetic light response of sun and shade leaves of canopy sweet gum trees (Liquidambar styraciflua) in a forest ecosystem. Tree Physiol. 1999,19: 779 – 786.

［6］ Lu P L, Yu Q, Luo Y,et al. Fitting light response curves of photosynthesis of winter wheat. Chin J Agrometeorol,2001. 22(2): 12 – 14.

水稻干物质的积累与分配模型

1 背景

水稻($Oryza\ sativa\ L.$)干物质的积累和分配是产量形成的基础,而干物质的生产与积累是一个复杂、动态的生命过程。这一过程除了与作物本身的遗传特性有关外,还受到环境因素的影响[1]。CO_2是作物光合作用的基础,对干物质积累与分配的贡献较大。因此,模拟研究开放式空气中CO_2浓度增加(FACE)对水稻生长的影响具有十分重要的理论和实践意义。孙成明等[2]借助中国唯一的FACE研究平台,通过设置不同的N水平,研究了FACE条件下水稻干物质积累及分配动态的模拟模型。

2 公式

2.1 FACE水稻地上部干物质积累的模拟模型

FACE水稻地上部干物质生产与积累过程是典型的Logistic方程模式。其总的模型可以描述为:

$$DMW = DMW_n \times F_{CO_2} \times F_N \tag{1}$$

式中,$DMW(g \cdot m^{-2})$为FACE水稻地上部的干物质积累量;$DMW_n(g \cdot m^{-2})$则为常规条件下(当前CO_2浓度和适宜的施N量)水稻地上部干物质积累量;F_{CO_2}和F_N分别是大气CO_2浓度和施N量对DMW的影响函数。

1)水稻地上部干物质生产与积累的常规模型

常规条件下地上部的干物质生产与累积过程也可以用Logistic方程描述:

$$DMW_n = m/[1 + EXP(a - b \times PDT)] \tag{2}$$

式中,m、a、b为模型参数,m为地上部最大可能干物质积累量,a、b可以调整曲线的形状;PDT为生理发育时间。

2)CO_2影响函数

FACE条件下水稻地上部的干物质生产与积累量增加较多,且不同处理之间的趋势一致。这说明增加大气中CO_2的浓度可以增加水稻的干物质生产量。CO_2影响因子可以采用一个通用的模型:

$$F_{CO_2} = 1 + \beta \times \ln(C_x/C_0) \tag{3}$$

式中,C_x 为变化后的大气 CO_2 浓度;C_0 为对照的 CO_2 浓度,即当前大气 CO_2 浓度(370 μmol·mol^{-1});β 为模型系数。

3)施 N 量影响函数

Yang 等[3]指出,水稻生长期间地上部干物质积累量与施 N 量呈线性正相关。本研究表明,常规条件下施 N 量对水稻地上部干物质生产与积累的影响呈开口向下的抛物线关系,即在一定范围内增施 N 素有利于水稻地上部干物重的提高,其影响函数如下:

$$F_N = -0.000\,3N_{AA}^2 + 0.015\,1N_{AA} + 0.820\,1 \tag{4}$$

式中,N_{AA} 为施 N 量($g \cdot m^{-2}$)。

2.2 FACE 水稻地上部各器官干物质分配指数的基本模型

水稻地上部各器官干物质分配指数可定义为某一时间绿叶、茎鞘(包括黄叶)及穗等的干物质积累量与地上部总干物质积累量的比值[4]。由图 1 可知,干物质分配指数在不同的生育阶段呈现不同的变化趋势,HN、MN、LN 处理间趋势完全一致,但又都遵循一定的规律,可表示为生理发育时间(PDT)的函数。

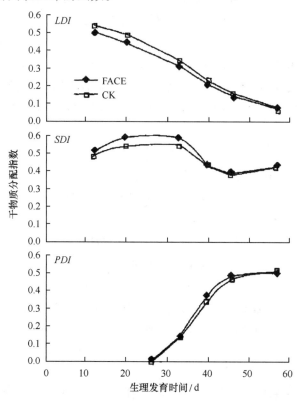

图 1　FACE 水稻地上部干物质分配指数与生理发育时间的关系

绿叶干物质分配指数(LDI)随 PDT 呈两段函数下降,PDT = 28 之前呈平稳抛物线下降，$PDT=28$ 之后进入孕穗期，植株生长中心从叶片转向茎鞘，并逐渐转向幼穗，LDI 下降加快，呈指数函数关系。另外，FACE 及施 N 量对 LDI 有调节作用，其中 FACE 处理使 LDI 显著降低（$PDT=46$ 以后基本持平），施 N 量使 LDI 在一定范围内略有增加，随后呈下降趋势。因此，LDI 的基本模型可表示为：

$$LDI = LDIn \times F_{1CO_2} \times F_{1N} \tag{5}$$

式中，$LDIn$ 为常规条件下（当前 CO_2 浓度和适宜的施 N 量）叶片干物质分配指数；F_{1CO_2} 为 CO_2 影响因子；F_{1N} 为施 N 量影响因子；

$$LDIn = \begin{cases} 0.564\,4 - 0.001\,3PDT - 0.000\,2PDT^2 & 10 \leqslant PDT < 28 \\ 2.018\,4 \times \exp(-0.054\,8PDT) & 28 \leqslant PDT \leqslant 57 \end{cases} \tag{6}$$

$$F_{1CO_2} = \begin{cases} 1 - 0.094\,4 \times \ln(C_x/C_0) & 10 \leqslant PDT < 46 \\ 1 & PDT \geqslant 46 \end{cases} \tag{7}$$

$$F_{1N} = -0.000\,1N_{AA}^2 + 0.008\,1N_{AA} + 0.879\,7 \tag{8}$$

由图 1 可知，穗干物质分配指数，（PDI）由 $PDT=26$ 开始迅速增加，到 $PDT=50$ 趋向平稳，呈典型的 Logistic 方程模式。FACE 及 N 处理对 PDI 没有影响。

$$PDI = \begin{cases} 0 & 10 \leqslant PDT < 26 \\ 0.510\,7/[1 + \exp(9.639\,5 - 0.257\,4 \times PDT)] & 26 \leqslant PDT \leqslant 57 \end{cases} \tag{9}$$

茎鞘干物质分配指数（SDI）先缓慢增加后急速下降，$PDT=35$ 为转折点，呈反"S"形曲线。FACE 及 N 处理对 SDI 有一定的调节作用，其大小受绿叶干物质分配指数（LDI）的间接影响。

$$SDI = 1 - LDI - PDI \tag{10}$$

2.3 FACE 水稻地上部各器官干物质分配的模拟模型

在 FACE 条件下，水稻绿叶、茎鞘及穗在某一时间的干物质积累量可以表示为该时间地上部总干物质积累量与各器官干物质分配指数的乘积：

$$LDMWt = DMWt \times LDIt \tag{11}$$

$$SDMWt = DMWt \times SDIt \tag{12}$$

$$PDMWt = DMWt \times PDIt \tag{13}$$

式中，$LDMWt$、$SDMWt$ 和 $PDMWt$ 分别为第 t 天（日）绿叶、茎鞘及穗的干物质积累量；$LDIt$、$SDIt$ 和 $PDIt$ 分别为相应的干物质分配指数；$DMWt$ 为相应时间地上部总干物质积累量。

3 意义

孙成明等[2]借助中国唯一的 FACE 技术平台，通过设置不同的 N 肥处理，研究了 FACE 条件下水稻干物质积累及分配动态的模拟模型。模型以生理发育时间为驱动因子，以 CO_2 浓度函数为主要影响因子，同时引入 N 素影响因子调节干物质的积累与各器官分配指数。

模拟结果表明,随着大气 CO_2 浓度的增加,水稻地上部总干物重显著增加,叶干重分配指数下降,穗干重分配指数基本不变,茎干重分配指数前期增加,后期持平。通过不同年份试验数据对模型的验证,预测根均方差($RMSE$)较小,且相关系数均达到了极显著水平。表明模型拟合程度高,具有较好的适应性和预测性。为未来大气 CO_2 浓度升高条件下我国水稻高产栽培及相关措施的制订提供指导和科学依据。

参考文献

[1] He SL, Chen YH. Rice computer simulation and its application I. The development of model for simulation growth and yield formation of rice. J Fujian Agric Univ. 1998,27(1):24 - 30.

[2] 孙成明,庄恒扬,杨连新,等. FACE 水稻干物质积累与分配模型. 应用生态学报,2006,17(10):1894 - 1898.

[3] Yang JP, Jiang N, Chen J. The validation of modeling effects of different nitrogen levels on the leaf nitrogen and yield dynamics of rice. Plant Nutr Fertil Sci. 2002,8(3):318 - 324.

[4] Yu SQ, Gou MH, Wan ZL. The growth and development of rice as affected by different CO_2 concentration in a simulated atmosphere. Southwest Chin J Agric Sci. 2004,17(4):455 - 459.

水稻的水分利用模型

1 背景

提高稻作水分利用效率、采用适宜的节水灌溉模式对于保证我国的粮食安全及农业的可持续发展具有重大意义。程建平等[1]于2005年利用测坑栽培条件,研究了间歇灌溉、半干旱栽培、干旱栽培和淹水灌溉方式下水稻的生物学特性,探讨了不同灌溉方式对水稻叶面积指数、叶片光合与蒸腾、产量与品质、水分利用效率等方面的影响。

2 公式

2.1 灌溉相关指标及气象资料

气象数据用设在测坑北侧的田间简易气象设备来观测。每天8:00观测露天水面蒸发量、降雨量和稻田水分变化。当田面有水层时,水层的变化采用ZHD型测针测定;当田面无水层时,则用TDR300土壤水分仪观测土壤含水量(20 cm深)的变化,同时用张力计监测土壤水势。灌水量和排水量以固定容器计量。按照水量平衡原理,稻田实际耗水量(WC)的计算公式可写为[2,3]:

$$WC = h_1 - h_2 + I + P - SP - T \tag{1}$$

$$WC = 1\,000 \times H \times H(W_1 - W_2) + P + I - SP \tag{2}$$

式中,h_1、h_2分别为相邻2 d的田面水层深度(mm);I、P、T、SP分别为时段内的灌水量、降雨量、排水量和渗漏量(mm);H为土壤计划湿润层深度(m);W_1、W_2分别为相邻2 d的土壤含水率(占土壤体积的百分比)。其中,式(1)用于田面有水层时的稻田实际耗水量计算,式(2)则用于田面无水层时的稻田实际耗水量计算,测坑的渗漏量SP可忽略不计。根据实际耗水量计算耗水强度和模比系数(阶段耗水量占总耗水量的百分比)。

2.2 叶片光合速率和蒸腾速率的测定

用美国LI-COR公司生产的LI-6400型便携式光合作用测定仪进行测定,测定叶片光合作用时设定系统内气流速度为500 $\mu mol \cdot s^{-1}$,采用专用内置红光源,光照强度设定为1 300 $\mu mol \cdot m^{-2} \cdot s^{-1}$光量子。在晴天9:00~11:30活体测定倒数第一片全展叶或剑叶中部的净光合速率和蒸腾速率,重复测定5片。各叶位叶片水分利用效率为蒸腾消耗每1 mmolH$_2$O所光合同化的CO$_2$数(μmol),即:

$$[WUE]_L = P_n/T_r \tag{3}$$

2.3 考种和水分利用效率的测定

谷粒成熟时,去边行后,每小区以 5 点取样法取样,每个样点连续取 10 穴,共 50 穴,统计每穴有效穗数。根据其平均值取有代表性的植株 10 穴,测定水稻各经济性状,包括单株有效穗数、每穗颖花数、结实率、千粒重、穗长和第一次枝梗数。同时,在每小区连续取 50 穴,单收单打计算实际产量。水稻的水分利用效率采用单位体积消耗的用水量所能生产的水稻籽产量来表示[3],即:

$$[WUE]_R = Y/WC \tag{4}$$

式中,Y 为水稻籽产量$(kg \cdot hm^{-2})$。

根据公式计算不同灌溉方式下水稻不同生育时期植株的叶面积指数(图 1)。

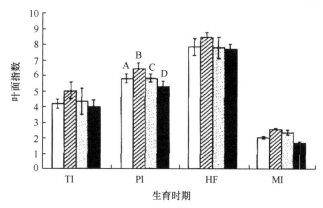

图 1　不同灌溉方式下水稻不同生育时期植株的叶面积指数

3　意义

程建平等[1]总结概括了不同灌溉方式对水稻生物学特性与水分利用效率的影响模型,以杂交水稻两优培九为试验材料,利用测坑栽培条件,比较了 4 种灌溉方式下的水稻生物学特性与水分利用效率,为南方水稻最优水分管理模式提供理论依据,对节水的界限和时期,不同水稻品种在不同的气候条件、不同的土壤质地下会有所差异等的进一步深入研究奠定了基础。为南方水稻最优水分管理模式提供理论依据。

参考文献

[1]　程建平,曹凑贵,蔡明历,等. 不同灌溉方式对水稻生物学特性与水分利用效率的影响. 应用生态学报,2006,17(10):1859 – 1865.

[2] Chi DC, Wang X, Zhang YL, et al. Suitable irrigation scheme and soil water potential criteria for water – saving and high – yield in paddy rice. J Irrig Drain. 2003,22(4): 39 – 42.

[3] Wang XY, Liang WJ, Wen DZ. Water requirement of paddy field under different soil water conditions. Chin J Appl Ecol. 2003,14(6): 925 – 929.

林冠持水的能力模型

1 背景

林冠持水能力是影响林冠截留降雨的重要因素之一。其大小由降雨特征和林冠特征决定,在特定的降雨情况下,由林分物种组成、林冠结构特征以及林冠中叶、枝、茎的持水性能所决定[1]。王馨等[2]用实验的方法对热带季节雨林和橡胶林林冠各部分(叶、枝、茎)的持水能力进行量化研究,并通过研究两种林分叶、枝、茎的持水量变化,探讨不同林分在林冠降雨截留过程中的表现。

2 公式

假设样地中林冠质地、密度及分布的均匀程度较好,同类(叶、枝或树皮)样品的持水性能没有太大差别,则:

$$w/s = W/S_s \tag{1}$$

式中,w 为样品的最大持水量;W 为样地林冠的最大持水量;s 为样品(叶)表面积;S_s 为样地中叶、枝或树皮的表面积总和。因此,样地中叶的最大持水量为:

$$W = \frac{w}{s} \cdot S_s = \frac{w}{s} \cdot LAI \cdot S \tag{2}$$

式中,S 为样地面积;LAI 为叶面积指数;ρ 为水的密度。则用水深表示的叶持水能力 h_l 为:

$$h_l = \frac{W}{\rho S} = \frac{w}{\rho s} \cdot LAI \tag{3}$$

相应地,枝条有效面积取其表面积的 $1/2$,则持水能力 h_b 的计算公式为:

$$h_b = \frac{2w}{\pi \rho d l} \cdot WAI \tag{4}$$

式中,d 为枝条直径;l 为枝条长度;WAI 为枝条有效面积指数。

同样,样地中树干表面积可表示为:

$$S_s = n \cdot \pi D H \tag{5}$$

式中,n 为样地中林木的棵数;D 为林木平均胸径;H 为平均树高。由式(1)和式(5)得到用水深表示的树皮持水量 h_s 为:

$$h_s = \frac{W}{\rho S} = \frac{w}{\rho s} \cdot \frac{n \cdot \pi D H}{S} = \frac{w}{\rho s} \cdot \pi n_0 D H \tag{6}$$

式中,n_0 为植株密度。

整个林分的林冠持水能力 h 可视为叶、枝、树皮持水能力的总和:

$$h = h_l + h_b + h_s \tag{7}$$

根据公式,计算了热带季节雨林和橡胶林林冠加湿过程中的持水量变化(图1)。

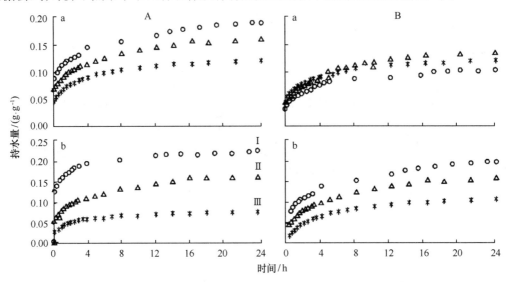

图1 热带季节雨林(A)和橡胶林(B)林冠加湿过程中的持水量变化

3 意义

王馨等[2]总结概括了林冠持水能力推算模型,基于2003—2004年的实验室和野外实测数据,采用尺度上推法对西双版纳地区热带季节雨林和橡胶林林冠持水能力进行了研究。结果表明,叶易吸水和风干,在历时较短的降雨事件中是林冠截留的主体,在林地中,面积指数较大的枝和树皮吸水和风干较难,在强度大、历时长的降雨事件中可以较好地发挥截留作用。与橡胶林相比,热带季节雨林林冠持水能力虽较小,但是其多层林冠结构林冠持水能力较强。对西双版纳地区两种典型林分林冠水文效应进行一定水文机制的解释,并为进一步的林冠水文研究以及相关模型的建立提供依据。

参考文献

[1] Fan SX, Pei TF, Jiang DM, et al. Rainfall interception capacity of forest canopy between two different stands. Chin J Appl Ecol. 2000,(5):671 – 674.

[2] 王馨,张一平. 西双版纳热带季节雨与橡胶林林冠的持水能力. 应用生态学报,2006,17(10): 1782 – 1788.

玉米生长的低温冷害模型

1 背景

农作物低温冷害是我国北方地区主要农业气象灾害之一,其中东北地区发生得比较严重和频繁。为了达到对玉米低温冷害进行动态预测和评估的目的,马树庆等[1]采用玉米生长发育和产量形成动态模型,根据相关的冷害气象指标和灾损指标,探索在玉米生长发育期内随时预测和判断冷害发生及灾害损失风险程度的方法。

2 公式

2.1 玉米生长发育子模型与延迟型冷害风险评估

生长发育子模型的建立遵循积温学说,从出苗开始,玉米的发育进程可用相对活动积温来表示:

$$DVS = \sum_{i=1}^{n} (T_i - 10) / \sum T_0 \tag{1}$$

式中,DVS 为相对积温,也可以表示发育期;T_i 为从出苗到第 i 天的日平均气温;$\sum T_0$ 为从出苗到吐丝期所需的大于 10℃ 的活动积温。根据积温原理,玉米完成某一发育期的时间是由积温多少决定的,在其他条件基本正常的情况下,完成某一发育期所需的积温为一常数。

根据公式,考虑到近 10 年来积温增加、品种熟型偏晚的实际情况,得到近 10 年来东北地区玉米主产区不同玉米品种各生长发育期所需积温等指标,具体如表 1 所示。

表 1 东北地区不同品种玉米生长发育期及积温指标

品种	分布区域	指标	出苗	七叶	抽雄	乳熟	成熟	天数/d
早熟品种	北部和东部	D	5.24	6.13	7.23	8.17	9.14	100
		$\sum T$	0	354	1 147	1 664	2 100	
中熟品种	中北部和东部山区	D	5.21	6.11	7.23	8.19	9.17	120
		$\sum T$	0	371	1 289	1 908	2 410	

续表1

品种	分布区域	指标	出苗	七叶	抽雄	乳熟	成熟	天数/d
中锡熟品种	中、西部	D	5.17	6.09	7.23	8.19	9.19	126
		$\sum T$	0	427	1 384	2 007	2 533	
晚熟品种	南部	D	5.15	6.08	7.21	8.21	9.24	133
		$\sum T$	0	458	1 481	2 147	2 710	

D:发育期出现日期(日/月),$\sum T$:活动积温(℃·d)。

2.2　用干物质积累子模型评估和预测玉米冷害损失

2.2.1　干物质积累子模型框架结构

叶片光合作用表达式如下:

$$P = \frac{\alpha I(\tau) P_{\max}}{\alpha I(\tau) + P_{\max}} \qquad (2)$$

式中,P 为光合速率(g CO_2·m^{-2}·h^{-1});α 为光初始利用效率,取值 $1 \cdot 15 \times 10^{-5}$(g CO_2·m^{-2}·h^{-1});$P_{\max}$ 是最大光合速率,取值 6.0(g CO_2·m^{-2}·h^{-1})。作物群体日总光合量 P_i 为:

$$P_t = \int_0^H \int_0^{LAI} \frac{\alpha I(\tau) P_{\max} f_1(T) \cdot f_2(SLA)}{\alpha I(\tau) + P_{\max} f_1(T) \cdot f_2(SLA)} \mathrm{d}f\mathrm{d}\tau \qquad (3)$$

式中,H 表示日可照时数(h);$f_1(T)$ 为 $P_{\max}$ 的温度影响订正函数:

$$f_1(T) = -5.09 + 0.77T - 0.013T^2 \qquad (4)$$

式中,T 为气温;$f_2(SLA)$ 是 $P_{\max}$ 的叶片厚度影响订正函数,$f_2(SLA) = 1/(34.0 \cdot SLA)$;$SLA$ 为比叶面积(m^2·g^{-1})。呼吸作用分为维持呼吸和生长呼吸两部分。维持呼吸为:

$$R_m = R_{m0} Q_{10}^{(T-T_0)/10} \qquad (5)$$

式中,R_m、R_{m0} 分别表示温度为 T 和 T_0 时的维持呼吸速率(g CO_2·g^{-1}·h^{-1});Q_{10} 为温度系数,取值为 2.0。模型中取 $T_0 = 30℃$,$R_{m0} = 0.001\ 25$。这样,地上部总维持呼吸消耗量 R_{mt} 为:

$$R_{mt} = \int_0^2 R_m \cdot W\mathrm{d}\tau \qquad (6)$$

式中,W 是地上部绿色器官的总干物重(g)。地上部生长呼吸量 R_g 为:

$$R_g = (30/44) \cdot (1 - CVF) \cdot P_n \qquad (7)$$

则地上部日净同化量 P_n 为:

$$P_n = P_1 \cdot P_{art} - R_{mt} - R_g \qquad (8)$$

式中,P_{art} 表示日总光合产物对地上部的分配比例。则地上部干物质增量 ΔW 为:

$$\Delta W = (30/44) \cdot CVF \cdot P_n \qquad (9)$$

式中,*CVF* 表示植物将初级光合产物转化为结构物质的效率,取值 0.72;30/44 是 CH_2O 与 CO_2 的分子量之比。

2.2.2 用干物质积累子模型评估玉米冷害的经济损失

可以用实际气候条件下的干物质积累量(M_i,g·m^{-2})相对于标准气候条件下(光、热和土壤水分为中上等水平)的干物质积累量(M_0,g·m^{-2})的距平百分率来反映冷害的可能减产率 Δy(%),即:

$$\Delta y(\%) = \frac{M_i - M_0}{M_0} \times 100\% \tag{10}$$

在主要生长发育期到来之际,在计算 *DVS* 评估是否发生冷害的同时,计算 M_i 和 Δy,预估冷害可能造成的经济损失,即假设后期条件正常且不进行大规模的冷害防御措施条件下,在前期冷害条件下造成的可能减产率。

3 意义

马树庆等[1]应用改进的玉米生长发育和干物质积累动态模型,采用新的玉米低温冷害指标和参数,建立了玉米低温冷害发生及损失程度的动态预测和评估方法。该方法遵循积温学说和玉米生物学、生态学原理,用相对积温作为发育期预报和灾害判别的主导因子,用干物质亏缺率代表冷害减产率。经代表地区不同气候年型的验证和试用,证明该冷害预报和评估方法具有较好的客观性和适用性,经过参数和指标调整后,可应用于东北地区各地。对当年低温冷害的防御和减灾保产具有指导意义。

参考文献

[1] 马树庆,刘玉英,王琪. 玉米低温冷害动态评估和预测方法. 应用生态学报,2006,17(10):1905 – 1910.

流域水文的电导率模型

1 背景

电导率(electrical conductivity, EC)也称比电导, 通常用面积为 1 cm², 极间距离为 1 cm 的两平行金属片插入溶液中测量两极间的电阻率大小来确定[1]。电导率为水化学分析的重要指标之一。范宁江等[2]选择电导率作为流域水文特征的分析方法, 尝试通过电导率的变化来解释流域水文过程。

2 公式

电导率(EC; 单位为 $\mu S \cdot cm^{-1}$)是一种标示物质中电子流动状况的指标, 其大小主要由溶解离子的浓度、组成及温度所决定。U-10 水质分析仪利用四电极法测电导率值, 经过温度补偿矫正(式1)转换为25℃下的电导率值, 消除了温度的影响, 能较好地代表水中的离子浓度。

$$L_{25} = L_t / \{1 + 0.02(t - 25)\} \tag{1}$$

式中, L_{25} 为 U-10 的显示值转换到25℃下的电导率值; L_t 为 t(℃)时 U-10 所显示的电导率值; t 为测量时的溶液温度。

用双因素方差分析判断差异是否显著。对有显著差异的因素依据 Duncan 法做均值一致性子集分类。

在分析枯水期和平水期的 EC 值差异时, 对两个时期的样本数据进行配对 t 检验, 判断其差异显著性。有显著差异时作双线图分析数值变化规律。再对各样点在两个时期的 EC 差值进行 Scheffe 多重比较分析。

计算枯水期和平水期各支流贡献率时, 对有两个支流的汇流组合, 利用二元混合模型计算。

$$C_M = f_A C_A + f_B C_B \tag{2}$$

$$f_A + f_B = 100\% \tag{3}$$

式中, C_M 为干流电导率值; C_A 为支流 A 的电导率值; C_B 为支流 B 的电导率值; f_A 为支流 A 的贡献率; f_B 为支流 B 的贡献率。

对于3个贡献源的汇流组合则用贡献率计算软件 IsoSource 按照三元混合模型进行可

能值分析,取其均值。

$$C_M = f_A C_A + f_B C_B + f_C C_C \tag{4}$$

$$f_A + f_B + f_C = 100\% \tag{5}$$

式中,C_C 为支流 C 的电导率值;f_C 为支流 C 的贡献率。

其余分析过程均在统计软件 SPSS Version 13 for Windows 中完成。

对各样点 EC 值作时间与地点双因素方差分析(表1),结果表明,不同采样时段(T)的 EC 值无显著差异(枯水期 $P = 0.346$;平水期 $P = 0.517$);而在采样地点(S)上,EC 值有极显著差异(枯水期和平水期 $P = 0.000$)。

表1　电导率的时间与地点双因素方差分析

因素	自由度	枯水期		平水期	
		F	P	F	P
采样地点(S)	9	321.688	0.000	96.034	0.000
采样时段(T)	2	1.078	0.346	0.666	0.517

3　意义

范宁江等[2]总结概括了电导率作为流域水文变化指标模型,利用电导率作为主要指标,研究了四川黑水河流域的水文特征。可将电导率应用于水文时期的划分以及河流特征的标识等研究。通过计算支流电导率对邻近干流的贡献,可以推算各支流流量的贡献率。将电导率作为流域水文时空变化的特征性指标,可为深入研究河流水文变化提供更便捷的途径。

参考文献

[1] Liu WT. Discussion on several problems in determination of electrical conductivity. Sichuan Test Res Inst Elect Power. 1995,(5): 41 – 48.

[2] 范宁江,刘玉虹,安树青,等. 电导率作为流域水文变化指标初探. 应用生态学报,2006,17(11): 2127 – 2123.

农田化肥施用量模型

1 背景

中国由于粮食安全的压力,一直强调增加化肥投入,因此化肥用量逐年增长,何时到达最高峰,目前还没有定论。但是,化肥施用量的迅猛增长,严重污染了生态环境,产生外部成本,特别是因化肥施用而不当带来的农业非点源污染和农产品质量下降等问题已备受关注[1]。向平安等[2]选取享有"鱼米之乡"美誉的洞庭湖区这一典型粮食主产区为研究对象,运用环境经济学的外部不经济性理论,兼顾生产、经济、生态效益,探讨了农田生态系统粮食生产的合理施肥量。

2 公式

2.1 化肥外部成本的估算

在对前人定性研究和单项定量研究成果进行系统总结、归类的基础上,结合洞庭湖区的区域特点和实际情况,向平安等[2]提出了粮食生产中因化肥带来的外部成本评估的指标体系(表1),并采用损失 – 浓度曲线法[3-4]、市场价值法[5]等方法估算了化肥外部成本。由于数据或评价方法的原因,对农田生态系统未利用的氮肥在微生物作用下转化为温室气体氧化亚氮导致气候变化的经济影响以及对人体健康等的间接损害尚难以进行评估。

表1 农田化肥主要外部成本评估指标

生态过程	环境影响	评估指标
氮肥淋失增加地下水的硝酸盐含量	饮用水源受到污染	√
氮磷肥流失对地表水的污染造成富营养化	降低下游渔业产量	√
磷肥中的重金属富集到土壤和稻米中	粮食品质下降	√
氮肥在微生物作用下转化为温室气体 N_2O	导致全球气候变化	–

2.2 农户利润最佳施肥量经济学分析

经济学中认为,对于任何特定的投入生产要素组合来说,它们能提供的最高产出量是有限的。一般而言,当其他条件固定时,化肥使用越多,粮食产量也越高,但达到某一极限值后,粮食产量不增反减,表现为抛物曲线(图1)。如图2所示,粮食总产量函数从递增到

106

递减的转折点被称为边际报酬递减点(Q_1)。过了这个点,粮食边际产量就会随化肥投入单元增加而下降。这一函数的重要部分是报酬递减点与总产量递减点之间的一段,它几乎代表全部生产过程,是对报酬递减原理的反映[6]。

可用以下二次生产函数来表示这一投入与产出之间的关系:

$$y = a + bx - cx^2 \tag{1}$$

式中,y 为粮食产量;x 为化肥投入量;a、b、c 为待定常数(均大于零)。

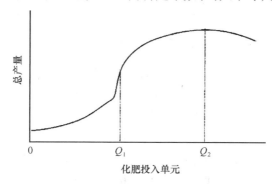

图 1　符合边际效益递减律的生产函数曲线

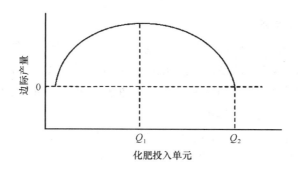

图 2　粮食边际产量的变化

假设农户都是理性的,他们能够主动利用市场信息调整自己的生产行为,那么在实际生产中,就会考虑化肥投入与粮食产出的关系,并不认为粮食产量最大就最好,而是追求自身经济效益最大。根据效益最大化原理,当边际效益等于边际成本时,效益最大,边际成本曲线 MC 与边际效益曲线 MR 相交点所对应的化肥施用量 Q_4 为经济最优施用量(图 3)。如果施肥量超过 Q_4 的话,每增施单位化肥所带来的效益,将低于化肥的成本,这意味着增施化肥是得不偿失的。如果施肥水平低于 Q_4,每增施单位化肥量所带来的收益,总是高于化肥的成本,一直到 Q_4 水平。由此可见,不论是高于 Q_4 还是低于 Q_4 的施肥水平对农户都是不利的。因此 Q_4 是农户经济最优施肥水平。

设粮食生产的产值是产量乘以价格:

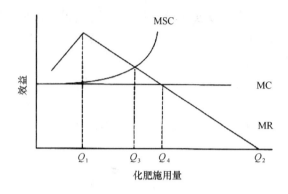

图3 化肥的最优施用量

$$V = y \cdot P_r = aP_r + bP_r \cdot x - cP_r \cdot x^2 \tag{2}$$

式中,V 为总产值;y 为粮食产量;P_r 为粮食的市场平均价格。

在完全竞争市场,化肥的边际成本就是其市场价格,农户经济收益最大时,有:

$$dW/dx = P_f = bP_r - 2cP_r x \tag{3}$$

此时相应的化肥投入量为:

$$x_1 = b/2c - P_f/2cP_r \tag{4}$$

2.3 生态施肥量经济学分析

如果化肥过量施用污染了生态环境,产生了负外部性,带来了外部成本,那么,在计算其成本时,应将外部成本考虑进去,构成化肥施用的社会总成本。此时,化肥的成本曲线已不再是 MC,而是一条曲线 MSC,称边际社会成本曲线。MSC 与 MR 相交点所对应的施肥量 Q_3 是考虑化肥外部成本的最优施用水平。

化肥的边际社会成本(MSC)由边际生产成本(MPC)、边际使用成本或边际耗竭成本(MUC)、边际外部成本(MEC)等 3 部分组成[6-7],即:

$$MSC = MPC + MUC + MEC \tag{5}$$

由于化肥是能带来负外部效应的投入物,从全社会福利出发,化肥作为投入资源要素的成本中,应当包括外部成本。以上计算中所用的化肥价格 P_f 仅仅是边际私人成本,因此 P_f 应用 MSC_f 代替,根据边际分析原理,$MSC = P_f + MUC + MEC$,则:

$$dW/dt = MSU \tag{6}$$

此时相应的化肥投入量为:

$$x_2 = b/2c - (P_f + MUC + MEC)/2cP_r \tag{7}$$

3 意义

向平安等[2]总结概括了符合经济生态效益的农田化肥施用量模型,在洞庭湖区研究了农田化肥的外部成本和经济生态施用量。采用环境影响经济评价方法,估算了化肥的外部成本;运用外部不经济性原理和生产函数模型研究了兼顾农户经济效益、生态效益的农田适宜施肥量,为农户科学施肥和农业部门科学决策提供科学依据。

参考文献

［1］ Chen LD, Fu BJ. Farm ecosystem management and control of nonpoint source pollution. Environ Sci. 2000, 21(2): 98 – 100.

［2］ 向平安,周燕,郑华,等. 符合经济生态效益的农田化肥施用量. 应用生态学报,2006,17(11):2059 – 2063.

［3］ Jamus LD. 1980. Trans. ChangX – H, Zhao B – Z, Xie A – Z,et al. Economics of Water Resources Management. Beijing:Hydroelectric Power Press. 1984,255 – 257.

［4］ Zhu FQ. Gao GM, Li GT, et al. Economic loss frem water population in Dong hu Lake. Acta Sei Grcums. 1993. 13(2):214 – 222.

［5］ Li JC. Theory of Ecological Value. Chongqing:Chongqing University Press. 1999,67 – 68.

［6］ Mao XQ, Yang JR, Wang HD. Application of production function model in environmental economic analysis of agricultural production. Acta Sci Circums. 1997,10(4): 51 – 55.

［7］ Ouyang J, Chen YC. Probing into aptimum amount of agnicultum Chemicals based on social cost. Chongaing Enoiron Sei. 2001. 23(4):57 – 60.

内蒙古草原的水热通量模型

1 背景

陆－气之间的水热交换过程是表征下垫面与其上层大气相互作用的一个重要参数,在数值预报和气候模式中具有重要的作用[1]。变分法(variational technique,简称 VT)是基于梯度观测资料计算陆气通量的一种方法。该方法的基本思想是综合利用边界层观测资料,基于莫宁－奥布霍夫(Monin－Obukhov)相似理论和地表能量平衡方程,找出控制变量的最优估计[2]。杨娟等[3]试图基于内蒙古典型草原生态系统的涡动相关观测系统与小气候梯度系统的观测资料,比较变分法对陆气通量估算的准确性。

2 公式

2.1 变分法

中性条件下,近地面层的风速廓线可表示为:

$$\frac{\bar{u}}{u_*} = \frac{1}{k}\ln\frac{z-d}{z_0}$$

式中,u_* 为摩擦速度;z_0 为粗糙度;k 为卡门常数,一般取 0.4;d 是零平面位移,观测期间的草高按 $d/h = 2/3$ 进行估算[4]。

非中性条件下,风速廓线不同于中性层结下的廓线。根据莫宁－奥布霍夫相似性理论,近地面层湍流运动的风速、位温和比湿的垂直廓线可表述如下[5]:

$$\Delta u = u(z_2) - u(z_1) = \frac{u_*}{k}\left[\ln\left(\frac{z_2-d}{z_1-d}\right) - \psi_m\left(\frac{z_2-d}{L}\right) + \psi_m\left(\frac{z_1-d}{L}\right)\right] \quad (1)$$

$$\Delta\theta = \theta(z_2) - \theta(z_1) = \frac{\theta_*}{k}\left[\ln\left(\frac{z_2-d}{z_1-d}\right) - \psi_h\left(\frac{z_2-d}{L}\right) + \psi_h\left(\frac{z_1-d}{L}\right)\right] \quad (2)$$

$$\Delta q = q(z_2) - q(z_1) = \frac{q_*}{k}\left[\ln\left(\frac{z_2-d}{z_1-d}\right) - \psi_q\left(\frac{z_2-d}{L}\right) + \psi_q\left(\frac{z_1-d}{L}\right)\right] \quad (3)$$

不稳定条件下($\theta_* < 0$ 或 $L < 0$),稳定度函数 Ψ_m、Ψ_h 和 Ψ_q 取如下形式[6]:

$$\psi_m(x) = 2\ln\left(\frac{1+x}{2}\right) + \ln\left(\frac{1+x^2}{2}\right) - 2\arctan x + \frac{\pi}{2} \quad (4)$$

$$\psi_{h,q}(x) = 2\ln\left(\frac{1+x^2}{2}\right)$$

$$x = \left(1 - \frac{16(z-d)}{L}\right)^{\frac{1}{4}} = \left(1 - \frac{16(z-d)kg\theta_*}{u_*^2\theta}\right)^{\frac{1}{4}} \tag{5}$$

稳定条件下（$\theta_* > 0$ 或 $L > 0$），稳定度函数 Ψ_m、Ψ_h 和 Ψ_q 取如下形式[2]：

$$-\psi_m\left(\frac{z-d}{L}\right) = a\frac{(z-d)}{L} + b\left(\frac{z-d}{L} - \frac{c}{e}\right)\exp\left[-e\frac{(z-d)}{L}\right] + \frac{bc}{e} \tag{6}$$

$$-\psi_{h,q}\left(\frac{z-d}{L}\right) = \left[1 + \frac{2}{3}\frac{a(z-d)}{L}\right]^{\frac{3}{2}} + b\left(\frac{z-d}{L} - \frac{c}{e}\right)\exp\left[-e\frac{(z-d)}{L}\right] + \frac{bc}{e} - 1 \tag{7}$$

式中，$a = 1$，$b = 0.667$，$c = 5$，$e = 0.35$。在式（5）和式（7）中，假设 Ψ_m 和 Ψ_q 相等。$L = \frac{u_*^2\bar{\theta}}{kg\theta}$ 为 Monin-Obukhov 长度，$\bar{\theta} = [\theta(z_1) + \theta(z_2)]/2$，$\Psi_m$、$\psi_h$ 和 Ψ_q 分别为动量、热量和水汽的稳定度修正函数，u_*、θ_* 和 q_* 分别为摩擦速度、湍流位温尺度和湍流比湿尺度，它们与地表湍流动量通量 τ、感热通量 H 和潜热通量 Q 的关系分别为：

$$\tau = -\rho\overline{u'w'} = \rho u_*^2 \tag{8}$$

$$H = \rho c_p\overline{w'\theta'} = -\rho c_p u_*\theta_* \tag{9}$$

$$Q = \rho\lambda\overline{w'q'} = -\rho\lambda u_*q_* \tag{10}$$

式中，ρ 为空气密度；c_p 是大气定压比热系数；λ 为水汽的凝结潜热系数。

基于边界层观测资料、Monin-Obukhov 相似性理论和地表能量平衡方程，利用式（8）~式（10）求取 u_*、θ_* 和 q_* 的最优估计，由此求取 τ、H 和 Q 的最优估计。为此，定义如下目标函数[7]：

$$J = \frac{1}{2}\left[w_u(\Delta u - u_{ob})^2 + w_\theta(\Delta\theta - \Delta\theta_{ob})^2 + w_q(\Delta q - \Delta q_{ob})^2 + w_r\delta^2\right] \tag{11}$$

式中，Δu、$\Delta\theta$ 和 Δq 是式（1）~式（3）表示的 u_*、θ_* 和 q_* 的函数式；Δu_{ob}、$\Delta\theta_{ob}$ 和 Δq_{ob} 分别是观测并换算的风速、位温差和比湿差；地表能量平衡方程作为约束条件以残差形式 δ 出现：

$$\delta = R_n - G - H - Q \tag{12}$$

式中，R_n 和 G 分别是观测值；H 和 Q 是式（9）、式（10）表示的 u_*、θ_* 和 q_* 的函数式。权重系数 w_u、w_θ、w_q 和 w_r 应与各对应项的方差成反比，而这些方差又与风速、位温和比湿廓线以及观测数据的误差有关，难以精确，通常根据各个观测量的误差给出上述权重系数的近似估计[8]。目标函数 J 在地表能量平衡方程约束下，全面衡量了观测值与由 Monin-Obukhov 相似理论得到的计算值之间的差异[8]。因此，J 取极小值时就给出了 u_*、θ_* 和 q_* 的最优估计，此时 J 关于未知变量 u_*、θ_* 和 q_* 的梯度分量应为零：

$$\frac{\partial J}{\partial u_*} = \frac{\partial J}{\partial\theta_*} = \frac{\partial J}{\partial q_*} = 0 \tag{13}$$

2.2 波文比能量平衡法（Bowen ratio energy balance，简称 BREB 法）

由于草原的冠层热储量很小，可近似为零，于是草原的地表能量平衡方程可表示为：

$$R_n - G = H + Q \tag{14}$$

式中，R_n 和 G 分别是观测的地表净辐射通量和土壤热通量，H、Q 和 G 离开地面为正，R_n 朝向地面为正；反之则为负。定义波文比 $B = H/Q$，则式（14）改写为：

$$Q = \frac{R_n - G}{1 + B} \tag{15}$$

假设 Ψ_h 和 Ψ_q 相等，将式（2）、式（3）代入式（9）、式（10），得到：

$$B = \frac{c_p \Delta \theta}{\lambda \Delta q} \tag{16}$$

基于小气候梯度观测系统两个高度的温、湿观测资料可求出 B，进而由地表净辐射通量和土壤热通量资料可求出 Q 和 H。BREB 法比较简单实用，不足的是，当 B 值接近 -1 时，计算变得不稳定，求算的通量值也不准确[9]。

根据公式，测出土壤体积含水量时间序列（图1）。从土壤表层体积含水量来看，8月土壤体积含水量在 0.15～0.25（比值），并且由于在选取时间段内连续干旱，呈逐日下降趋势；但在一天之内，土壤水分的日变化曲线在正午出现一个微弱的波峰，午后逐步下降。

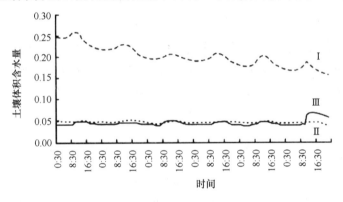

图1 土壤体积含水量时间序列

3 意义

杨娟等[3]总结概括了内蒙古典型草原水热通量估算模型，分析了变分方法对草原陆气通量估算的准确性。结果表明，变分法估算的感热与潜热通量与涡动相关法观测结果的变化趋势较为一致，且能量闭合程度更高。变分法与波文比能量平衡法对陆气通量的估算比较表明，变分法可避免能量平衡法计算不稳定导致的虚假峰值现象，计算结果较为稳定。

参考文献

[1] Ding Y – H. On some aspects of estimates of the surface fluxes. Chin J Appl Meteorol. 1997,8(supp.): 29 – 35.

[2] Ren HL, Wang CH, Qiu CJ,et al. A study of calculating surface flux in the typical arid region of northwest China by a variational method. Chin J Atmos Sci. 2004,28(3): 285 – 294.

[3] 杨娟,周广胜,王云龙,等. 基于变分方法的内蒙古典型草原水热通量估算. 应用生态学报,2006,17(11):2046 – 2051.

[4] Zhou MY, Xu XD, Bian LG, et al. Observational Analysis and Dynamic Study of Atmospheric Boundary Layer on Tibetan Plateau. Beijing: Meteorological Press. 2000,22 – 24.

[5] Businger J A, Wyngaard J C, Y Izum, ietal. Flux profile relationships in the atmospheric surface layer. J Atmos Sci. 1971,28: 181 – 189.

[6] Sheng PX, Mao JT, Li JG,et al. Atmospheric Physics. Beijing: Peking University Press. 2003,247 – 250.

[7] Zhang SW, Qiu CJ, Zhang WD. Estimating the bulk transfer coefficients in Huaihe River basin by using a variational method. Plateau Meteorol. 2004,23(4): 506 – 511.

[8] Ma J M, Daggupaty S M. Using all observed information in a variational approach in measuring zom and zot. J Appl Meteorol. 2000,39:1391 – 1401.

[9] Spittlehouse DL, Black TA. Evaluation of the Bowen ratio/energy balance method for determining forest e-vapotranspiration. Atmos Ocean. 1980,18(2): 98 – 116.

河网统计自相似性模型

1 背景

降雨在流域上的水文响应过程很大程度上依赖于其流域河网特征。河网形态模式是当地地质构造、侵蚀机制和气候条件等因素综合作用的产物。因此,河网结构始终是水文学问题中备受关注的一部分[1]。钟晔等[2]首先在 Horton – Strahler 河网等级体系下,引入统计自相似概念,以推广的 Horton 定律为基础,导出统计自相似水文变量分布函数,提出河网统计自相似性模型。

2 公式

从统计上来说,两个随机变量的比较实际上是它们累积分布函数的比较。当两个随机变量 X、Y 的分布函数满足 $P(X \leqslant x) = P(Y \leqslant y)$ 时,我们就说 $X^d = Y$,即变量 X、Y 统计相似。特殊情况,尽管 X、Y 的分布不相同,但是 $P(\tilde{X} \leqslant x) = P(\tilde{Y} \leqslant y)$,其中 $\tilde{X} = X/E(X)$,$\tilde{Y} = Y/E(Y)$,$E(\cdot)$ 表示期望值即平均值。此时,也认为 X、Y 统计相似。

在引入尺度参数之后,可以从统计相似的定义推出统计自相似。设 X 为某一水文变量,α 和 β 为两个不同大小的尺度对应的尺度参数。如果 X 满足:$X_\alpha^d = Y_\beta$,即在不同尺度下变量 X 统计相似,则认为 X 统计自相似[3]。统计自相似变量的概率分布函数在一定的尺度范围内具有不变性。

水文变量 X 统计自相似,应有:

$$P\left[\frac{X_\alpha}{E(X_\alpha)} \leqslant x \right] = P\left[\frac{X_\beta}{E(X_\beta)} \leqslant x \right]$$

故:

$$P(X_\alpha \leqslant x) = P\left[\frac{E(X_\alpha)}{E(X_\beta)} X_\beta \leqslant x \right] \tag{1}$$

利用 Horton 定律的传统表述,有:

$$P(X_\alpha \leqslant x) = P(R_X^{\alpha-\beta} X_\beta \leqslant x) \tag{2}$$

式(2)将 Horton 定律从平均值的幂关系推广到分布的幂关系,可以视为 Horton 定律的推广。式(1)和式(2)从数学上来说是不等价的,其中式(1)被 Peckham 称为弱统计自相

114

似,而式(2)被称为强统计自相似[3]。

基于式(1)、式(2),还可以进一步得到更多结论。$P(X_\alpha \leqslant x)$为在等级为 α 的河道中水文变量的分布,是一个条件概率。由条件概率公式[4],有:

$$P(X_\alpha \leqslant x) = P(X \leqslant x \mid 河道等级 = \alpha) = \frac{P(X \leqslant x \mid 河道等级 = \alpha)}{P(河道等级 = \alpha)} \quad (3)$$

式中,$P(河道等级 = \alpha)$是在全河网中选取河道,其等级为 α 的概率;类似的,$P(X \leqslant x, 河道等级 = \alpha)$是在全河网中所选河道等级为 α,且其水文变量 X 小于等于特定值 x 的概率。

对整个河网:

$$P(X \leqslant x) = \sum_{k=1}^{\Omega} P(X \leqslant x, 河道等级 = k) = \sum_{k=1}^{\Omega} P(X_k \leqslant x) P(河道等级 = k) \quad (4)$$

式中,Ω 为河网等级,$P(河道等级 = k) = \dfrac{n_k}{\sum\limits_{l=1} n_l}$。令 $\sum\limits_{l=1}^{\Omega} n_l = N_\Omega$,结合弱统计自相似关系式(1),有:

$$P(X \leqslant x) = \sum_{k=1}^{\Omega} \frac{n_k}{N_\Omega} P\left(X_s \leqslant \frac{E(X_s)}{E(X_k)} x\right) \quad (5)$$

式(4)结合强统计自相似式(2),有:

$$P(X \leqslant x) = \sum_{k=1}^{\Omega} \frac{R_B^{\Omega-k}(1 - R_B)}{1 - R_B^{\Omega}} P(X_s \leqslant R_X^{s-k} x) \quad (6)$$

式中,R_B 为分叉比;s 代表了作为"参照"的河道等级,可以人为选取。

图1 绘出了4个经验概率累积函数(ECDF)的曲线。

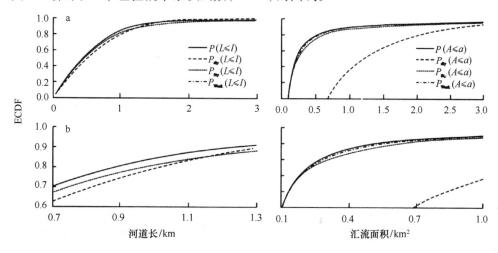

图1 河道长和汇流面积 ECDF 的实测值和预测值

115

3   意义

钟晔等[2]总结概括了河网统计自相似性模型,从统计自相似的角度,推导出河网参数、全河网分布和单级河道分布的关系,并用杂谷脑河 DEM 进行验证;对所得数据进行 Kolmogorov – Smirnov 双样本检验,结果显示,推导结论与实际数据吻合,说明整个河网和单级河道之间是复杂的层叠关系,而不是简单的比例关系。为应用统计自相似研究全流域与子流域河网的关系的研究奠定基础。

参考文献

[1]   Abrahams AD. Channel networks:A geomorphological perspective. Water Resour Res. 1984,20:161 – 188.

[2]   钟晔,金昌杰,裴铁璠. 杂谷脑河流域河网统计自相似性. 应用生态学报,2006,17(11):2132 – 2135.

[3]   Peckham SD, Gupta VK. A reformation of Horton's Laws for large river networks in terms of statistical self – similarity. Water Resour Res. 1999,35(9):2763 – 2777.

[4]   Wang RG. Introduction to Probability Theory. Beijing:Peking University Press. 1994.

冬小麦农田的蒸散量模型

1 背景

　　农田墒情是土壤和作物水分状况的综合反映,是估算农田蒸散和分析作物水分胁迫程度的重要参数。郭家选等[1]采用涡度相关技术测定冬小麦农田水热通量,用手持式红外测温仪进行农田冠层温度的观测,在分析研究土壤水分、冠层温度、农田蒸散之间关系的基础上,建立适于华北平原的农田土壤水分估算模式,并确定农田日蒸散量估算半理论、半经验简化模式参数。

2 公式

　　农田生态系统热量平衡方程可简化为[2]:

$$R_n = H + \lambda E + G \tag{1}$$

式中,R_n 为净辐射通量(W·m^{-2});G 为土壤热通量(W·m^{-2});H 为显热通量(W·m^{-2});λE 为潜热通量(W·m^{-2})。R_n 和 G 可通过仪器直接测定,λE 和 H 依据涡度相关原理通过涡度相关技术测定,其计算公式为:

$$H = \rho_a C_p \overline{W'T'} \tag{2}$$

$$\lambda E = \lambda \overline{W' \rho'_v} \tag{3}$$

式中,T'(℃),ρ'_v(g·m^{-3})和 W'(m·s^{-1})为近地面大气湍流运动引起的温度、湿度和垂直风速的脉动量;ρ_a 为空气密度(g·m^{-3});C_p 为空气定压比热(J·kg^{-1}·K^{-1});λ 为水汽化潜热(J·g^{-1})。

　　根据 Jackson 等[3]提出的半经验、半理论简化模式,在基于瞬时测定的冠层温度与空气温度差$(T_c - T_a)$基础上,估算日蒸散量(1 d 的瞬时潜热通量累积值),其简化模式如下:

$$ET_d - Rn_d = a + b(T_c - T_a) \tag{4}$$

式中,T_c 和 T_a 分别代表不同时间的冠层表面和空气温度(℃),T_a 可以为表面温度测定时的同步空气温度(℃)或日最高气温(℃);ET_d 和 Rn_d 分别为日蒸散量(mm)和日净辐射(mm);a 和 b 为常数,与应用地区地理位置有关。而农田实际蒸散量的多少与土壤水分和作物生长状况密切相关。该简化模式应用条件为 $LAI \geqslant 3$,因此,通过实验,采用涡度相关技术测定农田实际蒸散量,采用回归方法确定参数 a 和 b 的值,可获取华北地区冬小麦农田蒸散量估算简化模式,在此基础上即可监测农田土壤水分状况。

根据公式,得出冬小麦灌浆期晴天日冠层温度与潜热通量的关系(图1)。

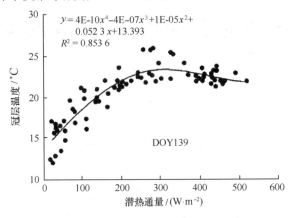

图1　冬小麦灌浆期晴天日冠层温度与潜热通量的关系

3　意义

郭家选等[1]总结概括了冬小麦农田蒸散量模型,以华北平原冬小麦农田为研究对象,采用涡度相关技术和热红外遥感技术,研究了不同环境条件下土壤含水量与农田蒸散量及作物冠层温度的关系。结果表明,冬小麦在农田郁闭(LAI≥3)、晴天和土壤相对含水量低于田间持水量65%的情况下,蒸发比值日变化正午前后出现相对较低且平稳的变化趋势。在晴天情况下,农田潜热通量与作物冠层温度日变化和季节变化均呈极显著的非线性相关关系,而冠气温差、农田相对蒸散量则与 0 ~ 100 cm 土层的土壤相对含水量密切相关,为冠层温度指标应用于农田墒情监测提供理论依据。

参考文献

[1]　郭家选,李玉中,严昌荣,等. 华北平原冬小麦农田蒸散量. 应用生态学报,2006,17(12):2357 – 2362.

[2]　Monteith JL, Unsworth MH. Principles of Environmental Physics. London:Edward Aronold. 1973.

[3]　Jackson R D, Reginato R J, Idso S B. Wheat canopy temperature:A practical tool for evaluating water requirements. Water Resour Res. 1977,13:651 – 656.

植被生长季的变化模型

1 背景

随着大气中温室气体的不断增多,全球变暖与大气成分发生了改变,而作为不同纬度地区限制植被生长的主要气候影响因子——气温也发生了很大的变化,促使北半球中高纬度的植被光合活动提前[1]。王宏等[2]利用 NOAA NDVI 和 MSAVI 时间序列,通过追踪植被春天变绿日期和秋季光合活动结束日期,研究不同纬度地区因气候差异所引起的植被生长季变化。

2 公式

2.1 MSAVI 指数构建

为了研究植被覆盖较少的荒漠地区植被生长季变化,必须利用消除了土壤背景影响的植被指数进行监测。因此,选用 MSAVI 作为研究荒漠的植被指数,其算式为:

$$MSAVI = \left[2Ch_2 + 1 - \sqrt{(2Ch_2 + 1)^2 - 8(Ch_2 - Ch_1)}/2 \right] \tag{1}$$

式中,Ch_1 为可见光通道数据;Ch_2 为近红外通道数据。

2.2 除 NDVI 和 MSAVI 影像噪声点

对 1982—1999 年中每张影像的噪声点均用 3×3 窗口平均值代替噪声点像元值的方法去除噪声点,假定 NDVI 或 MSAVI 影像的第 i 行,第 j 列的像元是噪声点(图1),有以下的公式:

$$Y_{i,j} = \sum_{m=i-1}^{i+1} \sum_{n=j-1}^{j+1} Y_{m,n}/9 \tag{2}$$

式中,$Y_{i,j}$ 为 3×3 窗口平均值替换后的像元值,$Y_{m,n}$ 为 NDVI 或 MSAVI 影像的像元值。

2.3 NDVI 影像值域转换

获取的 NDVI 影像值域在 0～255 之间,利用下面的公式将 NDVI 影像的值域转换到 −1～1 之间:

$$NDVI_j = (NDVI_i - 128) \times 0.008 \tag{3}$$

式中,$NDVI_i$ 为转换前的 $NDVI$ 值;$NDVI_j$ 为转换后的 $NDVI$ 值。−0.2～0.1 的 $NDVI$ 值主要表现积雪、内陆水体、沙漠以及裸露的土壤,0.1～0.7 的 $NDVI$ 值增加表示绿色植被的

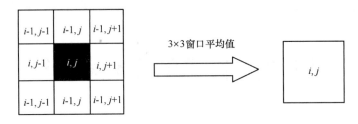

图1 去除噪声点示意图

增长[3]。

2.4 NDVI 和 MSAVI 影像值平滑处理

为了降低云和大气对 NDVI 和 MSAVI 时间序列的影响,采用 Savitzky – Golay 滤波法[4]对 NDVI 和 MSAVI 时间序列进行平滑。

$$Y_j = \frac{\sum_{i=-m}^{i=m} C_i X_{j+i}}{N} \tag{4}$$

式中,X 为未平滑的 $NDVI$ 值;Y 为平滑后的 $NDVI$ 值;C_i 为第 i 个 $NDVI$ 值的权重系数;N 为滤波卷积算子的 $NDVI$ 值个数,其值大小等于平滑窗口的大小$(2m+1)$;j 为在未平滑数据表中的序数。滤波算子包括$2m+1$ 个 $NDVI$ 值,m 值等于平滑窗口宽度的1/2。当应用这种方法平滑 $NDVI$ 时间序列时,必须确定两个重要参数:m 和 d。d 为平滑多项式的次数,更大 m 值和更小 d 值能产生更平滑的结果,然而结果也许会产生更大的偏差,更大的 d 值能降低平滑结果的偏差。本研究所采用的两个重要参数取值(m,d)为 5 , 4。MSAVI 指数的平滑方法与 NDVI 相同。

3 意义

王宏等[2]总结概括了北方不同纬度带植被生长季变化模型,基于经验正交函数(EOF)分析提取了不同区域植被 NDVI 和 MSAVI 主分量,估测了 1982—1999 年中国北方不同纬度带的植被生长季开始、结束和长度,最后对 1982—1999 年不同区域的生长季参数进行了线性拟合,分析了不同区域的植被生长季变化趋势,为诊断植物生长发育周期对气候季节变化的适应和调整提供依据。

参考文献

[1] Keeling CD, Chin JFS, Whorf TP. Increased activity of northern vegetation inferred from atmospheric CO_2 measurements. Nature. 1996,382:146 – 149.

［2］ 王宏,李晓兵,韩瑞波,等. 利用 NOAA NDVI 和 MSAVI 遥感监测中国北方不同纬度带植被生长季变化. 应用生态学报,2006,17(12):2236 – 2240.

［3］ Zhou L, Tucker CJ, Kaufmann RK, et al. Variations in northern vegetation activity inferred from satellite data of vegetation activity inferred from satellite data of vegetation index during 1981 to 1999. J Geophys Res. 2001,106: 20069 – 20083.

［4］ Chen J, Jonsson P, TamuraM, et al. A simple method for reconstructing a high – quality NDVI time – series data set based on the Savitzky – Golay filter. Remote Sens Environ. 2004,91: 332 – 344.

林冠层的二氧化碳源/汇强度模型

1 背景

植被冠层中枝叶和其他部分的综合体形成了大气的复杂底层边界,也构成了一个对各种生物和物理过程产生重要影响的独特环境;植被是物质和能量的活性源/汇,能通过复杂的湍流交换过程改变其周围的微气象条件。刁一伟等[1]以拉格朗日模型为基础,使用微气象参数的梯度观测值,模拟并分析了 2003 年 6 月 17—22 日长白山阔叶红松林的 CO_2 源/汇强度分布及其通量变化。

2 公式

2.1 CO_2 浓度及其源/汇强度的关系

大气湍流造成 CO_2 从释放源传输到被观测点的过程中,在近场,物质和能量输送主要受控于连续湍涡;在远场,输送主要受控于分子扩散[2]。因此,在高度 z 处的 CO_2 浓度可表示为:

$$C(z) = C_n(z) + C_f(z) \tag{1}$$

式中,$C(z)$ 为 CO_2 浓度。假设,z_R 为参考高度,则在 z 和 z_R 之间的浓度差可表示为:

$$C(z) - C(z_R) = C_n(z) - C_n(z_R) + C_f(z) - C_f(z_R) \tag{2}$$

LNF 理论假设:①林冠在每个高度上都是水平均匀的,净传输通量完全取决于垂直方向;②通过垂直速度标准差 $\sigma_w(z)$ 和拉格朗日时间尺度 $T_L(z)$,近场输送可以近似表示成高斯(Gaussian)均匀湍流运动;③远场源对浓度场的贡献严格服从分子扩散[3]。源强、$\sigma_w(z)$ 和 $T_L(z)$ 的垂直分布决定了近场浓度廓线,设初始源高度为 z_0,则近场浓度廓线表示如下:

$$C_n(z) = \int_0^\infty \frac{S(z_0)}{\sigma_w(z_0)} \left\{ k_n \left[\frac{z - z_0}{\sigma_w(z_0) T_L(z_0)} \right] + k_n \left[\frac{z + z_0}{\sigma_w(z_0) T_L(z_0)} \right] \right\} \mathrm{d}z \tag{3}$$

式中,$S(z)$ 为高度 z 处的 CO_2 源/汇强度;k_n 为近场算子(near-field kernel),Raupach[4]给出了其近似解析形式:

$$k_n(\zeta) = -0.398\,94\ln(1 - e^{-|\zeta|}) - 0.156\,23e^{-|\zeta|} \tag{4}$$

基于梯度-扩散关系,可得 $C_f(z) - C_f(z_R)$ 的表达式为:

$$C_f(z) - C_f(z_R) = \int_z^{z_R} \frac{1}{\sigma_w^2(z')T_L(z')}\left[\int_0^{z'} S(z'')\,\mathrm{d}z'' + F_g\right]\mathrm{d}z' \tag{5}$$

式中,F_g 为地面 CO_2 通量密度;z' 和 z'' 都表示高度。于是,由式(2)至式(5)可以得到 $C(z)$ 和 $S(z)$ 的关系式。如果将林冠以厚度 $\triangle z_j$ 分成水平性质均匀的 m 层,且源强 S_j 和 F_g 已知,则 $C(z)$ 和 $S(z)$ 间的关系式的离散形式可以表示为:

$$C_i - C_R = \sum_{j=1}^m D_{ij}S_j\Delta z_j \tag{6a}$$

式中,D_{ij} 为扩散系数矩阵;C_i 为在高度 i 处林冠内/上的 CO_2 浓度;C_R 为参考高度上的 CO_2 浓度。若 F_g 未知,则上述离散形式可以改写为:

$$C_i - C_R = \sum_{j=1}^m D_{ij}S_j\Delta z_j + D_{oj}F_g \tag{6b}$$

式中,D_{oj} 为 F_g 的系数矩阵。D_{ij} 和 D_{oj} 都可以通过式(3)和式(5)求解。

2.2 $\sigma w(z)$ 和 $TL(z)$ 在中性大气层结中的廓线

为了从已知的 $C(z)$ 求解 $S(z)$,必须获得林冠内/上的 $\sigma_w(z)$ 和 $T_L(z)$。根据 Leuning[5] 的研究,无量纲量 $T_L u_*/h_c$ 和 σ_w/u_* 在中性大气层结中的廓线如图1所示。其中,u_* 为摩擦速度,h_c 为平均林冠高度,图中曲线可以近似表示为下式[1]:

$$y = \left[(ax+b) + d\sqrt{(ax+b)^2 - 4\theta abx}\right]/2\theta \tag{7}$$

式中,参数 a, b, d 和 θ 详见表1。以下方程保证了 σ_w/u_* 能在 $0 < z/h < 0.8$ 内取得平滑廓线:

$$y = 0.2e^{1.5x} \tag{8}$$

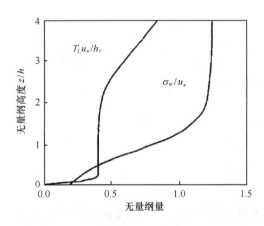

图1　中性大气层结条件下垂直速度标准差和拉格朗日时间尺度廓线

表1 描述 σ_w/u_* 和 $T_L u_*/h_c$ 无量纲廓线的参数和变量

z/h_c	x	y	θ	a	b	d
$\geqslant 0.8$	z/h_c	σ_w/u_*	0.98	0.850	1.25	-1
$\geqslant 0.25$	$z/h_c - 0.8$	$T_L u_*/h_c$	0.98	0.256	0.40	$+1$
< 0.25	$4z/h_c$	$T_L u_*/h_c$	0.98	0.850	0.41	-1

2.3 σ_w 和 T_L 的影响因子——大气稳定度订正

虽然上述 σ_w/u_* 和 $T_L u_*/h_c$ 廓线适合于中性大气层结,但在使用拉格朗日扩散分析时还是会引起 CO_2 源/汇分布和蒸散的计算误差[5]。Leuning[5] 曾用 Obukhov 长度函数 ζ 作为稳定度参数,利用以温度和风速为变量的稳定度函数来订正稳定度对 σ_w 和 T_L 的影响。显然,显热通量的涡动协方差是 Obukhov 长度计算的必要参数,但是其值在夜间通常非常小,而且林冠上层温度梯度的测量误差也会引起 Obukhov 长度的计算偏差。为了克服这一问题,引入梯度理查孙数 R_i 来代替 ζ,得到 σ_w 和 T_L 的订正函数分别为:

$$\frac{\sigma_w(R_i)}{\sigma_w(0)} = \frac{\varphi_m(R_i)}{1.25} \tag{9}$$

$$\frac{T_L(R_i)}{T_L(0)} = \frac{1}{\varphi_h(R_i)} \frac{(1.25)^2}{\varphi_m^2(R_i)} \tag{10}$$

其中,由式(7)和式(8)可以给出中性条件下的 $\sigma_w(0)$ 和 $T_L(0)$,$\sigma_w(R_i)$ 和 $T_L(R_i)$ 分别是参数为 R_i 时的垂直速度偏差和朗格朗日时间尺度,R_i 可由林冠上的两个高度之间的位温和风速值得到:

$$R_i(z_g) = z_g \frac{G}{\bar{\theta}} \frac{(\theta_2 - \theta_1)}{(u_2 - 1)^2} \ln\left(\frac{z_2 - d}{z_1 - d}\right) \tag{11}$$

式中,$z_g = \sqrt{(z_2 - d)(z_1 - d)}$ 表示几何平均高度,并假设 $z_2 > z_1$。稳定度函数和 R_i 的关系式可以用 Pruitt 提出的下列方程表示:

$$\begin{cases} \varphi_m(R_i) = (1 - 16R_i)^{-\frac{1}{3}} \\ \varphi_m(R_i) = 0.885(1 - 22R_i)^{-0.4} \end{cases} \quad R_i < 0 \tag{12a}$$

$$\begin{cases} \varphi_m(R_i) = (1 + 16R_i)^{\frac{1}{3}} \\ \varphi_m(R_i) = 0.885(1 + 34R_i)^{0.4} \end{cases} \quad R_i \geqslant 0 \tag{12b}$$

同样,摩擦速度 u_* 也可以用林冠上两个高度之间的风速值求解,

$$\frac{\partial u}{\partial z} = \frac{u_* \varphi_m}{k(z_g - d)} \tag{13}$$

式中,$k(=0.4)$ 为 von Karman 常数;d 为零平面位移,近似等于 19.5[6]。因此,式(13)可化为:

$$\frac{\partial u}{\partial z} = \frac{u_2 - u_1}{z_g [\ln(z_2 - d) - \ln(z_1 - d)]} \tag{14}$$

若已知源/汇廓线和 F_g，则使用式（15）即可得到 E_t。

$$E_t = \sum_{i=1}^{n} S_i \Delta z_i + F_g \tag{15}$$

3 意义

刁一伟等[1]总结概括了林冠与大气间 CO_2 交换过程模型，以长白山阔叶红松林为研究对象，利用 Raupach 提出的局地近场理论耦合垂直风速标准差和拉格朗日时间尺度，建立林冠内 CO_2 源汇强度和平均浓度廓线之间的关系。结果表明，拉格朗日模型能准确、稳定地模拟林冠与大气之间 CO_2 的交换特征。在近地面层，由于土壤呼吸作用，整个时间段都为 CO_2 源。林冠层的 CO_2 源汇强度变化较为复杂，其日变化经历了源—汇—源的转变过程。林冠与大气间 CO_2 通量交换明显受大气稳定度影响。为通量观测网在夜间的测量数据提供了参考依据。

参考文献

[1] 刁一伟,王安志,金昌杰,等. 林冠与大气间二氧化碳交换过程的模拟. 应用生态学报,2006,17 (12):2261 - 2265.

[2] Shaw RH, Schumann U. Large – eddy simulation of turbulent flow above and within a forest. Boundary – Layer Meteorol. 1992,61: 47 – 64.

[3] Katul G G, Leuning R, Kim J, et al. Estimating momentum and CO_2 source/sink distribution within a rice canopy using higher – order closure models. Boundary – Layer Meteorol. 2001,98: 103 – 105.

[4] Raupach M R. A practical Lagrangian method for relating scalar concentrations to source distributions in vegetation canopies. Quart J Roy Meteorol Soc. 1989a,115: 609 –632.

[5] Leuning R. Estimation of scalar source/sink distributions in plant canopies using Lagrangian dispersion a-nalysis: Corrections for atmospheric stability and comparison with amultilayer canopymode. lBoundary – Layer Meteorol. 2000,96: 293 –314.

[6] Liu HP, Liu SH, Zhu TY, et al. Determination of aerodynamic parameters of Changbai Mountain forest. Acta SciNat UnivPekinensis. 1997,33: 522 – 528.

土壤水分的空间变异性模型

1 背景

土壤水分对洪水、侵蚀、溶质运移、陆－气间作用以及地貌和成土过程等一系列水文过程都有重要影响[1]。张继光等[2]通过在喀斯特洼地旱季初期湿润和干旱两种条件下,对采样区表层土壤水分进行空间异质性分析,揭示土壤水分的空间结构特征及其分布格局,探讨特殊地形地貌条件下平均含水量对土壤水分变异的影响。

2 公式

文中数据采用域法识别特异值,即样本均值加减 3 倍标准差,在此区间外的数据均定为特异值,分别用正常的最大和最小值代替特异值,后续计算均采用处理过的原始数据。土壤水分的空间变异研究主要采用地统计学方法,对空间自相关:变异函数、最优模型和空间局部插值等作如下说明。

（1）空间自相关:空间自相关分析主要用于检验某一空间变量是否存在空间依赖关系。常用的空间自相关系数有 Mo－ran'sI 系数和 Geary'sC 系数,其中用 Mo－ran'sI 系数进行空间自相关分析的公式为:

$$I = \frac{n \sum\limits_{i=1}^{n} \sum\limits_{j=1}^{n} w_{ij}(x_i - \bar{x})(x_j - \bar{x})}{\left(\sum\limits_{i=1}^{n} \sum\limits_{j=1}^{n} w_{ij} \right) \sum\limits_{i=1}^{n} (x_i - \bar{x})^2} \tag{1}$$

式中,x_i 和 x_j 分别是变量 x 在相邻配对空间点 i 和 j 上的取值;w_{ij} 是相邻权重;n 是空间单元总数;I 系数取值从 －1 到 1。当 $I=0$ 时,代表空间不相关,取正值时为正相关,取负值为负相关。

（2）变异函数:作为地统计学的最基本函数,变异函数能反映出区域化变量的随机性和结构性。一般认为,它只在最大间隔的 1/2 内才有意义[3]。用于估计半方差的公式为:

$$r(h) = \frac{1}{2N(h)} \sum\limits_{i=1}^{N(h)} \left[Z(x_i) - Z(x_i + h) \right]^2 \tag{2}$$

式中,$N(h)$ 是相隔距离等于 h 时的样点对数;$Z(x_i)$ 是样点 Z 在位置 x_i 的实测值;$Z(x_i + h)$ 是与 x_i 距离为 h 处样点的值。

（3）最优模型拟合:通过半方差公式计算半变异函数值,分别用不同类型的理论模型拟合,得到模型的相关参数。一般选取残差(RSS)最小、决定系数(R_2)最接近于1的模型,并采用交叉验证法修正模型参数。本研究中得到的最优理论模型分别为指数和球状模型,其一般公式为:

$$\gamma(h) = C_0 + C(1 - e^{-\frac{h}{a}}) \tag{3}$$

$$\begin{cases} r(h) = C_0 + C\left(\dfrac{3h}{2a} - \dfrac{h^3}{2a^3}\right) \\ r(h) = C_0 + C \end{cases} \tag{4}$$

式中,C_0 为块金值;$C_0 + C$ 为基台值;h 为滞后距离;a 为变程。

（4）空间局部插值:地统计学中常用的插值方法是 Kriging 法,其中在土壤学中应用极为广泛的是普通 Kriging 法,即设一区域内 $Z(x_0)$ 为某一变量在位置 x_0 处的估值,其周围相关范围内的已测定值为 $Z(x_i)$（$i = 1, 2, 3, \cdots, n$）,则 x_0 处的估值可用 $Z(x_i)$ 的线性组合来估测:

$$Z(x_0) = \sum_{i=1}^{n} \lambda_i Z(x_i) \tag{5}$$

式中,λ_i 是与 $Z(x_i)$ 位置有关的权重系数;表示各测定值对估计值 $Z(x_0)$ 的贡献,其和为1。

根据公式,得出土壤水分的空间自相关(图1)。

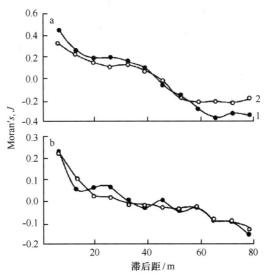

从图1可以看出,土壤表层含水量的空间自相关在两层具有相似的变化趋势。滞后距较小的点对呈显著的空间自相关;随着滞后距的增大,自相关系数逐渐向负方向增长,达到显著的负空间自相关,说明土壤表层水分具有一定的空间结构,且呈现较简单的斑

块状分布。

3 意义

张继光等[2]总结概括了湿润和干旱条件下喀斯特地区洼地表层土壤水分的空间变异性模型,在桂西北喀斯特洼地,用地统计学方法研究了旱季初期湿润和干旱条件下表层(0~5 cm 和 5~10 cm)土壤水分的空间结构及其分布特征。结果表明,表层土壤水分存在明显的空间异质性和各向异性,呈现差异显著的斑块状分布格局。实验区表层土壤水分空间变异及其分布格局的显著差异,主要是受地貌、平均含水量(降水)和地形等因素的影响。为喀斯特退化生态系统的植被恢复和生态重建提供理论指导。

参考文献

[1] Western AW, Gunter B. On the spatial scaling of soilmoisture. J Hydrol. 1999,217: 203 – 224.

[2] 张继光,陈洪松,苏以荣,等. 湿润和干旱条件下喀斯特地区洼地表层土壤水分的空间变异性. 应用生态学报,2006,17(12):2277 – 2282.

[3] Wang J, Fu BJ, Qiu Y,et al. Spatiotemporal variability of soilmoisture in small catchments on Loess Plateau – Semivarigrams. Acta Geogr Sin. 2000,55(4): 428 – 438.

坡面土壤的水分入渗模型

1 背景

合理利用降水资源、采取有效措施防止土壤退化等是保护黄土高原生态环境的首要问题之一。李毅等[1]基于典型黄土的坡地降雨实验,对比研究降雨、入渗及土壤水分再分布规律,以雨强为主要影响因素,分析了降雨入渗及水分再分布过程中水土物质迁移的定量关系。

2 公式

2.1 坡面承雨

考虑风的影响时,落在倾斜坡面的雨量为:

$$I_a = I\cos\alpha\sin\beta \tag{1}$$

式中,I_a 为降落在倾斜地面上的雨量,称为坡面净雨量(mm);I 为降落在平地上的雨量(mm);α 为坡度,β 为雨滴着地轨迹线与水平面的夹角(°)。室内人工降雨在无风时进行[2],因此上式中 $\sin\beta = 1$。无风时的坡面承雨量 R_a 为降雨雨强 R 在坡面上的投影,表达式为:

$$R_a = R\cos\alpha \tag{2}$$

2.2 入渗参数

土壤入渗率 f 分别由土壤及降雨特性决定。根据水量平衡原理,坡面的实际净雨强为:

$$R_{net} = R_a - f = R\cos\alpha - f \tag{3}$$

说明单位时间、单位面积的净雨量随坡度的增大而减小。忽略植被截留和雨期蒸发,平均入渗率为:

$$f = R\cos\alpha - R_{net} \tag{4}$$

累积入渗量根据入渗率对时间的积分得出,对于入渗过程,累积入渗量可根据入渗率对时间累积求得:

$$F = \int_0^t f\mathrm{d}t \tag{5}$$

降雨期间入渗湿润锋的变化见图1,后续再分布过程中湿润锋随时间推进的过程见图2

129

（均根据土壤容重为 1.25 g·cm^{-3} 的一维土柱观测资料绘制）。由图 1 及图 2 可见，雨强增大时，降雨入渗湿润锋随时间延长而逐渐增加。

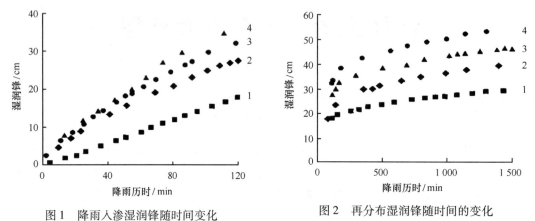

图 1 降雨入渗湿润锋随时间变化   图 2 再分布湿润锋随时间的变化

3 意义

李毅等[1]总结概括了雨强对黄土坡面土壤水分入渗及再分布的影响模型，对比研究了降雨、入渗及再分布规律；以雨强为主要影响因素，分析了降雨入渗及水分再分布过程中水土物质迁移的定量关系，为进一步应用有关降雨入渗模型，更好地服务于生态环境建设奠定基础。

参考文献

［1］ 李毅,邵明安. 雨强对黄土坡面土壤水分入渗及再分布的影响. 应用生态学报,2006,17(12):2271 －2276.

［2］ Shen B, Wang WY, Shen J. Experimental study on the effect of rain intensity on runoff formation over loess slope within short duration. J Hydraul Eng. 1995, (3): 21 –27.

菜园土壤的氮素解吸模型

1 背景

在目前的蔬菜生产中,频繁且大量施用氮肥造成菜园土壤中硝酸盐过量积累,引起农业面源污染[1]。颜明娟等[2]通过盆栽试验应用 Wu 等[3] 提出的土壤镉解吸模型研究菜园土壤氮素解吸特性,探讨氮素解吸特征值对土壤渗漏水硝态氮浓度的影响,提出了解吸模型及其特征值计算模型。

2 公式

用解吸的方法研究土壤元素解吸能力,一般是向同一类土样中分别加入不同水土比的去离子水。Wu 等[3] 提出,土壤溶液中元素浓度(C)与水土比(H)的关系可用下式描述:

$$C = C_1 H^{-\partial} \qquad (\theta < \partial < 1) \tag{1}$$

式中,C_1 为回归常数,表示水土比为 1 时的土壤溶液元素浓度;描述 C 随 H 变化的趋势,越大,土壤缓冲能力越弱。在某一水土比时解吸到土壤溶液中的元素总量为:

$$q = C \cdot H = C_1 \cdot H^{1-\partial} \tag{2}$$

由于解吸到土壤溶液中的元素被植物根系吸收,导致浓度下降。当土壤溶液中的元素浓度降低至根系吸收动力学所要求的最小浓度 C_{min} 时,土壤元素可解吸的最大量即为可供根系吸收的数量。由于目前只有很少一部分植物和元素的 C_{min} 已知[1],同时为避免远外推可能造成的误差,在实际上可用试验时的最大水土比 H_{max} 来估计 Q 值,且称为可解吸性养分数量:

$$Q = C_1 \cdot H_{max}^{1-\partial} \tag{3}$$

由于水土比即为土壤湿度(含水量),因此式(1)也可用于估算土壤初始水分含量(H_i)条件下的土壤溶液养分浓度(Cli),即:

$$Cli = C_1 \cdot H_i^{-\partial} \tag{4}$$

该条件下的土壤平均缓冲系数为:

$$b = \frac{Q}{Cli} \tag{5}$$

因此,表征土壤元素生物有效性的数量指标和强度指标及其缓冲系数都可通过模型同时得到。

根据解吸实验的土壤溶液硝态氮和铵态氮浓度测定值及相应的水土比,用 OriginPro7. 5 软件对式(1)解吸模型进行参数估计。图 1 是 A 供试土壤施氮 200 mg·kg^{-1}下的氮素解吸曲线。

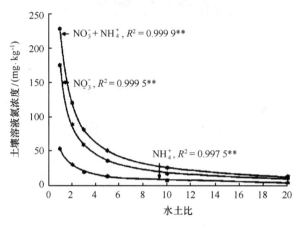

图 1   加铵态氮 A 土壤氮素解吸曲线

图 1 可以看出,土壤溶液铵态氮和硝态氮以及二者浓度之和与水土比模型模拟结果在统计上均达到显著水平。

3   意义

颜明娟等[2]总结概括了解吸模型及其特征值计算模型,通过盆栽试验研究解吸特征参数对土壤渗漏水硝态氮浓度的影响。结果表明:土壤氮素可解吸量 Q、土壤溶液氮初始浓度 Cli 和 C_1/∂ 比值与土壤渗漏水硝态氮浓度呈非线性关系,在较低氮解吸特征值时则呈线性关系,由此提出"双速率转折点"概念评价土壤硝态氮流失潜能。当耕层土壤氮素解吸特征值超过"双速率转折点"X_0 时,硝态氮浓度的增加速率将以非线性形式迅速提高,反之将稳定在较低水平。为评价菜园土壤氮素流失潜能提供参考。

参考文献

[1]   Tang GY, Huang DY, Tong CL,et al. Research advances in soil nitrogen cycling models and their simulation. Chinese Journal of Applied Ecology. 2005,16(11): 2208 - 2212.

[2]   颜明娟,章明清,陈子聪,等. 菜园土壤无机氮解吸特性对硝态氮流失潜能的影响. 应用生态学报, 2007,18(1):94 - 100.

[3]   Wu QT, Xu ZL, Meng QQ, et al. Characterigation of cadmium desorption in soils and its relationship to plant uptake and callmium leaching. plant and soil. 2004,258:271 - 226.

香蕉树的耗水量公式

1 背景

在树木耗水量研究中,测定茎液流量作为直接获取植株蒸腾量的一种方法已被广泛应用[1]。香蕉为第二大国际贸易水果,仅次于柑橘,是世界第四位的食品作物。香蕉树一般生长或种植在热带或者亚热带地区,需要充足的阳光和较高的温湿度,耗水量较大[2]。刘海军等[3]采用 Granier 方法测定香蕉树的耗水量,分析该测定方法的影响要素。

2 公式

Granier 茎液流测定方法(Granier 法)由 Granier 于 1985 年提出,其基本原理为在树干上垂直相距 5 ~ 10 cm 的地方安装两个温度传感器,较高位置的温度传感器(heated probe)连续以 0.2W 的功率加热,下面的温度传感器没有加热系统,称为参考传感器(reference probe),测定的温度称为参考温度;测量两点温度差,通过建立的公式计算茎液流速度。当树干中有茎液流时,茎液流会带走加热温度传感器部分热量,测定的温度差随之减小。茎液流速率越大温度差越小,当树干中没有茎液流时,测定的温度差最大。根据温度差计算茎液流速率的公式为[4]:

$$U = 0.000\ 119 \left(\frac{\Delta T_0 - \Delta T}{\Delta T} \right)^{1.231} \tag{1}$$

式中,U 为茎液流速率($\mathrm{m \cdot s^{-1}}$),或者茎液流密度($\mathrm{m^3 \cdot m^{-2} \cdot s^{-1}}$);$\Delta T_0$ 和 ΔT 分别为最大温度差和茎液流速率为 U 时的温度差,最大温度差为茎液流速率为零时的温度差,一般在天亮前得到。

Granier 传感器一般采用热电耦(thermocouple)测定温度,这时采集器直接采集到的是电压信号。对于 T 型热电耦传感器,温度和测定的电压信号关系约为 38 uV/℃[5]。若 ΔV_0 和 ΔV 分别表示 ΔT_0 和 ΔT 时测定的电压信号,代入式(1),则:

$$U = 0.000\ 119 \left(\frac{\Delta V_0 - \Delta V}{\Delta V} \right)^{1.231} \tag{2}$$

与式(1)相比,式(2)测定的电压信号不用转换成温度值,程序编写简单。如果茎液流区的面积为 $A(\mathrm{m^2})$,且式(1)和式(2)计算的茎液流速率为平均速率,则茎液流量 $M(\mathrm{m^3 \cdot}$

133

s^{-1})为:

$$M = U \times A \qquad (3)$$

应用公式,运用 Granier 系统测定的电压差和计算的香蕉树耗水量日变化见图1。

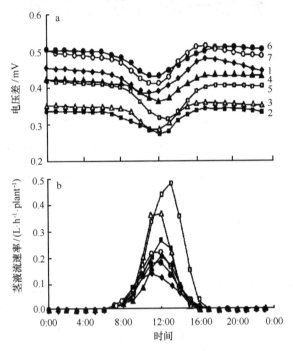

图1　Granier 系统测定的电压差和计算的香蕉树耗水量日变化(2005 年 12 月 2 日)

从图1可以看出,两个温度传感器的电压差值在17:00—6:00 间最大且变化很小,变化过程基本为一条直线,表明这期间基本没有茎液流。从6:00 开始,测量的电压差值逐渐减小,表明茎液流速率逐渐增加;在12:00,电压差值达到最小值,茎液流速率达到最大值。随后电压差逐渐增加,茎液流速率开始减小;在17:00 时,茎液流速率基本为零,电压差也达到最大值。

3　意义

刘海军等[2]在温室内采用热扩散法(即 Granier 法)测定香蕉树的茎液流,通过建立的公式计算茎液流速度。并与用数字天平(称重法)测定的香蕉树蒸腾速率进行对比试验。结果表明,Granier 法测定的日茎液流量与称重法测定的日蒸腾量相差4%。Granier 法测定的茎液流速率一般滞后于称重法确定的蒸腾速率1 h 左右,确定了香蕉树的耗水量,为香蕉树灌溉计划的制定提供了依据。

参考文献

［1］ Sun HZ, Zhou XF, Kang SZ. Research advance in application of heat technique in studying stem sap flow. Chinese Journal of Applied Ecology. 2004,15(6): 1074 – 1078.

［2］ Robinson JC, Bower JP. Transpiration characteristics of banana leaves (cultivar'Williams') in response to progressive depletion of available soil moisture. Scientia Horticulturae. 1987,30: 289 – 300.

［3］ 刘海军,Shabtai Cohen, Josef Tanny,等. 应用热扩散法测定香蕉树蒸腾速率. 应用生态学报,2007, 18(1):35 – 40.

［4］ Lu P, Urban L, Zhao P. Granier's thermal dissipation probe (TDP) method for measuring sap flow in trees: Theory and practice. Acta Botanica Sinica. 2004,46:631 – 646.

［5］ American Society for Testing and Materials. 1981. Manual on the Use of Thermocouples in Temperature Measurement. Philadelphia: ASTM Special Technical Publication.

高温下土壤的热导率模型

1 背景

土壤热导率是研究陆地表层水热盐耦合运动的基本物理参数。陆森等[1]以土壤水汽潜热运移理论为依据,结合 Lu 等[2]建立的常温土壤热导率模型,发展了一个新的预测高温下(30~90℃)土壤热导率的模型,以期为土壤水热盐耦合运动研究中确定土壤热导率提供科学依据。

2 公式

2.1 模型建立

基于 Fick 扩散定律,水汽在土壤中的运移方程为[3]

$$J_v = a\alpha D_a \frac{d\rho}{dT} \nabla T \tag{1}$$

式中,J_v 为水汽通量密度,kg/(m^2·s);a 为土壤充气孔隙度,m^3/m^3;α 为土壤弯曲因子,一般取 0.66;D_a 为水汽在空气中的扩散系数,m^2/s;ρ 为土壤气相中的水汽密度,kg/m^3;T 为温度,℃;∇T 为温度梯度,℃/m。

早期的研究发现,基于经典扩散理论描述的土壤水汽扩散方程偏差较大,实测结果总是模拟结果的数倍[3-4]。Philp 和 de Vries[3]提出液岛理论与土壤水汽运移促进因子(vapor enhancement factor)来解释这个现象。该理论的机理包括两个方面。首先,土壤颗粒之间的液岛可以传输水汽,即水汽在液岛的一端凝结并放热,从而引起另一端水汽的蒸发。其次,考虑到土壤中固液气三相热导率的差异,土壤气相中的温度梯度应大于平均温度梯度。因而,在传统理论推导出的土壤水汽运移方程中,需要乘以一个水汽运移促进因子,用来定量描述这两种机理。这样,式(1)式修正为

$$J_v = \eta a\alpha D_a \frac{d\rho}{dT} \nabla T \tag{2}$$

Cass 等[5]用下式来描述促进因子 η:

$$\eta = A + B\frac{\theta}{n} - (A - D)\exp\left[-\left(C\frac{\theta}{n}\right)^E\right] \tag{3}$$

式中,θ 为土壤体积含水率,m^3/m^3;n 为土壤孔隙度($n = a + \theta$),A,B,C,D,E 为依赖于土壤

质地的参数。Cass 等[5]提供了包含一种砂土和一种壤土的参数表,已被广泛应用于水热耦合运动模拟[5-6]。

将式(2)代入土壤热流方程可得

$$J_h = -\lambda_c \nabla T + LJ_v = -(\lambda_c + \lambda_v)\nabla T$$

$$= -\left(\lambda_c + L\eta a \alpha D_a \frac{\mathrm{d}\rho}{\mathrm{d}T}\right)\nabla T \tag{4}$$

式中,J_h 为热流通量密度,W/m^2;L 为潜热系数,J/kg;λ_c 和 λ_v 为分别为传导和水汽潜热贡献的热导率,$W/(m \cdot K)$。λ_c 和 λ_v 两者之和为土壤热导率[$W/(m \cdot K)$],即:

$$\lambda = \lambda_c + \lambda_v = \lambda_c + L\eta a \alpha D_a \frac{\mathrm{d}\rho}{\mathrm{d}T} \tag{5}$$

在一般的土壤热导率模型中,并不考虑温度变化的影响[7-9,2]。这是因为在 0~30℃ 范围内,土壤中水汽潜热传输的作用并不大,可以将低温下实测的热导率近似于传导贡献的热导率 λ_c[10]。为此,实验利用常温下的热导率模型,将其预测结果近似为 λ_c,再结合已知温度,通过公式(5)来计算高温下的土壤热导率。

公式(5)中,参数 $L(J/kg)$ 和 $D_a(m^2/s)$ 都是温度 $T(℃)$ 的函数:

$$L = 2\,490\,317 - 2\,259.4T \tag{6}$$

$$D_a = 0.000\,022\,9[(T + 273)/273]^{1.75} \tag{7}$$

水汽密度 $\rho(kg/m^3)$ 可以利用饱和水汽密度和水汽相对湿度计算出:

$$\rho = 0.001\exp[19.819 - 4975.9/(T + 273)]\exp\left[\frac{\Psi g}{R(T + 273)}\right] \tag{8}$$

式中,g 为重力加速度,m/s^2;R 为气体常数,$J/(mol \cdot K)$;ψ 为土壤水势,kPa,可以利用土壤水分特征曲线计算得到。

实验利用 Lu 等[2]模型计算的常温土壤热导率来近似式子(5)中的 λ_c。只需要输入土壤的砂粒含量以及容重信息,该模型就可以较好地模拟出室温下的土壤热导率:

$$\lambda = (\lambda_{sat} - \lambda_{dry})K_e + \lambda_{dry} \tag{9}$$

式中,λ_{dry} 为干土热导率,$W/(m \cdot K)$;λ_{sat} 为饱和土壤热导率,$W/(m \cdot K)$;K_e 为 Kersten 函数,分别用下列公式计算

$$\lambda_{dry} = -0.56n + 0.51 \tag{10}$$

$$\lambda_{sat} = (\lambda_q^q \lambda_o^{1-q})^{(1-n)}\lambda_w^n \tag{11}$$

$$K_e = \exp\{M[1 - S_r^{(M-N)}]\} \tag{12}$$

式中,λ_w 为水的热导率,20℃ 时为 0.594 $W/(m \cdot K)$;q 为石英含量,kg/kg;λ_q 为石英的热导率,7.7 $W/(m \cdot K)$;λ_o 为非石英矿物的热导率,$q \leqslant 20\%$ 时取 3.0 $W/(m \cdot K)$,$q > 20\%$ 时取 2.0 $W/(m \cdot K)$;S_r 为土壤饱和度($S_r = \theta/n$);N 为形状因子,一般取 1.33;M 为与土壤质地有关的常数,土壤砂粒含量大于 40% 时取 0.96,小于 40% 时取 0.27[2]。

2.2 瞬态法验证模型

瞬态法基于瞬态热传输理论[11],通过对土壤施以较短时长的脉冲热量,测定一定位置处土温随时间的变化来获取热特性参数。由于加热量低、加热时间短,瞬态法引起的水分对流可降至最低,测定的土壤热特性相对可靠。

对于均一初始温度下各向同性的均质土壤,如果加热源为无限长的线形热源,柱坐标下的热传导方程为:

$$\frac{\partial T}{\partial t} = w\left[\frac{\partial^2 T}{\partial r^2} + \frac{1}{r}\left(\frac{\partial T}{\partial r}\right)\right] \tag{13}$$

式中,t 为时间,s;w 为热扩散系数,m²/s;r 为径向距离,m。

当线性热源为维持一定加热时长 $t_0(\mathrm{s})$ 的热脉冲,公式(13)的解为:

$$\Delta T(r,t) = -(Q'/4\pi w)Ei(-r^2/4wt) \quad 0 < t < t_0 \tag{14}$$

式中:ΔT 为温度变化值,℃;Q' 为单位时间内的线形热源强度,m² · ℃/s,$Q' = q'/\rho_c$,其中 q' 为单位时间内单位长度线形热源所释放的热量,J/(m · s);ρ_c 为土壤容积热容量,J/(m³ · ℃);$Ei(x)$ 为指数积分,其中 x 为被积函数。

对于单针法,加热电阻丝和温度传感器(实验为热电偶)被固定在同一个不锈钢管中。测定时,将探针插入土中,记录加热或者冷却过程中的探针温度变化(如图1)。

在探针加热时期,当 $r^2/(4wt)$ 值较小时,公式(14)可近似为:

$$\Delta T \cong q'/(4\pi\lambda)\ln(t) + b \tag{15}$$

式中,b 为不依赖于时间 t 的系数。在计算中,只要将温度变化值 ΔT 对时间对数 $\ln(t)$ 做直线回归,通过直线的斜率即可获得 λ。考虑到在开始加热时,所记录的温度值受探针自身材料热特性影响较大,加上探针和土壤的接触阻力,计算时通常不包括早期(5~10 s)的几组数据[11,12]。图2是将图1例子在加热时期数值的直线回归结果。

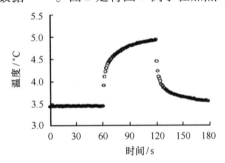

图1 热脉冲技术测定热导率过程中
探针温度随时间的变化

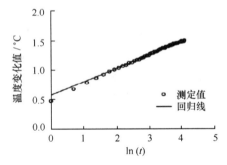

图2 加热期间探针温度变化值与
时间对数的关系

3 意义

通过土壤水汽潜热运移的理论,陆森等[1]建立了高温下(30～90℃)土壤热导率的模型,结果表明,Cass等[5]的水汽运移促进因子参数依赖于土壤质地,且存在较大的不确定性。经过对该参数的修正,建立了热导率模型,而且均能够较好地模拟出高温下的土壤热导率。新建模型对进一步探讨土壤中水热盐耦合迁移机理具有重要的应用价值。

参考文献

[1] 陆森,任图生. 不同温度下的土壤热导率模拟. 农业工程学报,2009,25(7):13－18.

[2] Lu Sen,Ren Tusheng,Gong Yuanshi,et al. An improved model for predicting soil thermal conductivity from water content at room temperature. Soil Sci Soc Am J,2007,71(1):8－14.

[3] Philip J R,de Vries D A. Moisture movement in porous materials under temperature gradients. Trans Am Geophys Union,1957,38:222－232.

[4] Gurr G G,Marshall T J,Hutton J T. Movement of water in soil due to a temperature gradient. Soil Sci,1952,74(5): 335－345.

[5] Cass A,Campbell G S,Jones T L. Enhancement of thermal water vapor diffusion in soil. Soil Sci Soc Am J,1984, 48:25－32.

[6] Heitman J L,Horton R,Ren T,et al. A test of coupled soil heat and water transfer prediction under transient boundary temperatures. Soil Sci Soc Am J, 2008, 72:1197－1207.

[7] Campbell G S. Soil Physics with BASIC:Transport Models for Soil－plant Systems. New York:Elsevier Science Publishing Company,1985.

[8] CôtéJ,Konrad J M. A generalized thermal conductivity model for soils and construction materials. Can Geotech J,2005,42(2): 443－458.

[9] Johansen O. Thermal Conductivity of Soils. Trondheim,Norway:University of Trondheim,1975.

[10] Hiraiwa Y,Kasubuchi T. Temperature dependence of thermal conductivity of soil over a wide range of temperature (5－75℃). European Journal of Soil Science,2000,51(2):211－218.

[11] Bristow K L. Thermal conductivity[A]. Methods of Soil Analysis:Part. 4. Physical Methods. Madison,WI: SSSA, 2002:1209－1226.

[12] Shiozawa S,Campbell G S. Soil thermal conductivity. Remote Sensing Rev,1990,5: 301－310.

干切牛肉的含水率公式

1 背景

牛肉是日常生活中人类的必需品,那么干切牛肉在冷藏、运输的过程中,需要冷冻和干燥。在这个过程中,干切牛肉的阶段制品含水率、物料温度都发生变化。罗瑞明等[1]研究干切牛肉冷冻干燥中升华结束后解析阶段制品含水率、物料温度随时间发生的动态变化,确立解析干燥的优化操作条件,从而完成干切牛肉冷冻干燥过程动态数学模拟的构建。

2 公式

冷冻干燥升华结束后,在解析干燥阶段,不存在已干层与冻结层共存的现象。假设某水分含量时热学参数在物料中一致,物料可作为整体研究。又假设在解析干燥中,物料水分由升华终点含水率(10%,m/m)下降到0。

解析干燥速率与结合水含量的关系如式(1)所示[2]:

$$\frac{dw}{dt} = -f_d w_i \tag{1}$$

式中,w_i 为某时刻结合水含量;f_d 为解析干燥系数(由试验曲线拟合,s^{-1});t 为时间,s。

由热量平衡原理,热流密度 Q 与解析速率相关:

$$Q = J \cdot \frac{K_1}{L}(T_{is} - T_i) = \frac{dw}{dt} \cdot \Delta H_v \tag{2}$$

式中,K_1 为干燥物料热导率,0.0036 W/(m·K);L 为物料厚度,m;T_{is} 为物料表面温度,K;T_i 为物料中心温度,K;ΔH_v 为液态水汽化潜热,2 687.0 kJ/kg[3];J 为汽化潜热占总供热的比例系数(由试验统计确定,无量纲)。在解析阶段,外部供应的热量 Q 主要用于3部分,①作为显热升温,②作为潜热使液态水汽化,③转化为动能,用于水分子摆脱结合物的束缚,也用于水分子在多孔物料中迁移。

式(3)表达了辐射加热板温度与物料表面温度的关系[2]:

$$Q = \sigma F(T_{UP}^4 - T_{is}^4) \tag{3}$$

从式(3)解得物料表面温度:

$$T_{is} = (T_{UP}^4 - f_d w_i \Delta H_v / \sigma F)^{1/4} \tag{4}$$

式中,σ 为黑体辐射常数,5. 67 kW/(m²·K⁴);F 为受辐射物的形状系数,对于片状熟牛肉 $F = 2.59 \times 10^{-11}$[4];T_{UP} 为上加热板温度,K。

结合式(2)与式(3)可得物料中心温度:

$$T_i = T_{is} - \frac{f_d w_i \Delta H_v L}{J K_1} \tag{5}$$

解析水分 w_i 所需时间:

$$t_i = w_i \left(\frac{\mathrm{d}w}{\mathrm{d}t} \right)^{-1} \tag{6}$$

以水分变化为自变量,采用式(6)、式(4)、式(5)可模拟不同厚度干切牛肉在一定压强干燥室内,并在一定加热温度下解析单位水分所需时间 t_i、相应的表面温度 T_{is}、物料温度 T_i。以式(6)模拟切片厚度为 6 mm、8 mm、12 mm、15 mm 的干切牛肉在干燥室压强 $P_s = 10$ Pa、上加热板温度 T_{UP} 为 80℃ 条件下的冷冻干燥试验的解析阶段。图1比较了解析干燥各时段不同厚度干切牛肉解析干燥中物料含水率变化的模拟值与实测值。

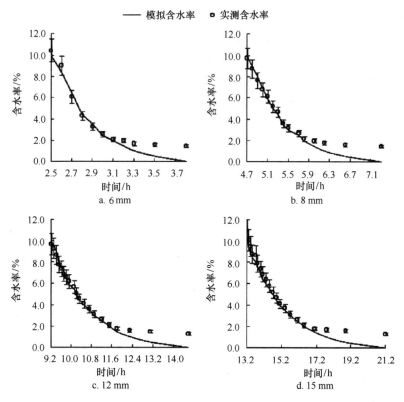

图 2 厚度 6 mm、8 mm、12 mm、15 mm 干切牛肉解析干燥中物料含水率模拟值与实测值比较

3 意义

罗瑞明等[1]解析干燥的优化操作条件,建立了干切牛肉的含水率公式,模拟了干切牛肉冷冻干燥过程动态,解析了阶段制品含水率、物料温度随时间发生的动态变化。得到预测与实测含水率相对误差小于10%,物料中心温度计算值与实测值的绝对误差小于5℃,说明所建模型可用于模拟、预测6~15 mm干切牛肉冷冻干燥中解析干燥阶段的参数变化。并采用6 mm厚度切片进行干燥,生产单位产品耗能最低,且生产率最高。

参考文献

[1] 罗瑞明,董平,李亚蕾,等. 干切牛肉冷冻干燥中解析干燥过程的动态模拟及优化. 农业工程学报, 2009, 25(7):271 - 278.

[2] Georg W O. Freeze - Drying. New York:Wiley - VCH,1999: 58 - 109.

[3] Boss E A,Filho R M,Coselli E. Freeze drying process:real time model and optimization[J]. Chemical Engineering and Processing, 2004, 43(12):1475 - 1485.

[4] Perry H R,Green D,Maloney J O. Perry's Chemical Engineering Handbook,6th Edition. New York:McGraw - Hill,1992:101 - 189.

混合动力车的电磁耦合公式

1 背景

    混合动力车将在未来得到广泛的应用,基于混合动力车的节油和减排效果应明显,开发强混合动力车是最现实的解决方案。陈汉玉等[1]基于动力伺服概念,以直接电磁耦合技术,选择机械功率透过式双电机方案,开发了动力伺服油电强混合动力系统(图1),尤其是对整车动力工作原理进行了计算分析。

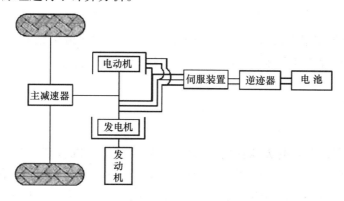

图1　电磁耦合混合动力车结构简图

2 公式

2.1 工作原理公式

    采用相角强磁弱磁、切换线圈结构、短时工作制来代替 CVT 无级变速箱和以交换系统工作象限的方式实现发电机到电动机的转换及两台电机功率的叠加,使发动机始终运行在最佳经济线上。

    双转子发电机在四象限力矩伺服系统的控制下,在实现机械功率输出的同时,可实现无级变速功能。发动机的输出功率、馈入高压母线的电功率、双转子发电机透过的机械功率以及传动比之间的关系为:

$$P_e = P_1 + P_2 \tag{1}$$

$$P_1 = T_s \times (N_i - N_o)/9\ 550 \tag{2}$$

$$P_2 = T_s \times N_o/9\ 550 \tag{3}$$

$$i = N_i/N_o \tag{4}$$

式中,P_e 为发动机的输出功率,kW;P_1 为馈入母线的电功率,kW;P_2 为透过的机械功率,kW;T_s 为伺服转矩,N·m;N_i 和 N_o 为分别为发动机的转速和发电机内转子的转速,r/min;i 为动力系统的传动比。

2.2 蓄电池荷电状态(SOC)平衡控制策略

电池荷电状态 SOC(State of Charge)描述电池剩余电量的数量,是电池使用过程中的重要参数。蓄电池 SOC 要控制在目标值附近,若 SOC 低于目标值,则发动机需额外发出功率对蓄电池充电[2]。蓄电池期望充电功率为:

$$P = \begin{cases} \dfrac{(B_{SOC} - B_{SOC\_aim})}{B_{SOC}} & B_{SOC} < B_{SOC\_aim} \\ 0 & B_{SOC} > B_{SOC\_aim} \end{cases} \tag{5}$$

式中,P 为蓄电池的期望充电功率;$P_{opt} = f(B_{SOC}, T_B)$ 为蓄电池最优充电功率,其中 B_{SOC}、T_B 分别是蓄电池 SOC 值和电池温度;B_{SOC_aim} 为蓄电池 SOC 控制目标。

3 意义

基于动力伺服概念和电磁耦合技术,陈汉玉等[1]建立了混合动力车的电磁耦合公式,计算分析了整车的动力工作。结果表明:输出转矩仿真值能很好地满足循环工况需求,且电机输出效率高,可达86%,满足混合动力车设计要求。该研究对今后电磁耦合油电强混合动力车的整车标定匹配工作具有参考作用。

参考文献

[1] 陈汉玉,袁银南,张彤,等. 电磁耦合强混合动力车技术研究. 农业工程学报,2009,25(7):67-71.

[2] 王锋,冒晓建,杨林,等. 电磁耦合混合动力公交车整车控制策略及参数匹配. 西安交通大学学报,2008,42(3):342-346.

稻谷的干燥发芽率模型

1 背景

为了提高稻谷种子干燥品质,并解决已有稻谷干燥发芽率预测模型应用的局限性,王丹阳等[1]利用深床干燥试验台进行水稻干燥二次回归正交旋转组合试验,构建并验证了稻谷固定深床干燥发芽率一阶动力预测模型。

2 公式

2.1 发芽率动力模型的建立

试验研究表明种胚具有活性是种子发芽的生理基础,但种胚蛋白的热变性易使其在干燥升温过程中丧失活力而导致种子不能发芽[2-3]。不同种子的胚具有不同的活性,稻谷胚蛋白的热变性服从一阶反应动力方程[4]:

$$-\frac{\mathrm{d}G}{\mathrm{d}t} = KG \tag{1}$$

式中,G 为发芽率,%;t 为干燥时间,min;K 为动力常数(反应物为单位分压或浓度时的反应速度),min^{-1}。

Arrhenius 方程给出种子干燥的动力常数[5]:

$$K = \exp\left(-\frac{E}{RT_s} + \ln Z\right) \tag{2}$$

式中,E 为胚蛋白变性活化能,$kJ \cdot mol^{-1}$;T_s 为种子温度,K;R 为通用气体常数,8.314 $kJ \cdot (mol \cdot K)^{-1}$;$Z$ 为碰撞因子;$\ln Z$ 为种子含水率对发芽率的影响:$\ln Z = Z_1 + Z_2 W$;其中,Z_1,Z_2 为待定常数;W 为种子含水率(干基)。

由此,可建立种子发芽率动力预测模型[6]:

$$\frac{G}{G_0} = \exp\left\{-\exp\left[\left(-\frac{E}{RT_s} + Z_1 + Z_2 E\right)t\right]\right\} \tag{3}$$

2.2 回归模型的建立

根据二次回归正交旋转设计的 36 组试验所得稻谷发芽率的测量结果,建立发芽率与影响因素间关系在编码空间的回归方程,对该方程进行方差分析,结果表明方程拟合较好且显著($\alpha = 0.1$)。对回归系数进行显著性检验后剔除不显著的因素,得编码空间内的回归方程为：

$$G = 0.840\ 7 - 0.071\ 1X_1 - 0.024\ 4X_4 + 0.031\ 9X_1X_3 + 0.046\ 6X_2X_3 +$$
$$0.058\ 4X_4X_5 + 0.024\ 8X_1^2 - 0.035\ 2X_4^2 \tag{4}$$

由回归方程得到的预测值与测定值的关系如图1所示，回归方程具有较高的预测精度。

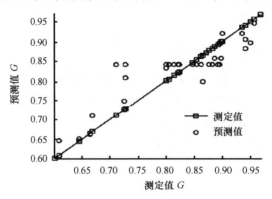

图1　回归方程预测值与测定值的关系

引入两组参数(见表1)下的一阶动力模型的预测值与试验测定值如表2和图2所示。

表1　一阶动力模型参数

	Z_1	Z_2	E
文献[1]	119.5	14.1	84 791.3
文献[2]	119.5	18.8	354.4
数组1	0.060 112 869 8	0.025 583 024 1	194.183 097 321 1
数组2	0.060 112 949 9	0.025 583 046 3	194.183 331 942 4

表2　一阶动力模型预测值的对比

数据号	T/℃	V/(m·s^{-1})	h/cm	W/%	t_e/h	测定值	数组1预测值	数组2预测值
1	75	1.01	50	25	4.5	0.87	0.76	0.78
2	75	1.01	50	19	1.5	0.90	0.78	0.80
3	75	1.01	30	25	1.5	0.60	0.60	0.62
4	75	1.01	30	19	4.5	0.61	0.61	0.62
5	75	0.64	50	25	1.5	0.66	0.66	0.68
6	75	0.64	50	19	4.5	0.67	0.84	0.86
7	75	0.64	30	25	4.5	0.73	0.58	0.59

数据号	$T/℃$	$V/(m \cdot s^{-1})$	h/cm	$W/\%$	t_e/h	测定值	数组1预测值	数组2预测值
8	75	0.64	30	19	1.5	0.89	0.57	0.58
9	55	1.01	50	25	1.5	0.80	0.86	0.88
10	55	1.01	50	19	4.5	0.94	0.89	0.92
11	55	1.01	30	25	4.5	0.94	0.76	0.78
12	55	1.01	30	19	1.5	0.97	0.71	0.72
13	55	0.64	50	25	4.5	0.90	0.91	0.93
14	55	0.64	50	19	1.5	0.94	0.95	0.97
15	55	0.64	30	25	1.5	0.95	0.75	0.76
16	55	0.64	30	19	4.5	0.96	0.74	0.75
17	85	0.83	40	22	3.0	0.86	0.70	0.72
18	45	0.83	40	22	3.0	0.97	0.96	0.99
19	65	1.20	40	22	3.0	0.88	0.83	0.85
20	65	0.45	40	22	3.0	0.82	0.92	0.94
21	65	0.83	60	22	3.0	0.85	0.96	0.98
22	65	0.83	20	22	3.0	0.71	0.56	0.57
23	65	0.83	40	28	3.0	0.64	0.78	0.80
24	45	0.83	40	16	3.0	0.73	0.74	0.76
25	65	0.83	40	22	6.0	0.80	0.82	0.85
26	65	0.83	40	22	0.0	0.85	0.80	0.83
27	65	0.83	40	22	3.0	0.73	0.88	0.90
28	65	0.83	40	22	3.0	0.88	0.88	0.90
29	65	0.83	40	22	3.0	0.80	0.87	0.89
30	65	0.83	40	22	3.0	0.90	0.88	0.90
31	65	0.83	40	22	3.0	0.86	0.86	0.88
32	65	0.83	40	22	3.0	0.82	0.87	0.89
33	65	0.83	40	22	3.0	0.88	0.82	0.84
34	65	0.83	40	22	3.0	0.89	0.87	0.89
35	65	0.83	40	22	3.0	0.81	0.85	0.87
36	65	0.83	40	22	3.0	0.85	0.84	0.86

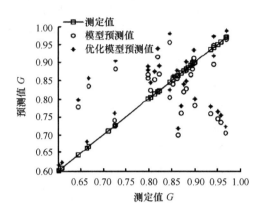

图2　一阶动力模型预测值与测定值的关系

3　意义

利用深床干燥试验台,进行水稻干燥二次回归正交旋转组合试验,王丹阳等[1]建立了稻谷固定深床干燥发芽率—阶动力预测模型。通过发芽率动力预测模型和回归预测模型,从不同角度分析了试验因子对稻谷发芽率的影响规律。回归预测模型的精度较高,并且将干燥工艺参数与发芽率直接联系起来,对指导稻谷干燥生产具有实际应用价值。

参考文献

[1]　王丹阳,李成华,张本华,等. 稻谷深床干燥发芽率模型建立及影响因素. 农业工程学报,2009, 25(7):266 – 270.

[2]　褚治德,杨俊红,孟宪玲. 蔬菜种子的干燥动力学及其活性. 工程热物理学报,2000,21(2):220 – 223.

[3]　章华仙. 水稻种子活力、生活力检测方法及计算机视觉的应用研究. 杭州:浙江大学,2007.

[4]　朱文学. 干燥过程中谷物应力裂纹和发芽率的模拟与试验研究. 北京:中国农业大学,1997.

[5]　Giner S A, Lupano C E, Anon E C. A model for estimating loss of wheat seed viability during hot – air drying. Cereal Chemistry,1991,68(1): 77 – 80.

[6]　朱文学,曹崇文. 横流干燥种子发芽率的预测模型. 中国农业大学学报,1999,4(2):59 – 62.

灌区水资源的模糊评价模型

1 背景

灌区水资源要得到充分的利用,针对灌区水资源综合效益的评价问题,对于不同层次权向量的确定方法进行改进。冯峰和许士国[1]构建了改进的多级多目标模糊优选评价模型。实验中引入熵权法确定各层次各目标的客观权重,并在中间层与主观权重相结合,基于模糊优选模型进行多方案优选,并以实例来验证。

2 公式

2.1 多级半结构性评价模型的构建

利用陈守煜[2]提出的多层次半结构性模糊优选理论来对灌区水资源利用综合效益进行评价。

对于多层次系统分解为 H 层,最高层为 H,若最低层即第 1 层(输入层)有 M 个目标相对优属度输入到有若干个并列单元系统的第 2 层,该层每个单元系统均有多个目标相对优属度输入,每个目标有不同的权重,对每个单元系统计算输出,即方案相对优属度向量:

$$u'_i = (u'_{i1}, u'_{i2}, \cdots, u'_{ik}) \tag{1}$$

式中,u'_i 为第 i 个单元系统的相对优属度向量,第 1 层的输出也是第 2 层的输入;u'_{ik} 为第 i 个单元系统第 k 个方案的相对优属度向量;u 为相对优属度向量;k 为评价方案的个数。

式(1)构成第 3 层中某个单元系统的第 i 个输入,如图 1 所示。令:

$$(u'_{ij}) = (r_{ij}) \tag{2}$$

式中,r_{ij} 为第 i 行第 j 列的相对优属度向量;i 为矩阵第 i 行,共 m 行,与指标数相同;j 为矩阵第 j 列,共 n 列,与评价方案数相同。

如此从第 1 层向最高层(第 H 层)进行计算,由于第 H 层只有 1 个单元系统,可得 H 层单元系统的输出,即方案相对优属度向量:

$$u = (u_1, u_2, \cdots, u_h) \tag{3}$$

式中,u_1 为对应于等级 1 的相对优属度向量;h 为评价等级级别数。

据此可对各个方案进行优选和综合评价[3]。

2.2 水资源综合效益评价计算过程

(1)确定定量指标的相对优属度矩阵 R,根据指标的类型,越大越优型指标用式(4)计

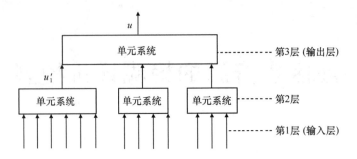

图1   3层模糊优选系统

算;越小越优型指标用式(5)计算。

$$r_{ij} = \frac{x_{ij}}{\max\limits_{j} x_{ij}} \tag{4}$$

$$r_{ij} = \frac{\min\limits_{j} x_{ij}}{x_{ij}} \tag{5}$$

式中,x_{ij}为第i行第j列的指标。

(2)确定定性指标的相对优属度矩阵,按二元比较互补性决策思维理论[2]和方法确定。

(3)确定指标、子系统权向量。

(4)计算第1层各子系统相对优属度向量,利用多级模糊优选理论公式(6)计算。

$$u_{hj} = \begin{cases} 0 & h < a_j \text{ 或 } h > b_j \\ (d_{hj}^2 \cdot z_j)^{-1} & a \leqslant h \leqslant b_j, d_{hj} \neq 0 \\ 1 & d_{hj} = 0 \end{cases}$$

$$h = a_j, a_{j+1}, \cdots, b_j; \quad j = 1, 2, \cdots, n \tag{6}$$

式中,u_{hj}为第j个方案对应级别h的相对优属度向量;d_{hj}、z_j为计算参数,$d_{hj}^2 = \sum\limits_{i=1}^{m} [\omega_i (r_{ij} - s_h)]^2$,$z_j = \sum\limits_{k=a_j}^{b_j} (d_{kj}^2)^{-1} = \sum\limits_{k=a_j}^{b_j} (d_{hj}^2)^{-1}$;$\omega_i$为第$i$个指标的权重;$s_h$为等级$h$对应的标准值向量。

(5)计算第2层亚系统相对优属度向量,把各子系统的输出当输入,计算原理同第(4)步。

(6)得出最高层输出相对优属度向量,用式(7)计算各方案的级别特征值。

$$H = h \cdot u_{hj} \tag{7}$$

式中,H为第j个方案的级别特征值。

2.3 熵权法确定权向量

2.3.1 熵权法确定第 1 层(输入层)指标权向量

模糊优选模型的指标权向量确定是利用排序一致性标度矩阵对指标进行重要性排序,利用模糊语气算子与相对隶属度的关系表[3],确定每个指标相对隶属度,归一化处理后得到指标权向量。用信息熵评价所获系统信息的有序度及其效用,即由评价指标值构成的判断矩阵来确定指标权重,它能尽量消除各指标权重计算的人为干扰,特别是对于第 1 层(输入层)各指标而言,人为无法判断哪个更重要时,由指标数据所携带的信息熵来确定其权重,会使评价结果更符合实际。其计算步骤如下[4]:

(1)构建 n 个方案 m 个评价指标的判断矩阵 $X = (x_{ij})_{m \times n}(i = 1,2,\cdots,m; j = 1,2,\cdots,n)$。

(2)将判断矩阵归一化处理,得到归一化判断矩阵 B,根据指标的类型,越大越优型指标用式(8)计算;越小越优型指标用式(9)计算。

$$b_{ij} = \frac{x_{ij} - \min\limits_{j} x_{ij}}{\max\limits_{j} x_{ij} - \min\limits_{j} x_{ij}}; \forall j \tag{8}$$

$$b_{ij} = \frac{\max\limits_{j} x_{ij} - x_{ij}}{\max\limits_{j} x_{ij} - \min\limits_{j} x_{ij}}; \forall j \tag{9}$$

式中,b_{ij} 为归一化判断矩阵中第 i 行第 j 列的元素。

(3)引入熵值法计算指标权向量。在信息论中,熵值反映了信息无序化程度,其值越小,系统无序度越小[5]。故可用信息熵评价所获系统信息的有序度及其效用,即由评价指标值构成的判断矩阵来确定指标权重,它能尽量消除各指标权重计算的人为干扰,由指标数据所携带的信息熵来确定其权重。根据熵的定义,确定评价指标的熵为:

$$H_i = -\frac{1}{\ln n}\left[\sum_{j=1}^{n} f_{ij}\ln f_{ij}\right] \qquad (i = 1,2,\cdots,m; j = 1,2,\cdots,n) \tag{10}$$

式中,H_i 为指标 i 的熵值;f_{ij} 为熵值计算的参数,$f_{ij} = \dfrac{1 + b_{ij}}{\sum\limits_{j=1}^{n}(1 + b_{ij})}$。

(4)计算评价指标熵权向量。

$$\omega_i = \frac{1 - H_i}{m - \sum\limits_{i=1}^{n} H_i}, \quad 且满足 \sum_{i=1}^{m} \omega_i = 1。 \tag{11}$$

2.3.2 综合法确定第 2 层各单元系统的权向量

从水资源与经济、环境、社会相互作用的角度出发,水资源效益含有经济效益、生态环境效益和社会效益 3 个子系统。在评价过程中期望能够同时获得经济效益、生态环境效益和社会效益。对于 3 个子系统作为评价事物的第 2 层,并没有相关的具体指标,为了合理确定权向量,由输入层的输出即相对优属度向量构成的矩阵作为子系统的输入,如式(2)所示,构成判断矩阵进行熵值权向量计算。熵权法的基本思想是认为指标的差异程度越大越重要,则权重相应也越大,从数据本身来反映其对决策的贡献度,对于水资源效益评价中的3个子系统而言,决策人的主观认识和意愿偏好会体现出符合实际的评价结果。故应该综合主观判断和客观计算会更加合理。综合客观权重与主观权重有两种方法,其一是将两种权重线性结合,如式(12)[6],其二是计算两种权重的平均值,如式(13):

$$\omega' = (\omega_i)_{1 \times k}; \omega_l = \frac{\omega_{li} \cdot \omega_{lm}}{\sum_{l=1}^{k} \omega_{li} \cdot \omega_{lm}}; (l = 1,2,\cdots,k) \tag{12}$$

$$\omega'' = (\omega_i)_{1 \times k}; \omega'_l = 1/2(\omega_{li} + \omega_{lm}); (l = 1,2,\cdots,k) \tag{13}$$

式中,ω'为线性综合权向量;ω''为平均综合权向量;ω_l为第l个子系统的线性综合权向量;ω'_l为第l个子系统的平均综合权向量;ω_{li}为第l个子系统的熵值权向量;ω_{lm}为第l个子系统的主观权向量;k为第2层单元系统的个数。

应用式(10)~式(13)分别计算3个子系统的熵值权向量、线性综合权向量和平均综合权向量,应用式(6)、式(7)计算级别特征值向量,结果见表1。

表1 各子系统权向量和输出层级别特征值

计算方法	各子系统权向量 w			级别特征值向量 H			最优方案
	子系统1	子系统2	子系统3	方案1	方案2	方案3	
模糊优选法	0.454	0.302	0.244	2.316	1.963	1.235	方案3
熵值权向量法	0.307	0.335	0.358	2.566	2.090	1.202	方案3
线性综合权向量法	0.425	0.309	0.266	2.311	2.001	1.387	方案3
平均综合权向量法	0.381	0.319	0.300	2.419	2.005	1.322	方案3

3 意义

冯峰和许士国[1]引入熵权法确定各层次各目标的客观权重,建立了多级多目标模糊优选评价模型。结果表明,此研究不仅能够用于方案优选,而且对每个方案能给予优劣评价,结果合理可靠,适用于灌区水资源综合效益的评价。为指导灌区根据评价结果进行合理的配套改进、节水改造、可持续规划和科学管理有着实际意义。

参考文献

[1] 冯峰,许士国. 灌区水资源综合效益的改进多级模糊优选评价. 农业工程学报,2009,25(7):56–

61.

［2］ 陈守煜. 复杂水资源系统优化模糊识别理论与应用. 吉林:吉林大学出版社,2002:50 - 55.

［3］ 陈守煜. 水资源与防洪系统可变模糊集理论与方法. 辽宁:大连理工大学出版社,2005:53 - 57,
65 - 77.

［4］ 邱菀华. 管理决策与应用熵学. 北京:机械工业出版社,2001:23 - 36.

［5］ 闫文周,顾连胜. 熵权决策法在工程评价中的应用. 西安建筑科学大学学报,2004,36(1):98 - 100.

［6］ 周惠成,张改红,王国利. 基于熵权的水库防洪调度多目标决策方法及应用. 水利学报,2007,38
(1):100 - 106.

土地资源的数量演变模型

1 背景

土地利用/覆被变化(LUCC)是陆地生态系统变化的主要表现,也是造成全球环境变化的重要原因。为了能够说明土地利用/覆被状态在时间轴上的动态演变过程,引入土地资源数量变化模型和土地利用/覆被状态指数,分别从土地利用的数量、结构、方式、强度和趋势等方面说明土地利用过程变化。余新晓等[1]采用土地资源数量变化模型和土地利用/覆被状态指数,进行实例应用。

2 公式

1) 单一土地利用类型动态度和空间动态度

单一土地利用类型动态度是指某研究区一定时间范围内某种土地利用类型的数量变化情况[2],其表达式为:

$$K = \frac{U_b - U_a}{U_a} \times \frac{1}{T} \times 100\% \tag{1}$$

式中,K 为研究时段内某一土地利用类型动态度;U_a 为研究初期某一种土地利用类型的数量;U_b 为研究期末某一种土地利用类型的数量;T 为研究时段长,当 T 的时段设定为年时,K 的值就是该研究区某种土地利用类型年变化率。

空间动态度模型可以更加精细、准确地刻画和测算土地利用动态变化的空间过程和强烈程度[3],可表示为:

$$CCL_i = \{[LA_{(i,t2)} - ULA_i] + [LA_{(i,t1)} - ULA_i]\}/LA_{(i,t1)}/(T_2 - T_1) \times 100\% \tag{2}$$

式中,$[LA_{(i,t1)} - ULA_i]$ 为在监测期间转移部分面积,即第 i 种土地利用类型转化为其他非 i 类土地利用类型的面积总和;$LA_{(i,t1)}$ 为监测初期第 i 种土地利用类型的面积;$[LA_{(i,t2)} - ULA_i]$ 为在监测期内新增部分面积,即由其他非 i 类转变为第 i 种土地利用类型面积的总和;ULA_i 为监测期间第 i 种土地利用类型未变化的面积。

2) 综合土地利用动态度

综合土地利用动态度反映的是某一研究区内土地利用类型变化的剧烈程度[4],可表示为:

$$S = \frac{\sum_{i=1}^{n}(LA_{(i,t1)} - ULA_i)}{\sum_{i=1}^{n}LA_{(i,t1)}}/(T_2 - T_1) \times 100\% \tag{3}$$

式中，S 为综合土地利用动态度。

3）土地利用/覆被状态指数

状态指数 D_i 反映土地利用/覆被类型变化的趋势和状态[5]。

$$D_i = \frac{V_{in} - V_{out}}{V_{out} + V_{in}} \qquad 其中，-1 \leq D \leq 1 \tag{4}$$

式中，V_{in}、V_{out} 为第 i 类土地利用类型在 $T_1 \sim T_2$ 过程中的转入速度和转出速度。

将表 1 数据代入式（1）、式（2）和式（3）计算得单一动态度、空间动态度和综合动态度值（表 2）。

表 1   罗玉沟 3 期不同土地利用类型面积变化

	面积/hm²			变化百分比/%		
	1986 年	1995 年	2004 年	1986—1995 年	1995—2004 年	1986—2004 年
裸地	85.64	85.63	85.64	-0.01	0.01	0
林地	696.87	1 445.98	1 628.52	51.81	11.21	57.21
草地	712.81	699.04	695.12	-1.97	-0.56	-2.54
居民点	276.36	284.53	288.32	2.87	1.31	4.15
灌木	231.55	231.55	209.64	0	-10.45	-10.45
坡耕地	4 358.25	1 024.47	895.05	-325.42	-14.46	-386.93
梯田	941.97	3 532.26	3 501.15	73.33	-0.89	73.1

表 2   罗玉沟 3 个时段土地利用动态度

年份		裸地	林地	草地	居民点	灌木	坡耕地	梯田
1986—1995	单一动态度	-0.001	11.944	-0.215	0.329	0	-8.499	30.554
	空间动态度	0.002	12.672	0.337	0.631	0	8.673	31.029
	综合动态度				1.374			
1995—2004	单一动态度	0.001	1.403	-0.062	0.148	-1.051	-1.404	-0.098
	空间动态度	0.002	1.484	0.062	0.148	1.051	2.293	1.179
	综合动态度				0.520			
1986—2004	单一动态度	0	7.427	-0.138	0.240	-0.526	-4.415	15.094
	空间动态度	0	15.385	0.276	0.483	1.051	8.915	30.255
	综合动态度				1.500			

3 意义

余新晓等[1]采用土地资源数量变化模型,以土地利用和覆被状态为指数,分别从土地利用的数量、结构、方式、强度和趋势等方面说明土地利用过程变化。结果表明:1986—2004年,流域内坡耕地急剧减少、梯田迅速增加,林地和果园面积稳步提升。研究区土地利用类型演变除受自然因素和人口增长影响外,国家政策也起了重要推动作用。

参考文献

[1] 余新晓,张晓明,牛丽丽,等. 黄土高原流域土地利用/覆被动态演变及驱动力分析. 农业工程学报, 2009, 25(7): 219 – 225.

[2] 刘纪元,布和敖斯尔. 中国土地利用变化现代过程时空特征的研究:基于卫星遥感数据. 第四季研究, 2000, 20(3): 229 – 239.

[3] 刘盛和,何书金. 土地利用动态变化的空间分析测算模型. 自然资源学报,2002,17(5):533 – 540.

[4] 刘纪远. 中国资源环境遥感宏观调查与动态研究. 北京:中国科学技术出版社,1996:158 – 188.

[5] 仙巍. 嘉陵江中下游地区近30年土地利用与覆被变化过程研究. 地理科学进展,2005,24(2): 114 – 121.

作物生长的敏感性模型

1 背景

EPIC 模型是一个多作物生长通用模型[1-2],可用于模拟大田作物、牧草及树木的生长过程。鉴于局部敏感性法的缺陷,吴锦等[3]以河北衡水冬小麦试验区为研究区,使用全局敏感性分析方法分析 EPIC 模型在冬小麦产量模拟中的敏感参数。

2 公式

2.1 EPIC 模型气象数据

气象数据来自衡水农业生态实验站 17 a 观测气象数据(1990—2006 年),包括日最高温度、最低温度、日降水、日平均风速、日照时数和日平均相对湿度,并被用来作为运行 EPIC 模型的气象数据输入。由于实验站缺少太阳辐射观测数据,根据适用于华北平原的经验公式,利用日照时数和天文辐射量计算太阳辐射值。

$$Q = Q_0 \left(0.105 + 0.708 \frac{n}{N} \right) \tag{1}$$

式中,Q_0 为天文辐射量,以各月 15 日的天文辐射总量为代表;n 为每天日照时数;N 为各月平均日照时数。

2.2 EFAST 法

EFAST 法是 Saltelli 等结合 Sobol 法和傅立叶幅度敏感性检验法(FAST)的优点所提出的全局敏感性分析方法。该方法基于模型方差分析的思想设计,认为:模型结果的方差可反映模型结果对输入参数的敏感性,模型结果的方差由各单个输入参数及参数间的相互作用所导致。因此,分解模型方差可以反求出各参数及参数间耦合作用对该方差的贡献量,亦即获得各参数的敏感性指数[4-7]。

现假定有一模型 $Y = f(x)$,输入参数 $X(x_1, x_2, \cdots, x_n)$。每个参数都有一定的变化范围及分布形式,构成了 1 个多维参数空间(图 1)。则利用 EFAST 法对该模型的全局敏感性分析的过程如下。

首先根据适合的转换函数 G_i[4,7],将模型 $Y = f(x_1, x_2, \cdots, x_n)$ 转化为 $Y = f(s)$。这里,转换函数 G_i 与参数 x_i 的概率密度分布函数有关:

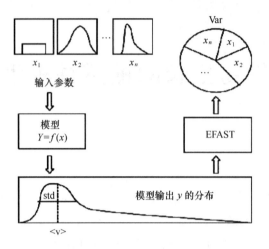

图1 全局敏感性分析框架图

$$x_i(s) = G_i(\sin w_i s), \forall i = 1,2,\cdots,n \qquad (2)$$

式中,s 为标量,且 $-\infty < s < +\infty$;$\{w_i\}$ 为参数 x_i 所定义的整数频率;$\forall i = 1,2,\cdots,n$。对 $f(s)$ 进行傅立叶变换得:

$$y = f(s) = \sum_{p=-\infty}^{+\infty} |A_p \cos ps + B_p \cos ps| \qquad (3)$$

其中:

$$A_p = \frac{1}{2\pi}\int_{-\pi}^{\pi} f(s)\cos ps ds, \quad B_p = \frac{1}{2\pi}\int_{-\pi}^{\pi} f(s)\sin ps ds \qquad (4)$$

则傅立叶级数的频谱曲线定义为:

$$\wedge_p = A_p^2 + B_p^2 \qquad (5)$$

式中:p 为傅立叶变换参数,$p \in Z = \{-\infty,\cdots,-1,0,1,\cdots,+\infty\}$,$A_{-p} = A_p$,$B_{-p} = B_p$, $\wedge_{-p} = \wedge_p$。则由参数 x_i 输入变化所引起的模型结果方差 V_i 可表示为:

$$V_i = \sum_{p \in Z^0} \wedge_p w_i = 2\sum_{j=1}^{+\infty} \wedge_j w_i \qquad (6)$$

式中,$Z^0 = Z - \{0\}$,为非零整数。模型总的方差 V 为:

$$V = \sum_{p \in Z^0} \wedge_p = 2\sum_{j=1}^{+\infty} \wedge_j \qquad (7)$$

对 s 在区间 $[-\pi,\pi]$ 内等间隔取样,把取样值通过转换函数转换为每一个参数的取值, 输入模型,多次运行模型,由如下方程可近似获得 A_p 和 B_p:

$$A_p = \frac{1}{Ns}\sum_{k=1}^{Ns} f(s_k)\cos(js_k), \quad B_p = \frac{1}{Ns}\sum_{k=1}^{Ns} f(s_k)\sin(js_k) \qquad (8)$$

式中,$p \in \bar{Z} = \left\{-\frac{Ns-1}{2},\cdots,-1,0,1,\cdots,+\frac{Ns-1}{2}\right\} \subset Z$,$Ns$ 为取样数。由 A_p 和 B_p 及参

数 x_i 所对应的频率 w_i 通过式(6)、式(7)即可获得每一个参数所引起的方差 V_i 及模型结果的总方差 V。鉴于模型的总方差是由各参数及参数间耦合作用共同得到的,现将模型输出方差 V 分解如下:

$$V = \sum_i V_i + \sum_{i=j} V_{ij} + \sum_{i \neq j \neq m} V_{ijm} + \cdots + V_{12,\cdots,k} \tag{9}$$

式中,V_{ij} 为参数 x_i 通过参数 x_j 作用所贡献的方差(耦合方差);V_{ijm} 为参数 x_i 通过参数 x_j、x_m 所贡献的方差;$V_{1,2,\cdots,k}$ 为参数 x_i 通过参数 $x_{1,2,\cdots,k}$ 作用所贡献的方差。因此,通过归一化处理,参数 x_i 的一阶敏感性指数 S_i 可定义如下:

$$S_i = \frac{V_i}{V} \tag{10}$$

该敏感指数反映的是参数对模型输出总方差的直接贡献率。同理,参数 x_i 的二阶及三阶敏感性指数可定义为:

$$S_{ij} = \frac{V_{ij}}{V}, \quad S_{ijm} = \frac{V_{ijm}}{V} \tag{11}$$

对于一个多参数耦合模型而言,参数 x_i 的总敏感性指数即为各阶敏感性指数之和,可表示如下:

$$S_{T,i} = S_i + S_{ij} + S_{ijm} + \cdots + S_{1,2,\cdots,i,\cdots,k} \tag{12}$$

总敏感指数反映了参数直接贡献率和通过参数间的交互耦合作用间接对模型输出总方差的贡献率之和,并在参数间无耦合作用时,S_{ij}、S_{ijm} 等项均为 0,$S_{T,i}$ 等于 S_i,EFAST 分析等同于局部敏感性分析。由于 EPIC 模型中包含非线性多参数耦合过程,显然,局部敏感性分析方法并不适合 EPIC 模型的参数敏感性分析,而 EFAST 方法通过对模型输出方差的分解,可定量地获得每一个参数各阶及总敏感指数。这就使得 EFAST 方法不仅可以同时检验多个参数的变化对 EPIC 模型结果的影响,并且可分析每一个参数变化对模型结果的直接和间接影响。

图 2 是使用 EFAST 方法对河北衡水冬小麦试验区区域化参数(土壤参数和田间管理参数)全局敏感性分析的结果。

3　意义

吴锦等[3]采用作物生长的敏感性模型,分析冬小麦产量模拟中的敏感参数。结果表明:收获指数(HI)、生长季峰值点(DLAI)、潜在热量单位(PHU)、最大作物高度(HMX)是影响模型本地化最为关键的参数(总敏感指数大于 0.1);作物的播种日期、收获日期及种植密度是影响区域尺度的作物产量估计最为敏感参数(总敏感指数大于 0.1)。研究同时表明全局敏感性分析方法可用于作物生长模型本地化、区域化研究,且优于传统局部敏感性分析方法。

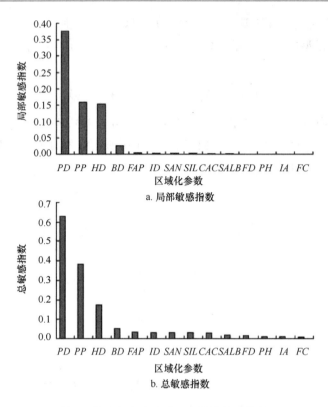

图 2　衡水冬小麦试验区区域化敏感指数

参考文献

[1]　Williams J R. The EPIC model. Temple:USDA – ARS,grassland,soil and water research laboratory,1997.

[2]　Williams J R,Jones C A,Kiniry J R,et al. The EPIC crop growth model. Transactions of the ASAE,1989,32:497 –511.

[3]　吴锦,余福水,陈仲新,等. 基于 EPIC 模型的冬小麦生长模拟参数全局敏感性分析. 农业工程学报,2009, 25(7):136 – 142.

[4]　徐崇刚,胡远满,常禹,等. 生态模型的灵敏度分析. 应用生态学报,2004,15(6):1056 – 1062.

[5]　Bunkei M,Ming X,Jin C,et al. Estimation of regional net primary productivity(NPP) using a process – based ecosystem model:How important is the accuracy of climate data? Ecological Modeling,2004,178(3/4):371 –388.

[6]　Crosetto M,Tarantola S. Uncertainty and sensitivity analysis:Tools for GIS – based model implementation. INT J Geogr linform Sci,2001,l5(5):415 –437.

[7]　Saltelli A,Tarantola S,Chan K P S. A quantitative model – independent method for global sensitivity analysis of model output. Technometrics,1999,41(1):39 –56.

地下滴灌的流量公式

1 背景

与地表滴灌相比,地下滴灌可以减小土壤蒸发,提高水分利用率,并能达到与地表滴灌相同或稍高的产量[1-2]。为了进一步指导层状土壤地下滴灌设计和运行,李久生等[3]以均质砂土(S)、均质壤土(L)和上砂下壤层状土壤(SL)为对象,采用室内土箱试验,研究了土壤质地及其层状结构和地下滴灌灌水器流量对水分、硝态氮和铵态氮分布的影响。

2 公式

灌水器采用以色列 NETAFIM 公司生产的带舌片地下滴灌专用滴灌带 Super Typhoon 1 500,10 m 水头下的灌水器额定流量为 1.1 mg · L^{-1},按国家标准 GB/T 17187 – 1997[4]实测得到的流量 – 压力关系为:

$$Q_0 = 0.397H^{0.444} \quad (R^2 = 0.995) \tag{1}$$

式中,Q_0 为灌水器在空气中的流量,mg · L^{-1};H 为压力水头,m。

本研究共进行了 11 次试验,每次试验的基本参数列于表 1。

表 1 试验基本参数

序号	土壤类型	工作压力 /m	灌水量 /L	初始值		
				体积含水率	$NO_3^- - N/(mg · L^{-1})$	$NO_4^+ - N/(mg · L^{-1})$
1	土壤 L	2	8.0	0.156	26.84	0.71
2	土壤 L	3	8.0	0.145	35.00	3.11
3	土壤 L	6	8.0	0.147	32.18	0.93
4	土壤 L	10	8.0	0.145	36.18	0.95
5	土壤 L	2	5.9	0.150	38.42	1.56
6	土壤 L	3	8.0	0.146	35.50	2.12
7	土壤 L	6	8.0	0.153	37.29	0.98
8	土壤 L	10	8.0	0.155	39.15	1.85
9	土壤 L SL	2	5.5	砂土 0.145	44.91	1.32
				土壤 0.151	20.06	0.73

序号	土壤类型	工作压力/m	灌水量/L	初始值		
				体积含水率	$NO_3^- - N/(mg \cdot L^{-1})$	$NO_4^+ - N/(mg \cdot L^{-1})$
10	土壤 L	3	8.0	砂土 0.158	37.01	1.91
	SL			土壤 0.151	37.44	0.89
11	土壤 L	6	8.0	砂土 0.159	36.58	6.41
	SL			土壤 0.168	37.74	2.52

由于土壤中大量存在的有机和无机胶体能对溶液中的 NH_4^+ 离子产生吸附,因此浸提液中的铵态氮包含土壤溶液中的铵态氮和被土壤胶体吸附的铵态氮。为了获得土壤溶液的 $NH_4^+ - N$ 浓度,进行了土壤对铵态氮的吸附试验。称取供试土样(风干土),均匀装入三角瓶中,用去离子水作为溶剂,NH_4Cl(分析纯)作为溶质,配制值为 0、100 mg · L^{-1}、150 mg · L^{-1}、200 mg · L^{-1}、250 mg · L^{-1}、300 mg · L^{-1}、350 mg · L^{-1}、400 mg · L^{-1}、450 mg · L^{-1}、500 mg · L^{-1}、550 mg · L^{-1}、600 mg · L^{-1}、650 mg · L^{-1}、700 mg · L^{-1}、750 mg · L^{-1}、800 mg · L^{-1} 16 种浓度的 NH_4Cl 溶液,量取 W mL 的 NH_4Cl 溶液倒入土样中使土样达到饱和,加入少量的硝化抑制剂双氰胺(DCD),将三角瓶口用橡皮塞盖紧密封。静置 3 d 后,采用陶土头抽取土壤溶液,测其 $NH_4^+ - N$ 浓度,由下式计算土壤对 $NH_4^+ - N$ 的吸附量:

$$S = \frac{W(C_0 - C + C_1)}{m} \quad (2)$$

式中,S 为土壤对 $NH_4^+ - N$ 的吸附量,mg · kg^{-1};C 为土壤溶液中 $NH_4^+ - N$ 的平衡浓度,mg · L^{-1};C_0 为倒入土壤中溶液的 $NH_4^+ - N$ 浓度,mg · L^{-1};C_1 为空白对比(加入 $NH_4^+ - N$ 浓度为0)吸附平衡时的 $NH_4^+ - N$ 浓度,mg · L^{-1};W 为倒入土壤中 NH_4Cl 溶液的体积,mL;m 为风干土质量,g。

砂土吸附拟合方程为:

$$S = 9.82C^{0.429} \quad (R^2 = 0.984) \quad (3)$$

壤土吸附拟合方程为:

$$S = 12.87C^{0.534} \quad (R^2 = 0.969) \quad (4)$$

根据吸附试验结果,可将浸提液中的 $NH_4^+ - N$ 浓度转化为土壤溶液中的 $NH_4^+ - N$ 浓度。图 1 对比了不同土壤质地结构时硝态氮($NO_3^- - N$)浓度的分布情况。

图 2 比较了灌水器流量为 0.36 L · h^{-1} 和 0.70 L · h^{-1} 时土壤 $NO_3^- - N$ 浓度的纵剖面($x = 15$ cm)。

3 意义

李久生等[3]利用地下滴灌的流量公式,计算发现,土壤质地对土壤水分和硝态氮的运

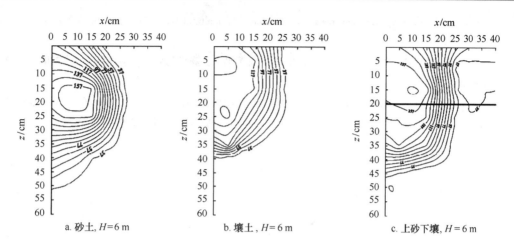

图1 灌水施肥结束后不同土壤质地结构的土壤溶液浓度分布

注:图中横线表示砂－壤界面;x表示沿土箱宽度方向距滴灌带的垂直距离;z表示从土壤表面起算的垂直深度。$NO_3^- - N$浓度单位为$mg \cdot L^{-1}$。

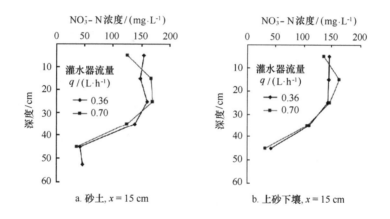

图2 灌溉施肥结束后不同灌水器流量时距滴灌带15 cm处的$NO_3^- - N$浓度的纵剖面分布

移分布有重要影响:粗质地土壤中水分和硝态氮运移深度明显大于细质地土壤,更易造成水氮淋失;SL层状土壤中,砂－壤界面增加了水分的横向扩散而限制了水分的垂向运动,致使界面下部形成水分和硝态氮积聚区。本研究为地下滴灌系统的设计运行提供参考。

参考文献

[1] Camp C R. Subsurface drip irrigation:a review. Transactions of the ASAE, 1998, 41(5): 1353 - 1367.

[2] Ayars J E, Phene C J, Hutmacher R B, et al. Subsurface drip irrigation of row crops:a review of 15 years of

research at the water management research laboratory. Agricultural Water Management, 1999, 42(1): 1 -
27.

[3] 李久生,杨凤艳,栗岩峰. 层状土壤质地对地下滴灌水氮分布的影响. 农业工程学报, 2009, 25(7):
25 - 31.

[4] 中华人民共和国国家标准. GB/T 17187—1997 农业灌溉设备滴头技术规范和试验方法//水利技术
标准汇编, 灌溉排水卷, 节水设备与材料. 北京:中国水利水电出版社, 2002: 47 - 54.

作物节水的潜力估算公式

1 背景

利用遥感监测 ET 数据开展区域节水潜力研究与传统方法不同,能获得因耗水减少面引起的净节水量,符合资源型节水内涵。也是对传统农业节水研究的有益补充。彭致功等[1]利用分类均值法构建了基于遥感 ET 数据的作物水分生产函数,通过对所构建的作物水分生产函数进行分析,初步确定适宜的作物耗水量,在此基础上确定主要作物 ET 定额,以作物 ET 定额为评价标准,研究主要作物定额管理的节水潜力,研究成果的获得有利于确定农作物用水总量及农业资源性节水潜力,对于区域用水规划及水权分配具有重要借鉴意义。

2 公式

2.1 作物水分生产率

作物水分生产率指在一定的作物品种和耕作栽培条件下单位耗水量所获得的产量,是衡量农业生产水平和农业用水科学性与合理性的综合指标[2-3],计算公式如下:

$$WP_{sci} = Y_{sci}/(ET_{sci} \times 10) \tag{1}$$

式中,WP_{sci} 为第 i 个像元的作物水分生产率,kg/m^3;Y_{sci} 为第 i 个像元的遥感作物产量,kg/hm^2;ET_{sci} 为第 i 个像元的遥感作物腾发量,mm。

2.2 ET 定额

利用不同作物各像元的遥感 ET 和遥感产量数据构建水分生产函数,作物合理 ET 定额应介于水分生产率最大时作物经济耗水量和产量达到最高时理论耗水量之间,因为大兴区为资源型缺水地区,研究中对该区域的作物 ET 定额选取以作物经济耗水量为准(如图1)。

结合作物遥感 ET 分布实际情况,将 ET 相近的像元组合,分组间隔为 20 mm,把遥感 ET 数据分成 60~80 mm、…、460~480 mm……然后对作物遥感 ET 数据进行相应分类均值计算,并计算相应的水分生产率,由此获得作物产量、作物水分生产率与实际耗水关系。由典型作物耗水田间试验研究可知,作物水分生产率与实际耗水可表示为二次抛物线关系,即当实际耗水为某一特定值时作物水分生产率能达到最大值。利用作物水分生产率与实际耗水的二次抛物线关系模型,可求出水分生产率达到最大时的作物经济耗水量,ET 定额

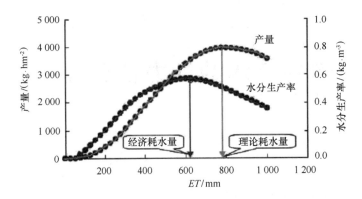

图1 ET定额确定的理论基础

的计算公式如下：

$$WP_{rc} = aET_{rc}^2 + bET_{rc} + c \tag{2}$$

$$ET_q = \begin{cases} -\dfrac{b}{2a} & -\dfrac{b}{2a} \leqslant ET_c \\[2mm] ET_c & -\dfrac{b}{2a} > ET_c \end{cases} \tag{3}$$

$$ET_c = K_c \times ET_0 \tag{4}$$

式中：WP_{rc}为分类后水分生产率均值，kg/m^3；ET_{rc}为分类后遥感 ET 均值，mm；ET_q为 ET 定额，mm；ET_c为作物需水量，mm；ET_0为参照腾发量，mm（采用 FAO 推荐的修正的彭曼－蒙蒂斯公式计算）；K_c为作物系数（采用 FAO 推荐的分段单值平均作物系数法计算）；a、b、c为分类后作物水分生产率与相应 ET 的拟合为二次抛物线函数的二次项系数、一次项系数及常数项。

2.3 定额管理节水潜力

保持现有土地利用结构不变，以该土地利用类型 ET 定额为评价标准，如其实际耗水像元值高于该土地利用类型的 ET 定额，超出部分为奢侈耗水，而实际耗水像元值小于该土地利用类型 ET 定额，考虑影响作物耗水因素的复杂性，保持其现状。为此，控制多余的奢侈耗水使较大实际耗水像元值调整到 ET 定额而节约的水量，即为该种土地利用类型定额管理节水潜力，节水潜力计算公式如下：

$$WSP = (ET_{scv} - ET_{adv})S/10 \tag{5}$$

$$ET_{scv} = \frac{1}{n}\sum_{i=1}^{n} ET_{sci} \tag{6}$$

$$ET_{adv} = \frac{1}{n}\sum_{i=1}^{n} ET_{adci} \tag{7}$$

$$ET_{adci} = \begin{cases} ET_{sci} & ET_{sci} \leqslant ET_q \\ ET_q & ET_{sci} > ET_q \end{cases} \tag{8}$$

式中:WSP 为节水潜力,$10^4 \, m^3$;ET_{scv} 为该作物遥感现状 ET 均值,mm;ET_{adv} 为该作物调整后 ET 均值,mm;S 为该土地利用在研究区域的面积,km^2;ET_{sci} 为第 i 个像元实际 ET 值,mm;ET_{adci} 为定额调整后第 i 个像元 ET 值,mm;n 为研究区域内该土地利用类型的像元数。

2.4 区域 ET 定额估算

冬小麦产量及水分生产率与实际腾发量的关系见图 2,随着实际耗水增大,冬小麦产量先增加;但当实际耗水超过 573 mm 时,随着实际耗水的增大,冬小麦产量增加缓慢,甚至出现产量下降趋势。冬小麦水分生产率与实际耗水的关系,类似于冬小麦产量与实际耗水的关系,在一定阈值范围内随着实际耗水增加,冬小麦水分生产效率增大,但实际耗水超过该阈值冬小麦水分生产效率增加缓慢,甚至造成水分生产效率降低。冬小麦水分生产效率的峰值出现在实际耗水为 346 mm,其所对应的水分生产率及产量分别为 1.26 kg/m^3、4 675.17 kg/hm^2。冬小麦水分生产率与腾发量的二次抛物线拟合方程如下:

$$WP_{rc} = -0.000\,003\,7ET_{rc}^2 + 0.002\,6ET_{rc} + 0.81$$

$$R^2 = 0.467 \qquad (p < 0.01) \tag{9}$$

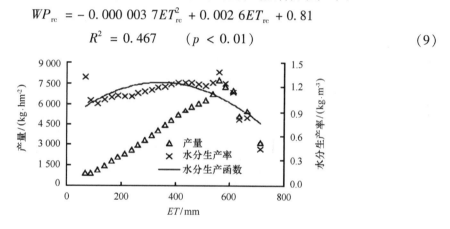

图 2　冬小麦腾发量与产量及水分生产率之间的关系

3　意义

彭致功等[1]利用分类均值法,构建了基于遥感 ET 数据的作物水分生产函数和节水潜力估算公式,计算了水分生产率达到最大时典型作物经济耗水量,并结合研究区域典型作物需水量计算成果,确定了冬小麦的区域 ET 定额分别为 346.00 mm。以农作物 ET 定额为评价标准,获得典型农作物 ET 定额管理耗水节水潜力,从节水量角度分析,夏玉米定额管理耗水节水量最大,其次为冬小麦。本研究为利用遥感 ET 数据开展区域耗水节水潜力的定量化评价进行了有益的探索。

参考文献

[1] 彭致功,刘钰,许迪,等. 基于 RS 数据和 GIS 方法估算区域作物节水潜力. 农业工程学报,2009,25 (7):8-12.

[2] Henry E I,Henry F M,Andrem K P R T,et al. Crop water productivity of an irrigated maize crop in Mkoji Sub-catchment of the Great Ruaha River Basin,Tanzania. Agricultural Water Management,2006,85(1/ 2):141-150.

[3] Sander J Z,Wim G M B. Review of measured crop water productivity values for irrigated wheat,rice,cotton and maize. Agricultural Water Management,2004,69(2):115-133.

地表蒸散的反演模型

1 背景

随着精准农业、水资源管理、灾害监测等领域的应用进一步加深,对作为反映作物生长状况及地区能量和水量平衡重要指标的地表蒸散进行业务化反演便成为应用时的迫切所需。周川和牛铮[1]分析地表蒸散业务化反演的现状需求及所面临的困难,从业务化运行的目标出发,对现今较为常用的几种地表蒸散模型进行对比分析,最终选取 Priestley – Taylor(PT)模型作为核心方法,建立地表蒸散业务化反演的运作技术流程。在 MODIS 数据和气象数据支持下,反演得到瞬时地表蒸散及日蒸散量,最后对反演结果进行精度评价,验证所选模型和所建立技术流程的可行性。

2 公式

2.1 业务化反演模型

基于遥感技术的地表蒸散反演模型可分为 3 大类:①物理机理模型,如 Penman-Monteith(PM)模型[2]。②经验模型,如 Hargreaves 方程[3]。③半机理—半经验模型,如 Priestley – Taylor(PT)模型[4]。

除 Hargreaves 方法完全独立于气象数据外,其他反演模型或方法均在不同程度上依赖气象数据辅助。显然,与需要较多气象数据作输入的 PM 模型和普适性较差的 Hargreaves 模型相比,基于较少气象辅助数据需求的 PT 模型是既不失物理机理,又具有较好普适性的反演模型。其优点在于摆脱了湿度、风速、地表粗糙度、植被冠层阻抗等非遥感参数的束缚,尽量避开了具有极大不确定性的空间插值问题,因此更具灵活性和可操作性。本研究选用 PT 模型作为地表蒸散业务化反演的核心算法。

PT 模型的核心公式为:

$$LE = \phi \frac{\Delta}{\Delta + \gamma}(R_n - G) \tag{1}$$

式中,LE 为潜热通量,W/m^2;ϕ 为 PT 系数;Δ 为饱和水气压斜率,kPa/℃(空气温度为 Ta 时,Ta 为平均气温,K);γ 为干湿表常数,kPa/℃;R_n 为地表净辐射通量,W/m^2;G 为土壤热通量,W/m^2。

2.2 PT 模型参数

基于业务化运行的考虑,对 PT 模型中各项参数的计算,应尽量避免增加对辅助数据的需求,特别是某些难以直接从遥感或气象数据获得的数据,同时应避免增加模型参数计算的复杂度。由于各个参数计算算法并不唯一,如地表净辐射 R_n 中下行短波辐射的计算及日蒸散量计算中日蒸散时数的计算等,因此本研究选取仅需遥感数据提供输入参数的算法,降低了对辅助数据的需求及技术流程的复杂度,有助于业务化运行的实现。

2.2.1 地表净辐射 R_n

地表净辐射指地表辐射能量收支的差额。它是地表能量、动量、水分输送与交换过程的主要能源[5]。地表净辐射方程:

$$R_n = Q(1 - \alpha) + \varepsilon_a \sigma T_a^4 - \varepsilon_s \sigma T_s^4 \tag{2}$$

等式右边第一项为地表短波辐射平衡。第二项为来自大气的长波辐射,即大气逆辐射。第三项为地表发射至大气的长波辐射,即地表发射辐射。后两项之差为地表长波辐射平衡。Q 为下行短波辐射,通常需用到参数大气透过率 τ 计算,τ 由大气辐射传输模型 MODTRAN4 模拟得。但为尽量减少其他辅助数据需求,且考虑到技术流程的简洁性和易实现性,采用如下算法计算[6]:

$$Q = S_0 \cos(\theta) E \tag{3}$$

式中,S_0 为太阳常数,W/m²,在此取值 1 366.67;θ 为太阳天顶角,°;E 为修正系数,计算公式为

$$E = 1.000\,11 + 0.034\,221\cos(d_a) + 0.001\,28\sin(d_a) + 0.000\,719\cos(2d_a) + \\ 0.000\,077\sin(2d_a) \tag{4}$$

$$d_a = \frac{2\pi(d_n - 1)}{365} \tag{5}$$

式中,d_n 为儒略日,在此例中 $d_n = 160$;α 为地表反照率,由 MODIS 二向反射率和地表反照率产品 MCD43B1 计算而得;ε_a 为空气比辐射率,计算公式为:

$$\varepsilon_a = 1.24(e_a/T_a)^{1/7} \tag{6}$$

式中,e_a 为实际水气压,hPa(空气温度为 T_a 时);ε_s 为地表比辐射率;T_a 为地表温度,K,由 MODIS 地表温度和比辐射率产品 MOD11A1 计算而得;σ 为 Stefan – Boltzmann 常数。

2.2.2 土壤热通量 G

土壤热通量 G 采用 Bastiaanssen[7] 所提出公式计算:

$$G = \frac{R_n T_s(0.003\,2\alpha + 0.006\,2\alpha^2)(1 - 0.978NDVI^4)}{\alpha} \tag{7}$$

流域北部地区为大面积荒漠覆盖,$NDVI$ 值很低。对于 $0 < NDVI < 0.15$ 的裸地其土壤热通量取值为地表净辐射的 20% ,即:

$$G = 0.2R_n \tag{8}$$

式中,$NDVI$ 为归一化植被指数,由 MODIS 植被指数产品 MOD13A1 得。

2.2.3 Priestley-Taylor 系数 ϕ

PT 系数 ϕ 根据 Le Jiang 和 Shafiqul Islam[8-9]以及 G. Nourbaeva 和 Kazama[10]提出的采用 NDVI 和地表温度 LST 确定的算法可得:

$$\phi = \frac{(\Delta + \gamma)}{\Delta}\left[\left(\frac{NDVI_i^{\max} - NDVI_i^{\min}}{NDVI_{\max}}\right) \times \left(\frac{LST_i^{\max} - LST}{LST_i^{\max} - LST_i^{\min}}\right) + \left(\frac{NDVI_i^{\min}}{NDVI_i^{\max}}\right)\right] \tag{9}$$

式中:LST 为当前像元的地表温度值,K;该方法将整幅图像根据 $NDVI$ 值大小分为水体、植被、荒漠等类型,$NDVI_i^{\max}$、$NDVI_i^{\min}$、$LST_i^{\max}$、$LST_i^{\min}$ 分别表示在每一种 NDVI 类型中当前像元所对应的 $NDVI$ 和 LST 的最大值和最小值;$NDVI_{\max}$ 为整个研究区内的 $NDVI$ 最大值。

2.3 结果分析公式

2.3.1 瞬时蒸散量

基于上述算法流程和数据,反演得到 2006 年 6 月 9 日黑河流域卫星过境时刻瞬时潜热通量 LE_{instant}。瞬时潜热通量 LE_{instant} 与瞬时蒸散量 ET_{instant} 的关系[11]为:

$$ET_{\text{instant}} = 3\ 600(LE_{\text{instant}}/\lambda) \tag{10}$$

式中,λ 为蒸发潜热,W·m²·mm⁻¹,在此取值 2.49×10^6。至此,反演得到黑河流域卫星过境时刻瞬时蒸散量,反演结果如图 1。

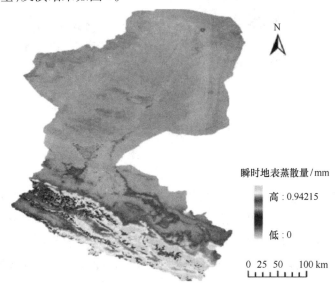

图 1   2006 年 6 月 9 日黑河流域卫星过境时刻瞬时蒸散量

2.3.2 日蒸散量

以上反演得到瞬时地表蒸散 ET_{instant},但实际应用中主要采用日蒸散量 ET_{day},因此需对其作时间尺度扩展。据研究表明,日蒸散量与任一时刻的蒸散量存在正弦关系[12],即:

$$\frac{ET_{\text{day}}}{ET_{\text{instant}}} = \frac{2N_E}{\pi \times \sin(\pi t/N_E)} \tag{11}$$

式中, t 为卫星数据获取的时间, h(从日出算起至 ET_{instant} 时刻的时间间隔) ; N_E 为日蒸散时数。一般来说 N_E 可从实测数据或气象数据获得, 但基于业务化反演应尽量减少对这些辅助数据的需求, 在此采用 Jackson 等提出的算法计算[13] :

$$N_E = a + b\sin 2[\pi(d_n + 10)/365] \tag{12}$$

$$a = 12 - 5.69 \times 10^{-2}L - 2.02 \times 10^{-2}L - 2.02 \times 10^{-4}L^2 + 8.25 \times 10^{-6}L^3 ;$$

$$b = 10.123L - 3.10 \times 10^{-4}L^2 - 8.00 \times 10^{-7}L^3 + 4.99 \times 10^{-7}L^4$$

式中, L 为地理纬度。反演得到黑河流域日蒸散量(图2)。

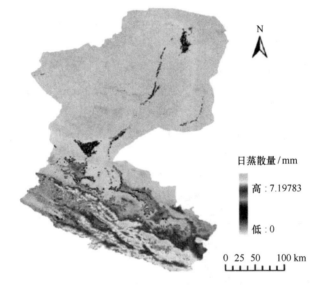

图2　2006年6月9日黑河流域日蒸散量

2.3.3　结果验证与精度评价

　　由于缺乏相应的地表蒸散同步实测数据, 在此以国际粮农组织 FAO 推荐的 FAO 56 Penman-Monteith 公式为验证模型依据, 该模型是 FAO 推荐的计算参考作物蒸散量的标准方法, 全面考虑了影响田间水分散失的大气因素和作物因素, 把能量平衡、空气动力学参数和表面参数结合在一起, 可应用于世界各个地区, 估值精度较高, 具有良好的可比性[14-16]。公式为:

$$ET_0 = \frac{0.408\Delta(R_n - G) + \gamma\dfrac{900}{T + 273}u_2(e_s - e_a)}{\Delta + \gamma(1 + 0.34u_2)} \tag{13}$$

式中:ET_0 为参考作物蒸散量,mm/d;T 为日平均气温,℃;u_2 为 2 m 高处平均风速,m/s;e_s, e_a 为饱和水气压和实际水气压,kPa。

3 意义

地表蒸散的反演模型反演得到瞬时蒸散量和日蒸散量。研究表明,PT 模型的选用和相应技术流程的建立是合理的,在较少的气象数据辅助的前提下能够满足反演精度要求,达到了建立业务化反演流程所设定的原则和目标,满足了业务化反演的需求,具有进一步的可操作性和实用性,对今后地表蒸散业务化反演运作或反演系统设计有较好的参考和借鉴作用。

参考文献

［1］ 周川,牛铮. 基于遥感技术的地表蒸散业务化反演. 农业工程学报, 2009, 25(7):124 – 130.

［2］ Allen R G, Pereira L S, Raes D, et al. Crop evapotranspiration:Guidelines for computing crop water Requirements. Irr. &Drain. 1998, Paper 56. UN – FAO, Rome, Italy.

［3］ Hargreaves G H, Samani Z A. Reference crop evapotranspiration from temperature. Applied Engrg in Agric, 1985, 1:96 – 99.

［4］ Priestley C H B, Taylor R J. On the assessment of surface heat flux and evaporation using large – scale parameters. Mon. Weather Rev, 1972, 100:81 – 82.

［5］ 赵英时,等. 遥感应用分析原理与方法. 北京:科学出版社,2003:104 – 130, 435 – 439.

［6］ Willem W. Verstraeten, Frank Veroustraete, Jan Feyen. Estimating evapotranspiration of European forests from NOAA – imagery at satellite overpass time:Towards an operational processing chain for integrated optical and thermal sensor data products. Remote Sensing of Environment, 2005, 96:256 – 276.

［7］ Bastiaanssen W G M. Remote Sensing in Water Resources Management:The State of the Art(Colombo,Sri Lanka:International Water Management Institute), 1998.

［8］ Le Jiang, Shafiqul Islam. Estimation of surface evaporation map over southern Great Plains using remote sensing data. Water Resour Res, 2001, 37(2):329 – 340.

［9］ Le Jiang, Shafiqul Islam. A methodology for estimation of surface evaporation over large areas using remote sensing observations. Geophys Res Lett, 1999, 26(17):2773 – 2776.

［10］ Kazama S, Nourbaeva G, Sawamoto M. Assessment of daily evapotranspiration using remote sensing data. Environmental Informatics Archives, 2003, 1, 421 – 427.

［11］ 查书平. 基于 RS 与 GIS 的长江三角洲蒸散量研究. 南京:南京信息工程大学,2004:39 – 40.

［12］ 谢贤群. 遥感瞬时作物表面温度估算农田全日蒸发散总量. 环境遥感,1991,6(4):253 – 259.

［13］ 姜红. 基于 MODIS 影像的新疆奇台县区域蒸散发量的研究. 乌鲁木齐:新疆大学,2007:30 – 32.

［14］ 吴锦奎,丁永建,沈永平,等. 黑河中游地区湿草地蒸散量试验研究. 冰川冻土, 2005, (4):582 – 890.

［15］ 赵炳祥,陈佐忠,胡林,等. 草坪蒸散研究进展. 生态学报, 2003, 23(1):148 – 157.

［16］ 刘晓英,林而达,刘培军. Priestley – Taylor 与 Penman 方法计算参照作物腾发量的结果比较. 农业工程学报,2003, 19(1):32 – 36.

耕地变化的预测模型

1 背景

针对现有耕地预测模型不足进行分析研究,张豪等[1]提出基于最小二乘支持向量机(least squares support vector machines,简称 LS – SVM)的耕地变化预测模型,该模型基于结构风险最小原则,保证 LS – SVM 模型具有较好的拟合精度和推广性能,很好地克服了传统方法的缺点,是一种很好的处理多因素非线性耕地变化系统的新方法。

2 公式

支持向量机(support vector machines,简称 SVM)是由 V. Vapnik 等于 1995 年在统计学习理论基础上提出的一种新的通用学习方法[2]。由于 SVM 模型最终转化为求解一个二次凸规划问题,所以当训练数据量大和维数高时,SVM 模型计算速度较慢。因此,J. A. K. Suykens 在标准 SVM 的目标函数中增加了误差平方和项,提出 LS – SVM 方法[3]。它用等式约束条件代替不等式约束条件,求解过程变成解一组等式方程,避免了求解耗时的二次规划问题,解算速度加快,而且 LS – SVM 不再需要指定逼近精度,增强了标准 SVM 模型实用性。

已知一组训练集 $D = \{(x_1,y_1),\cdots,(x_l,y_l)\}$,l 为样本数量,$x_i \in \mathbf{R}^n$,$y_i \in \mathbf{R}$,$i = 1,2,\cdots,l$,n 为 x_i 向量维数,R 为实数集。对于非线性问题可以通过非线性变换将输入向量映射到高维特征空间,转化为类似的线性回归问题加以解决。设原训练集空间为 D ,通过映射 $z = \phi(x)$ 变为高维空间 Z ,确定一个基于训练集 Z 的函数

$$f(x,\alpha) = w \cdot x + b \tag{1}$$

来逼近未知的回归函数,其中 w 为权向量。把回归估计问题定义为对一个损失函数进行风险最小化的问题。利用结构风险最小化原则[4-5](简称 SRM)进行风险最小化时,最后的回归函数是在一定的约束条件式(3)下最小化泛函[6-7](2)。

$$\min_{w,b,e} \frac{1}{2}\|w\|^2 + \gamma \frac{1}{2}\sum_{i=1}^{l} e_i^2 \tag{2}$$

$$y_i = w\varphi(x_i) + b + e_i \quad (i = 1,2,\cdots,l) \tag{3}$$

式中,γ 为正则化参数;e 为误差向量;b 为偏置量。

174

对最小二乘支持向量机问题,定义 Lagrange 函数为:

$$L(w,b,e,\alpha) = \frac{1}{2}\|w\|^2 + \gamma\frac{1}{2}\sum_{i=1}^{l}e_i^2 - \sum_{i=1}^{l}\alpha_i\{w\varphi(x_i) + b + e_i - y_i\} \tag{4}$$

式中,α_i 为 Lagrange 乘子。

分别求 $L(w,b,e,\alpha)$ 对 w,b,e,α 的偏微分,可以得到式(4)的最优条件:

$$\begin{cases} \dfrac{\partial L}{\partial w} = 0 \\ \dfrac{\partial L}{\partial b} = 0 \\ \dfrac{\partial L}{\partial e_i} = 0 \\ \dfrac{\partial L}{\partial \alpha_i} = 0 \end{cases} \tag{5}$$

由式(5)求解可得:

$$\begin{cases} w = \displaystyle\sum_{i=1}^{l}\alpha_i\varphi(x_i) \\ \displaystyle\sum_{i=1}^{l}\alpha_i = 0 \\ \alpha_i = \gamma e_i \\ w\varphi(x_i) + b + e_i - y_i = 0 \end{cases} \tag{6}$$

消去上式中的 w 和 e 可得到

$$\begin{bmatrix} 0 & I^T \\ I & ZZ^T + \gamma^{-1}E \end{bmatrix}\begin{bmatrix} b \\ \alpha \end{bmatrix} = \begin{bmatrix} 0 \\ y \end{bmatrix} \tag{7}$$

式中,$y = [y_i,y_2,\cdots,y_l]^T$,$I = [1,\cdots,1]^T$,$\alpha = [\alpha_1,\alpha_2,\cdots,\alpha_l]^T$,$E$ 为 $l\times l$ 维的单位矩阵,$Z = [\phi(x_1),\phi(x_2),\cdots,\phi(x_l)]^T$。

解方程组(7)可以求得最小二乘支持向量机系数 a 和 b,进而得到最小二乘支持向量机(LS - SVM),最小二乘支持向量机回归函数为:

$$f(x) = \sum_{i=1}^{l}\alpha_i[\varphi(x)\varphi(x_i)] + b \tag{8}$$

在高维线性空间 Z 中直接求解内积要求知道 $z = \varphi(x)$ 的具体形式,并且容易造成"维数灾难"问题。因此引入核函数 $K(x,x_i) = \varphi(x)\varphi(x_i)$,巧妙地解决了以上两难题。常用的核函数有:多项式核函数、径向基核函数(RBF)和 Sigmoid 核函数[8]。通过试验证实 RBF 核函数效果较好。

3 意义

张豪等[1]提出的耕地变化预测模型,该模型基于结构风险最小原则。研究表明,该方法耕地预测精度远高于多元回归、GM(1,1)、BP网络模型,略高于SVM模型,但算法复杂度和计算效率远优于SVM预测模型,是一种有效的耕地变化预测方法。因此对遗传最小二乘支持向量机耕地预测模型研究具有重要意义,可以为当地经济良性快速发展和合理制定土地利用规划提供可靠理论支持。

参考文献

[1] 张豪,罗亦泳,张立亭,等.基于遗传算法最小二乘支持向量机的耕地变化预测.农业工程学报, 2009,25(7):226-231.

[2] Vapnik V. Estimation of Dependencies Based on Empirical Data Berlin:Springer – Verlag, 1982.

[3] 罗伟,习华勇.基于最小二乘支持向量机的降雨量预测.人民长江,2008,38(19):29-31.

[4] Vapnik V. The Nature of Statistical Learning Theory. New York:Springer,1995.

[5] Vapnik V. 统计学习理论的本质. 张学工译. 北京:清华大学出版社,2000.

[6] Suykens J A K,Vandewall J. Least squares support vector machine classifiers. Neural Processing Letters (S1370-4621), 1999, 9(3):293-300.

[7] Pelckmans K,Suykens J A K,De Moor B. Building sparse representations and structure determination on least squares support vector machine substrates. Neurocomputing (S0925-2312), 2005, 64(S):137-159.

[8] 李波,徐宝松,武金坤,等.基于最小二乘支持向量机的大坝力学参数反演.岩土工程学报,2008, 30(11):1722-1725.

西宁市土地利用的预测公式

1 背景

基于 RS 与 GIS 技术,伏洋等[1]对 1999—2005 年西宁市土地利用进行动态监测与定量分析。通过精确解译西宁市 1999 年与 2005 年两期 Landsat TM 遥感影像,同时运用马尔柯夫(Markov)过程模拟该区域土地利用的动态演变过程,定量分析其演变特征,并采用地图代数运算法求得各土地利用类型的 Markov 转移矩阵,预测该区域未来土地利用的演变趋势及其生态环境效应。

2 公式

2.1 土地利用变化分析指标

2.1.1 土地利用变化数量

包括 1999 年和 2005 年的不同土地利用类型的面积及比例构成以及土地利用变化的方向、类型及面积等。

2.1.2 土地利用动态度 K_s

土地利用动态度(K_s)计算方法如下:

$$K_s = (U_b - U_a) \times (U_a \times T)^{-1} \times 100\% \tag{1}$$

式中,K_s 为研究时段内某一土地利用类型的年变化率,%;U_a、U_b 为研究期初及研究期末某土地利用类型的数量,hm^2;T 为研究时段,a。

2.1.3 综合土地利用动态度 LC[2]

综合土地利用动态度(LC)的计算公式如下[2]:

$$LC = \frac{\sum_{i=1}^{n} \Delta LU_{i-j}}{\sum_{i=1}^{n} LU_i} \times \frac{1}{T} \times 100\% \tag{2}$$

式中,LU_i 为研究期初 i 类土地利用类型面积,hm^2;ΔLU_{i-j} 为研究时段内 i 类土地利用类型转为非 i 类(j 类,$j = 1, \cdots, n$)土地利用类型面积的绝对值,hm^2。

2.2 Markov 过程模拟与预测

2.2.1 Markov 模型

Markov 分析是利用某一系统的现在状况及其发展动向预测该系统未来状况的一种概率预测方法与技术[3]。在 Markov 过程中,较简单和常用的是一阶 Markov 过程,即系统转移到下一状态的概率 $S^{(t)}$,仅取决于该系统前一个状态 $S^{(t-1)}$,而与 $S^{(0)},S^{(1)},S^{(2)},\cdots,S^{(t-2)}$ 等 $(t-1)$ 时刻以前的状态无关。这对于研究土地利用的动态变化较为适宜,因为在一定条件下,土地利用的动态演变具有 Markov 过程的性质:①一定区域内,不同土地利用类型之间具有相互可转化性;②土地利用类型之间的相互转化过程包含着较多尚难用函数关系准确描述的事件。

设 $S^{(0)}$ 为土地利用初始状态向量,记为:

$$S^{(0)} = (S_1^{(0)},S_2^{(0)},\cdots,S_m^{(0)}) \tag{3}$$

式中,m 为系统可能存在的相互独立的状态数。

运用 Markov 过程的关键在于确定土地利用类型之间相互转化的初始转移概率矩阵 P,若以 P_{ij} 表示预测对象由第 t 时刻状态 i 转向第 $t+1$ 时刻状态 j 的一步转移概率$(i,j=1,2,\cdots,n)$,则一步转移概率矩阵为:

$$P = \begin{bmatrix} P_{11} & \cdots & P_{1n} \\ \vdots & & \vdots \\ P_{n1} & \cdots & P_{nn} \end{bmatrix} \tag{4}$$

式中:n 为研究区土地利用类型的数量。

以上矩阵满足以下条件:

$0 \le P_{ij} \le 1$,$(i,j=0,1,\cdots,n)$,矩阵每个元素都非负; $\sum_{j=1}^{n} P_{ij} = 1(i,j=0,1,\cdots,n)$,矩阵每行元素之和等于 1。

如果 Markov 链的转移概率 $P_{ij}(t)$ 与 t 无关(即无论在任何时刻 t,从状态 i 经过一步转移到达状态 j 的转移概率矩阵都相等),则称此链为齐次 Markov 链。通常研究的 Markov 链都具有无后效性和齐次性两个特征,满足以下基本方程:

$$S^{(t)} = S^{(t-1)}P = S^{(0)}P^{\Delta t} \tag{5}$$

式中,Δt 为由初始状态转移的步长。

土地利用状态在人类活动长期作用$(S(t)\to\infty)$下,最终可能达到的各土地利用类型与它们初始状态 $S^{(0)}$ 的比例无关,转移概率达到相对稳定状态,即 t 期的土地利用状态与 $t-1$ 期的土地利用状态相等,即:

$$S^{(t)} = S^{(t-1)}, \text{ 而 } S^{(t)} = S^{(t-1)}P, \text{ 所以}, S^{(t)} = S^{(t)}P \tag{6}$$

式中,$S(t)$ 为土地利用终级稳定状态。

将上式写成矩阵形式为:

$$(S_1^{(t)} \quad S_2^{(t)} \cdots S_m^{(t)}) = (S_1^{(t)} \quad S_2^{(t)} \cdots S_m^{(t)}) \times P \tag{7}$$

展开上式,得

$$\begin{cases} S_1^{(t)} = S_1^{(t)} P_{11} + S_2^{(t)} P_{21} + \cdots + S_m^{(t)} P_{n1} \\ S_2^{(t)} = S_2^{(t)} P_{12} + S_2^{(t)} P_{22} + \cdots + S_m^{(t)} P_{n2} \\ \cdots\cdots \\ S_n^{(t)} = S_1^{(t)} P_{1n} + S_2^{(t)} P_{2n} + \cdots + S_m^{(t)} P_{nn} \\ S_1^{(t)} + S_2^{(t)} + \cdots + S_m^{(t)} = 1 \end{cases} \tag{8}$$

2.2.2 Markov 过程的模拟与检验

为了验证表1中年均转移概率是否准确,根据1999年各类土地利用类型的面积百分比值,得到初始状态向量矩阵 $S^{(0)}$:

$$S^{(0)} = [\,0.010\ 6 \quad 0.000\ 6 \quad 0.068\ 0 \quad 0.299\ 1 \quad 0.029\ 4 \quad 0.080\ 0 \quad 0.413\ 7$$
$$0.006\ 1 \quad 0.000\ 1 \quad 0.000\ 1 \quad 0.092\ 4\,]$$

表 1 西宁市 1999—2005 年土地利用类型年均转移概率

P_{ij}	建筑用地	交通用地	水浇地	旱地	林地	灌木林	天然草地	河流	湖泊	其他水体	未利用土地
建筑用地	0.942 2	0.001 9	0.023 1	0.004 5	0.001 2	0.000 1	0.015 6	0.002 5	0	0.000 1	0.008 8
交通用地	0.018 2	0.896 4	0.041 4	0.004 3	0.000 1	0	0.014 8	0.001 4	0	0	0.023 4
水浇地	0.010 8	0.001 3	0.955 3	0.017 3	0.000 5	0.000 5	0.006 9	0.001 2	0	0	0.006 4
旱地	0.001 4	0.000 1	0.010 1	0.928 3	0.000 1	0.001 7	0.023 4	0.000 4	0	0.000 1	0.033 5
林地	0.001 1	0.000 2	0.002 9	0.003 3	0.891 0	0.026 9	0.065 6	0.000 7	0	0.000 1	0.008 2
灌木林	0	0	0.000 3	0.002 0	0.019 2	0.890 1	0.075 0	0.000 4	0	0	0.013 0
天然草地	0.000 4	0.000 1	0.000 6	0.004 1	0.004 4	0.015 8	0.958 5	0.000 5	0	0	0.015 5
河流	0.003 4	0.000 4	0.014 8	0.012 2	0.000 8	0.002 3	0.036 4	0.919 5	0	0.002 6	0.007 5
湖泊	0.000 1	0	0	0.007 7	0.005 8	0	0	0	0.965 8	0	0.020 6
其他水体	0	0	0.002 0	0.025 6	0	0	0.003 3	0	0	0.958 5	0.010 5
未利用土地	0.006 1	0.000 2	0.003 9	0.024 3	0.001 4	0.002 7	0.030 9	0.000 5	0	0.000 3	0.929 7

运用 Markov 基本方程式(5)模拟 2005 年的土地利用结构 $S^{(6)}$,并与 2005 年实际的土地利用结构进行对比,模拟值和实际值十分接近(表2)。运用拟合误差率公式(9)分析,各类型所占比例的总体拟合误差率为 6.13%;在 11 种土地利用类型中,拟合误差最大的是旱地,为 4.29%;其次是未利用土地,为 4.26%;其他土地利用类型的拟合误差都在 0.60% 之内。因此,利用 Markov 过程预测西宁市土地利用结构是可行的。

表 2   利用 **Markov** 过程模拟土地利用结构的检验

土地利用类型	面积实际值/hm²	比例(X)/%	面积模拟值/hm²	比例(X')/%	拟合误差(E)/%
建筑用地	13 634.60	1.85	13 434.83	1.82	0.21
交通用地	1 042.75	0.14	946.29	0.13	0.35
水浇地	54 935.74	7.44	53 768.21	7.29	0.58
旱地	150 151.57	20.35	164 439.68	21.28	4.29
林地	24 607.70	3.33	23 904.49	3.24	0.52
灌木林	56 203.32	7.62	57 269.10	7.76	0.52
天然草地	311 820.87	42.25	311 307.78	42.18	0.11
河流	4 558.64	0.62	4 600.46	0.62	0.07
湖泊	98.90	0.01	101.09	0.01	0.03
其他水体	477.99	0.06	460.04	0.06	0.10
未利用土地	120 434.94	16.32	107 745.06	15.6	4.26

设拟合时点的状态变量为：$X_i = (X_1, X_2, X_3, \cdots, X_n)$

拟合的结果状态变量为：$X'_i = (X'_1, X'_2, X'_3, \cdots, X'_n)$

则拟合误差率为：

$$E = \sqrt{\sum_{i=1}^{n} \left[\frac{(X_i - X'_i)^2}{X_i} \bigg/ \sum_{i=1}^{n} X_i \right]} \times 100\% \qquad (9)$$

2.2.3 动态模拟与预测

根据 Markov 模型理论,利用已知的初始状态概率矩阵,在外界驱动力不变的情况下,土地利用类型转移概率也不变,可模拟出某一初始年后若干年乃至终极稳定状态下各土地利用类型的比例,将各时期土地利用类型的比例乘以研究区总面积,即得到各时期各类土地利用类型面积。

利用年均转移概率矩阵(表1),根据 2005 年各类土地利用类型的面积百分比值,得到初始状态向量矩阵 $S^{(0)}$：

$$S^{(0)} = \begin{bmatrix} 0.018\ 5 & 0.001\ 4 & 0.074\ 4 & 0.203\ 5 & 0.333\ 3 & 0.076\ 2 & 0.422\ 54 & 0.006\ 2 \\ 0.000\ 13 & 0.000\ 65 & 0.163\ 2 & & & & & \end{bmatrix}$$

根据式(5)~式(8),利用 EXCEL/VBA 以及"规划求解"工具进行 Markov 预测,分别计算出研究区 2007—2017 年以及终级稳定状态时的各土地利用类型所占比例及面积(表3)。

表3　基于 Markov 的西宁市土地利用变化预测

土地利用类型	2007 年		2009 年		2011 年		2017 年		终极稳定状态	
	比例/%	面积/hm²	比例/%	面积/hm²	比例/%	面积/hm²	比例/%	面积/hm²	比例/%	面积/hm²
建筑用地	2.09	15 435.43	2.31	17 083.02	2.60	19 153.20	3.15	23 278.19	4.21	31 050.55
交通用地	0.16	1 161.13	0.17	1 264.13	0.19	1 410.26	0.22	1 629.28	0.27	1 984.75
水浇地	7.51	55 405.99	7.56	55 779.02	7.65	56 429.30	7.71	56 929.29	7.91	58 402.38
旱地	18.98	140 057.86	17.84	131 649.40	16.06	118 481.81	14.02	103 475.85	11.71	86 439.24
林地	3.37	24 896.60	3.41	25 142.76	3.46	25 510.20	3.52	25 982.95	3.65	26 959.76
灌木林	7.63	56 298.81	7.65	56 434.61	7.65	56 452.34	7.74	57 150.76	7.99	58 962.64
天然草地	42.49	313 567.22	42.71	315 153.89	42.98	317 182.85	43.51	321 069.88	44.43	327 890.23
河流	0.63	4 624.35	0.64	4 689.88	0.64	4 755.37	0.67	4 956.83	0.75	5 522.04
湖泊	0.02	114.91	0.02	130.39	0.02	147.30	0.03	191.33	0.05	367.72
其他水体	0.08	598.67	0.10	711.55	0.11	845.94	0.15	1 143.19	0.28	2 048.59
未利用土地	17.05	125 806.04	17.61	129 928.36	18.65	137 598.44	19.26	142 159.48	18.75	138 339.11

3　意义

通过西宁市土地利用的预测公式,结果表明[1]:1999—2005 年 6 年间,西宁市的河流、湖泊、湿地、草地和林地等面积显著增加,充分表明自 2000 年以来实施的生态建设极大地改善了西宁市的生态环境。在目前外界驱动力不变的条件下,通过 Markov 过程模拟与预测,未来 10 a 以及至终级稳定状态下,西宁市的耕地面积将继续减少,建筑和交通等建设用地持续增加;林地和草地以及河流和湖泊等湿地所占面积比例的增加,将产生良好的生态环境效应。该研究[1]为青藏高原东部边缘地区生态环境治理及其区域生产活动和相关政策的制定提供决策依据,以实现土地资源的可持续开发利用,增强土地的集约化程度。

参考文献

[1]　伏洋,肖建设,校瑞香,等. 基于 RS 和 GIS 的西宁市 LUCC 分析及模拟预测. 农业工程学报,2009,25(7):211-218.

[2]　朱会义,李秀彬. 关于区域土地利用变化指数模型方法的讨论. 地理学报,2003,58(5):643-650.

[3]　Etienne Pardoux. Markov Processes and Applications:Algorithms, Networks, Genome and Finance. New York:John Wiley and Sons Ltd, 2008:28-52.

衬砌渠道的冻胀方程

1 背景

鉴于无法掌握冻胀过程中冻胀量和冻胀力的动态发展规律及冻胀破坏控制状态,为了掌握衬砌渠道冻胀量及冻胀力随昼夜气温变化的发展规律及冻胀破坏极限状态,王正中等[1]根据冻土力学及冻土物理学理论,利用有限元软件 ANSYS 按瞬态温变模式加载温度,对衬砌渠道冻胀过程进行数值模拟,研究了其温度场和冻胀变形及法向冻胀力与切向冻胀力随时间的变化规律,为渠道抗冻胀设计提供更加科学的理论依据。

2 公式

2.1 物理力学模型

2.1.1 伴有相变的渠基非稳态温度场的控制方程

随着自然界四季温度交替变化,渠基土体经历着从非冻结状态到冻结状态以及再次融化的循环过程,因此也必然存在着热传导问题,按平面非稳态热传导微分方程[2]:

$$\rho C \frac{\partial T}{\partial t} = \frac{\partial}{\partial x}\left(\lambda_x \frac{\partial T}{\partial x}\right) + \frac{\partial}{\partial y}\left(\lambda_y \frac{\partial T}{\partial y}\right) \tag{1}$$

式中,ρ 为土体密度,kg/m³;C 为土体比热,J/(kg·℃);t 为时间,s;λ 为土体热导热系数,W/(m·℃)。

求解含相变的热传导问题时,其控制微分方程的热参数强烈地依赖于温度,计算区域内存在着一个随时间变化的冻融两相分界面,在此界面上吸收和放出热量。这类问题在数学上是一个强非线性问题,解的迭加原理不成立,至今只有很简单的情况才能获得解析解[3],目前只能进行数值求解,为求解含相变的热传导问题方便,在计算中引入了一个新的变量——焓,焓为土体密度与比热的乘积对温度的积分

$$H = \int \rho C(T) \, \mathrm{d}T \tag{2}$$

式中,$C(T)$ 为土体比热;H 为焓,J/m³,把焓和温度同时作为待求函数,而且焓随时间的变化是连续的。因此用数值方法求解焓的分布时不需要跟踪两相界面[4-5]。

2.1.2 本构方程

冻胀是由于土壤中水分在低温下冻结而引起的。土体冻胀会受到衬砌板的约束,并且

182

冻土各部分之间也会相互制约,从而产生应力,根据文献[6],可将衬砌渠道的冻胀视为"热胀冷缩"温度应力的特例。上面给出了在温度影响下的热传导方程,再加上外力边界条件和应力场的各种方程,则可以进行温度影响下的应力计算,即热、力耦合计算。

渠道静力平衡方程为:

$$L\sigma = 0 \tag{3}$$

几何方程为:

$$\varepsilon = Lu \tag{4}$$

其中:

$$L = \begin{bmatrix} \dfrac{\partial}{\partial x} & 0 & \dfrac{\partial}{\partial y} \\ 0 & \dfrac{\partial}{\partial y} & \dfrac{\partial}{\partial x} \end{bmatrix}^T \tag{5}$$

与温度相关的应力 - 应变方程(本构方程)为[7]:

$$\begin{Bmatrix} \varepsilon_x \\ \varepsilon_y \\ \gamma_{xy} \end{Bmatrix} = \begin{bmatrix} \dfrac{1}{E} & -\dfrac{\mu}{E} & 0 \\ -\dfrac{\mu}{E} & \dfrac{1}{E} & 0 \\ 0 & 0 & \dfrac{2(1+\mu)}{E} \end{bmatrix} \times \begin{Bmatrix} \sigma_x \\ \sigma_y \\ \tau_{xy} \end{Bmatrix} + \begin{Bmatrix} \alpha \\ \alpha \\ 0 \end{Bmatrix} \times \Delta t \tag{6}$$

式中,ε_x、ε_y 为正应变;γ_{xy} 为剪应变;σ_x、σ_y 为正应力;τ_{xy} 为剪应力;E 为弹性模量;α 为混凝土或冻土自由冻胀时的热膨胀系数;t 为温度;μ 为泊松比。

2.2 计算模型

几何模型的建立需要考虑边界条件等因素,根据工程实际及温度水分情况,下边界条件从底板向下取 150 cm,左右边界取 75 cm,有限元模型见图 1。由于实测参数有限,在初始温度场是不均匀且又是未知的情况下,必须首先做稳态热分析建立初始条件。实验计算参考冯家山灌区 1984 年 1 月份实测冻胀的冻深值和瞬态初始表面温度进行稳态计算,瞬态计算的初始时刻是该冻深测量日 1 月 6 日 7 时。

边界条件

上表面边界温度根据年环境温度变化简化为正弦曲线形式,考虑到地温增温率可以表示成如下形式[8]:

$$f(t) = T_0 + R_0 t + A_0 \sin\left(\frac{2\pi t}{8640} - \frac{\pi}{2}\right) \tag{7}$$

式中,T_0 为年平均气温,参考文献[9],同时根据负积温不同分阴坡、渠低和阳坡分别取7.089℃,9.95℃,11.049℃作为上表面边界温度;R_0 为气候变暖引起的下附面层底地温增温率,秦大河[10]指出未来50 a西北地区气温可能上升1.9～2.3℃,但是实验计算时间仅3

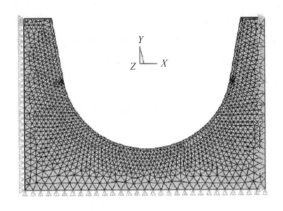

图 1　有限元模型

个月,相对很小,所以取为 0;A_0 为气温的幅值,依据文献[11],取值为 13.15℃;t 为时间,h; $\dfrac{\pi}{2}$ 为初相,鉴于日温度的变化,参考文献[12]取平均日变幅 12℃,初始时刻是 1 月 6 日 7 时,故上边界温度表示为:

$$f(t) = T_0 + R_0 t + A_0 \sin\left(\frac{2\pi t}{8640} - \frac{\pi}{2}\right) + 6\sin\left(\frac{2\pi t}{24} + \frac{\pi}{12}\right) \tag{8}$$

下边界深度足够达到稳定温度,取值为 10℃,左右边界视为绝热条件,位移边界条件为渠基左右边界水平方向位移为 0,下边界竖直方向位移为 0。

根据以上模型方程,为对比阴阳坡温度场的不同,按瞬态模式每 2 h 施加边界温度,分别绘制出阴坡测点 2 和阳坡测点 8(监测点分布见图 2)温度随时间的变化曲线,为清晰起见只绘出 2 个月(图 3)。

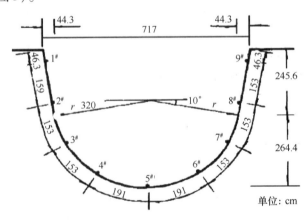

图 2　衬砌大 U 形渠道断面

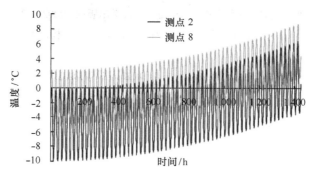

图3 监测点温度变化过程曲线

3 意义

根据冻土力学及冻土物理学理论,王正中等[1]利用衬砌渠道的冻胀方程,计算结果表明:渠道冻融破坏除渠基土冻胀外,阴阳两坡的温度、冻胀变形、冻胀力既不均匀不对称变化又不同步,也是渠道冻胀破坏的重要原因。阳坡滞后阴坡约15 d冻结,最大冻胀量及最大冻胀力滞后日平均最低气温约4 d,日内最大冻胀量及最大冻胀力滞后日最低气温约1 h;模拟结果与野外观测资料基本吻合,但比稳态数值模拟结果偏大,表明了运用瞬态数值模拟进行渠道抗冻胀设计的正确性和合理性。

参考文献

[1] 王正中,芦琴,郭利霞,等.基于昼夜温度变化的混凝土衬砌渠道冻胀有限元分析.农业工程学报,2009,25(7):1-7.

[2] 张朝晖.ANSYS8.0热分析教程与实例解析.北京:中国铁道出版社,2005:45-70.

[3] 李祝龙,章金钊,武憼民.冻土路基热学计算研究.公路,2000,(2):9-12.

[4] 臧恩穆,吴紫汪.多年冻土退化与道路工程.兰州:兰州大学出版社,1999.

[5] 孔祥谦.有限元法在传热学中的应用.北京:科学出版社,1998.

[6] 王正中,沙际德,蒋允静,等.正交各向异性冻土与建筑物相互作用的非线性有限元分析.土木工程学报,1999,32(3):55-60.

[7] 华东水利学院.弹性力学问题的有限元法.北京:水利电力出版社,1982.

[8] 孙增奎,王连俊,白明洲,等.青藏铁路多年冻土路堤温度场的有限元分析.岩石力学与工程学报,2004,23(20):3454-3459.

[9] 李安国,陈瑞杰,杜应吉,等.渠道冻胀模拟试验及衬砌结构受力分析.防渗技术,2000,6(1):5-16.

［10］ 秦大河. 中国西部环境演变评估综合报告. 北京:科学出版社,2002:57－58.

［11］ 范兴科,吴普特,汪有科,等. 渠灌类型区农业高效用水项目区(杨陵)调查报告. 水土保持研究,2002,9(2):9－13.

［12］ 李学军,费良军,任之忠. 大型 U 形渠道渠基季节性冻融水分运移特性研究. 水利学报,2007,38(11):1383－1387.

履带车辆的差速转向公式

1 背景

目前通常采用实车试验的方法对差速转向机构进行转向特性试验[1-3]。但其增加了试验成本,试验周期长,调整不方便,因此,寻找更为实用方便的台架试验方法已成必然[1-6]。为此,荆崇波等[7]研究了履带车辆在不同转向半径下转向的两侧履带功率流动特性及液压无级差速转向机构的工作原理。在此基础上,确定了用试验台模拟履带车辆转向过程的试验方案,提出了用试验台驱动装置模拟发动机特性以及加载装置模拟转向过程动态负载的方法,完成液压无级差速转向机构转向过程的动态特性试验,探索转向机构台架试验的实现途径。

2 公式

2.1 转向过程两侧履带功率流动特性

履带车辆转向过程中的功率流动情况与其转向半径或相对转向半径有关,相对转向半径的表达式为:

$$\rho = R/B \tag{1}$$

式中:R 为转向半径;B 为两侧履带的中心距。下面将对不同相对转向半径时两侧履带的功率流动情况进行分析。

2.1.1 $\rho \geqslant 0.5$ 的转向工况

当 $\rho > 0.5$ 时,内、外侧履带的运动方向都与车辆前进方向一致。此时内侧履带所受到的制动力 F_1 和外侧履带所受到的牵引力 F_2 的表达式为[8-12]:

$$F_1 = \frac{fG}{2} - \frac{\mu GL}{4B} \tag{2}$$

$$F_2 = \frac{fG}{2} + \frac{\mu GL}{4B} \tag{3}$$

式中,f 为地面变形阻力系数;G 为车质量;μ 为转向阻力系数;L 为履带接地长度,其中转向阻力系数的表达式可进一步写为:

$$\mu = \frac{\mu_{max}}{0.925 + 0.15\rho} \tag{4}$$

式中:$\mu_{\max}$为履带车辆以规定半径 $R_g = B/2$ 转向时的最大转向阻力系数,该值由试验求得。

另外,由式(4)可知,当 $\rho = 0.5$ 时,$\mu = \mu_{\max}$。

由式(2)和式(3)可知,当 $\mu < \dfrac{2fB}{L}$ 时,$F_1 > 0$、$F_2 > 0$,此时内侧和外侧履带均为输出功率,两侧履带的功率流动情况见图1;当 $\mu = \dfrac{2fB}{L}$ 时,$F_1 = 0$、$F_2 > 0$,此时内侧履带既不输出功率也不吸收功率,发动机的功率完全由外侧履带输出,两侧履带的功率流动情况见图2;当 $\mu_{\max} > \mu > \dfrac{2fB}{L}$ 时,$F_1 < 0$、$F_2 > 0$,此时内侧履带从地面吸收功率,外侧履带的输出功率为发动机功率和内侧履带吸收功率之和,两侧履带的功率流动情况见图3;当 $\mu = \mu_{\max}$ 时,即 $\rho = 0.5$,此时内侧履带的运动速度为零,外侧履带的运动方向与车辆前进方向一致,所以内侧履带既不输出功率也不吸收功率,外侧履带则继续输出功率,两侧履带的功率流动情况如图4所示。

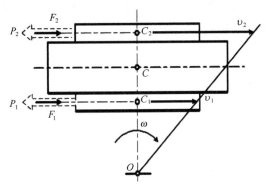

图1　$\mu < 2fB/L$时两侧履带的功率流动情况

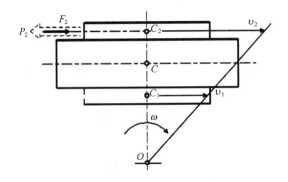

图2　$\mu = 2fB/L$时两侧履带的功率流动情况

188

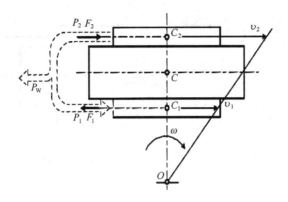

图 3　$\mu_{max} > \mu > 2fB/L$ 时两侧履带的功率流动情况

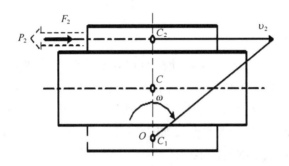

图 4　$\mu = \mu_{max}$ 时两侧履带的功率流动情况

2.1.2　$0 \leqslant \rho < 0.5$ 的转向工况

当 $0 \leqslant \rho < 0.5$ 时,内侧履带的运动方向与车辆前进方向相反,外侧履带的运动方向与车辆前进方向相同,此时内、外侧履带所受到的驱动力大小相等,方向相反,驱动力的表达式如下:

$$F_1 = -\frac{fG}{2} - \frac{\mu_{max} GL}{4B} \tag{5}$$

$$F_2 = \frac{fG}{2} + \frac{\mu_{max} GL}{4B} \tag{6}$$

两侧履带都输出功率,功率流动情况如图 5 所示。

2.2　差速式转向机构工作原理

图 6 为液压无级差速式转向机构原理图,其属于双流转向机构,发动机的功率一路流经转向分路,另一路流经直驶变速分路,然后在输出汇流行星排处汇流输出,其中,左侧转向分路与汇流排的太阳轮连接,右侧转向分路通过惰轮变换转动方向后与太阳轮连接,直驶变速分路与两侧汇流排的齿圈相连。根据相对转向半径公式:

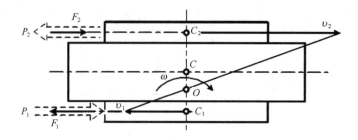

图5　$0 \leqslant \rho < 0.5$ 时两侧履带的功率流动情况

$$\rho = \frac{(v_2 + v_1)}{2(v_2 - v_1)} \tag{7}$$

可求得液压无级差速转向机构的相对转向半径表达式为：

$$\rho = \frac{k \cdot i_y}{2i_b} \tag{8}$$

式中：k 为汇流排的特性参数；i_b 为从发动机经直驶变速分路后到汇流排齿圈的传动比；i_y 为从发动机经转向分路后到汇流排太阳轮的传动比。由于泵马达容积调速回路可实现转向路传动比的连续无级变化,为此,液压无级差速转向机构能够实现履带车辆转向半径的连续变化,其转向半径与车速的关系曲线如图7所示(图中 $v_{x\max}$ 代表第 x 挡的最高车速,阴影部分为不同车速下可实现的转向半径)。

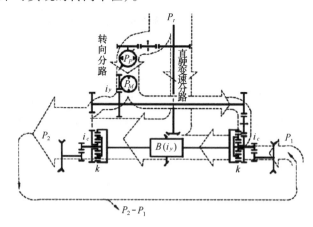

图6　液压无级差速式转向机构原理图

2.3　试验公式

发动机转速特性以及转向时两侧履带载荷特性模拟

发动机实时模型的输入为负载转矩 M_1,在动态仿真试验台上,模拟发动机的二次元件采用恒转速控制,从与其相连的转矩转速传感器反馈负载转矩信号至上位仿真计算机,

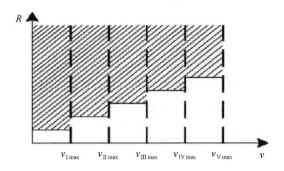

图 7   液压无级差速转向机构的 v – R 曲线

根据发动机实时模型的计算结果输出期望的转速控制信号 n * $_1$。

发动机实时模型可描述为:

$$J_e \dot{\omega}_1 = M_e(\alpha, n_1) - M_1 \tag{9}$$

整理得,

$$\Delta n = \frac{60}{2\pi} \int \frac{M_e(\alpha, n_1) - M_1}{J_e} dt \tag{10}$$

$$n_1^* = n_{t+\Delta t} = n_t + \Delta n \tag{11}$$

式中,J_e 为被模拟发动机的转动惯量;$M_e(\alpha, n_1)$ 为被模拟发动机的静态输出扭矩,可由发动机 Map 图查表获得;M_1 为转矩传感器反馈的负载转矩;Δn 为一个采样时间内输出转速变化量;n_t、$n_{t+\Delta t}$ 为 t、$t + \Delta t$ 时刻二次元件的输出转速;α 为发动机油门开度;当 $\Delta n = 0$ 时,发动机转速进入稳态工况。

履带车辆转向过程中外侧和内侧履带所受力折算到转向机构输出端的转矩 M_o 和 M_i 为:

$$M_o = \left[\frac{fG}{2} \cdot R_{sp} + \frac{\mu GL}{4B} \cdot R_{sp} + \frac{R_{sp}^3}{16} \rho_{air} C_D A (\omega_o + \omega_i)^2 + \frac{GR_{sp}^2 d}{4g} \frac{d}{dt}(\omega_o + \omega_i) + \right.$$
$$\left. J_{track} \frac{d\omega_o}{dt} + J_{veh} \frac{R_{sp}^2}{B^2} \frac{d}{dt}(\omega_o - \omega_i) \right] / i_c \tag{12}$$

$$M_i = \left[\frac{fG}{2} \cdot R_{sp} - \frac{\mu GL}{4B} \cdot R_{sp} + \frac{R_{sp}^3}{16} \rho_{air} C_D A (\omega_o + \omega_i)^2 + \frac{GR_{sp}^2 d}{4g} \frac{d}{dt}(\omega_o + \omega_i) + \right.$$
$$\left. J_{track} \frac{d\omega_i}{dt} - J_{veh} \frac{R_{sp}^2}{B^2} \frac{d}{dt}(\omega_o - \omega_i) \right] / i_c \tag{13}$$

式中,R_{sp} 为主动轮半径;g 为重力加速度;ρ_{air} 为空气密度;C_D 为空气动力阻力系数;A 为迎风面积;J_{track} 为履带等效转动惯量;J_{veh} 为车辆绕垂直轴的转动惯量;ω_o、ω_i 为外侧和内侧输出轴转速;i_c 为侧传动比。

3 意义

荆崇波等[7]利用履带车辆的差速转向公式,计算结果表明:履带车辆转向过程中内侧履带由输出功率到输入功率以及外侧履带输出功率进一步增大,能够在液压二次调节实验台上予以完成,实现差速转向机构转向过程功率循环特性的试验模拟,成功地解决了履带车辆转向特性试验的台架实现问题。

参考文献

[1] 迟媛,蒋恩臣.履带车辆差速式转向机构性能试验.农业机械学报,2008,39(7):14-17.

[2] 方志强,高连华,王红岩.履带车辆转向性能指标分析及实验研究.装甲兵工程学院学报,2005,19(4):47-50.

[3] 程军伟,高连华,王红岩.基于打滑条件下的履带车辆转向分析.机械工程学报,2006,42(增刊):192-195.

[4] 曹付义,周志立,贾鸿社.履带车辆转向机构的研究现状及发展趋势.河南科技大学学报:自然科学版,2003,24(3):89-91.

[5] 赵建军.履带车辆差速式转向机构动力学分析与比较.工程机械,2002,(8):18-21.

[6] 宋海军,高连华,李军,等.履带车辆转向功率分析.车辆与动力技术,2007,105(1):45-48.

[7] 荆崇波,魏超,李雪原,等.履带车辆差速转向机构转向过程动态特性的试验方法.农业工程学报,2009,25(7):62-66.

[8] AHTOHOB B M.军用履带车辆传动装置.北京:国防工业出版社,1985.

[9] 汪明德.坦克行驶原理.北京:国防工业出版社,1980.

[10] Wong J Y. Theory of ground vehicle. Canada:John Wiley&Sons Inc, 2001.

[11] 马国恺.履带车辆液压双流差速转向机构的研究.北京:北京理工大学,1999.

[12] 杨剑.高效大功率液压机械连续无级转向系统的应用及试验研究.长春:吉林工业大学,1998.

农村居民点的土地整理公式

1 背景

根据目前农村居民点土地整理的研究进展,何英彬等[1]从土地整理潜力对该领域研究成果进行精确的梳理,土地整理潜力是农村居民点土地整理研究中最受关注的内容,主要包含土地整理综合潜力与增加耕地面积潜力研究两方面,其中增加耕地面积潜力研究是土地整理潜力研究中最为热点的领域。该研究[1]提出了以理论与实际相结合为主导的农村居民点土地整理及进一步明确大力开展农村居民点土地整理以便增加耕地数量的建议。

2 公式

2.1 政策指标法

政策指标测算法是计算增加耕地面积最常用的方法,是指通过将居民点现状或未来的人均或户均用地量降低为国家或某个行政地区规定的人均用地标准,从而整理出耕地的方法。按现状人口及当前规划用地标准计算的潜力为现状潜力;按规划人口及规划用地标准计算的潜力,反映的是规划人口条件下居民点整理的潜力空间,为规划潜力。政策指标计算法的基本公式如下:

$$\Delta S = S - B_0 \times P_0 \tag{1}$$

$$\Delta S = S - B_t \times P_t \tag{2}$$

$$P_t = P_0 \times (1 + r)^T - \Delta P \tag{3}$$

式中,ΔS 为整理成耕地的潜力,hm^2;S 为农村居民点现状用地面积,hm^2;B_0 为人均或户均现状用地标准;B_t 为规划目标年人均或户均用地标准;P_0 为现有农村居民点人口总数;P_t 为规划目标年农村居民点人口总数;r 为人口自然增长率;T 为规划期,a;ΔP 为人口机械变动量,通常指农村居民点人口的迁移,受城镇化水平影响较大,表现在规划期内一部分农村人口将转变为城镇人口,城镇化水平提高带来农村居民点用地量减少[2]。

以上应用政策指标法计算的农村居民点土地整理潜力是在一定时期、一定生产力水平下,通过在行政和法律方面采取一系列措施,实现待整理农村居民点农用地数量的增长,它是不考虑经济社会发展状况与人文因素对农村居民点土地整理潜力的影响,而单纯是从自然角度出发得出的自然潜力[3]。而农村居民点土地整理会受到资金、区位、技术和农村居民的整理意愿等多方面因素的影响,需要解决现实潜力的问题。因此,唐柳和王瑾[4]等应用新增耕地系数来估算成都市龙泉驿区农村居民点土地整理净增加耕地的潜力,公式如下:

$$\Delta S = (S - B_0 \times P_0) \times D_i \tag{4}$$

$$D_i = K_P \times K_G \tag{5}$$

式中,D_i 为可以或可能整理为耕地的比率;K_P 为坡度小于 25° 耕地面积的比例;K_G 为耕地面积比例。

林坚和李尧[5]认为农村居民点用地整理是一项系统工程,对其潜力的估计不能单纯套用人均建设用地标准等指标进行计算,而应密切结合区域的自然地理条件、社会经济发展、土地利用及规划布局等因素。宋伟等[6]选取了 7 个自然指标和 3 个经济指标建立了农村居民点土地整理的自然适宜性和经济可行性评价指标体系,生成自然限制性修正系数和经济限制性修正系数,将两种修正系数与常规计算结果的乘积作为自然、经济限制性下农村居民点土地整理增加耕地的潜力值,公式如下:

$$\Delta S = (S - B_0 \times P_0) \times N_i \times E_i \tag{6}$$

$$N_i = T_i / S \tag{7}$$

$$E_i = C_i / S \tag{8}$$

式中,N_i 为农村居民点土地整理的自然限制性修正系数;T_i 为自然限制下土地整理增加耕地面积,hm^2;E_i 为农村居民点土地整理的经济限制性修正系数;C_i 为经济限制性下土地增加耕地面积,hm^2。该方法考虑了农村居民点土地整理的自然、经济限制性因素,使政策指标计算法得到了很大的发展。

2.2 闲置宅基地抽样调查法

闲置宅基地抽样调查法是选取能代表评价区域内农村居民点闲置情况的典型乡镇作为样点,调查农村居民点内部闲置土地面积,算出土地闲置率,以此测算农村居民点整理潜力:

$$\Delta S = S \times a \tag{9}$$

式中:a 为土地闲置率。闲置宅基地抽样调查法计算方法简单,但是忽略了村庄内部非闲置宅基地的其他用地类型的整理潜力和土地集约利用的潜力,因而潜力值偏小。

3 意义

何英彬等[1]应用农村居民点的土地整理公式,结果表明:增加有效耕地面积的方法有 3 种:政策指标计算法、闲置宅基地抽样调查法和提高建筑容积率方法,而且农村居民点的土地整理是土地整理的主要潜力。农村居民点土地整理就会增加耕地数量,因此,农村居民点土地整理对于保障中国粮食安全具有重要意义。在城乡体系功能一体化的背景下,农村居民点土地整理理论与具体指导实践还需要进一步紧密结合。

参考文献

［1］　何英彬,陈佑启,杨鹏,等. 农村居民点土地整理及其对耕地的影响. 农业工程学报,2009,25(7):
312 – 316.

［2］　刘筱非,杨庆媛,廖和平,等. 西南丘陵山区农村居民点整理潜力测算方法探讨——以重庆市渝北区
为例. 西南农业大学学报(社会科学版),2004,2(4):11 – 14.

［3］　张正峰,陈百明. 土地整理潜力分析. 自然资源学报,2002,17(6):664 – 669.

［4］　唐柳,王瑾. 农村居民点整理潜力分析:以成都市龙泉驿为例. 农村经济,2007,(1):19 – 22.

［5］　林坚,李尧. 北京市农村居民点用地整理潜力研究. 中国土地科学,2007,21(1):58 – 65.

［6］　宋伟,张凤荣,孔祥斌,等. 自然经济限制性下天津市农村居民点整理潜力估算. 自然资源学报,
2006,21(6):888 – 899.

焦糖色素的三维流动模型

1 背景

以瞿维国的试验研究为基础,在其研究的物料和操作参数条件下,李璐等[1]采用 POLYFLOW 软件包提供的网格重叠技术[2],对挤压机熔体输送段(图1)的三维流动进行数值模拟,分析流道内的压力、速度、剪切速率和黏度的变化规律,对以后改进生产焦糖色素的螺杆挤压机提供参考。

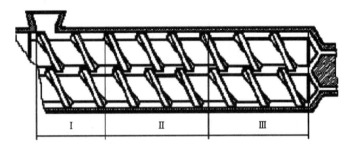

图1 双螺杆挤压加工过程挤压物理模型
Ⅰ:固体输送段 Ⅱ:压缩熔融段 Ⅲ:熔体输送段

2 公式

为了简化模拟过程,现作出如下假设:
(1)流体是不可压缩的幂律流体;
(2)流体为等温层流稳定流动;
(3)由于质量力远小于黏滞力,所以可以忽略质量力的影响。
在以上假设条件下,可得流场的基本微分方程为[3]:
(1)连续性方程。

$$\frac{\partial V_x}{\partial x} + \frac{\partial V_y}{\partial y} + \frac{\partial V_z}{\partial z} = 0 \tag{1}$$

(2)运动方程。

$$\rho\left(\frac{\partial V_x}{\partial t} + V_x\frac{\partial V_x}{\partial x} + V_y\frac{\partial V_x}{\partial y} + V_z\frac{\partial V_x}{\partial z}\right) = -\frac{\partial P}{\partial x} + \left(\frac{\partial \tau_{xx}}{\partial x} + \frac{\partial \tau_{yx}}{\partial y} + \frac{\partial \tau_{zx}}{\partial z}\right) + \rho g_x$$

$$\rho\left(\frac{\partial V_y}{\partial t} + V_x\frac{\partial V_y}{\partial x} + V_y\frac{\partial V_x}{\partial y} + V_z\frac{\partial V_y}{\partial z}\right) = -\frac{\partial P}{\partial y} + \left(\frac{\partial \tau_{xy}}{\partial x} + \frac{\partial \tau_{yy}}{\partial y} + \frac{\partial \tau_{zy}}{\partial z}\right) + \rho g_y$$

$$\rho\left(\frac{\partial V_z}{\partial t} + V_x\frac{\partial V_z}{\partial x} + V_y\frac{\partial V_z}{\partial y} + V_z\frac{\partial V_z}{\partial z}\right) = -\frac{\partial P}{\partial z} + \left(\frac{\partial \tau_{xz}}{\partial x} + \frac{\partial \tau_{yz}}{\partial y} + \frac{\partial \tau_{zz}}{\partial z}\right) + \rho g_y \qquad (2)$$

式中，V_x，V_y，V_z 为 X，Y，Z 方向的速度分量；P 为静压力，Pa；τ 为剪切应力，Pa；ρ 为密度，kg/m^3。

（3）幂律流体的本构方程[4]。

在挤压加工的过程中，黏度是局部剪切速率、水分含量、温度和压力的函数。在研究中，可应用 Harper 等提出的非牛顿型挤压流体的黏度模型公式，如下：

$$\eta = K\dot{\gamma}^{n-1}\exp(\Delta E_n/RT)\exp(K_1 M) \qquad (3)$$

式中，K 为稠度系数，Pa · s^n；$\dot{\gamma}$ 为剪切速率，s^{-1}；n 为非牛顿指数；ΔE_n 为流动活化能，J · g^{-1} · mol^{-1}；R 为气体常数，8.314 J · g^{-1} · mol^{-1} · K^{-1}；T 为绝对温度，K；K_1 为常数；M 为含水率。

采用物料是玉米淀粉，其物性参数为：$T = 453K$，$K = 14\ 100\ \text{Pa} \cdot \text{s}^n$，$n = 0.39$，$\Delta E_n/R(K_1) = 4650$，$M = 15\%$。

3 意义

研究以蔗糖为原料，用挤压法生产固体焦糖色素，分析转速变化及机筒温度变化对焦糖色素色率的影响，通过焦糖色素的三维流动模型[1]，得到结果：色率随转速的增加先增加后减小，随机筒温度的增加而增加以及随着剪切的速率增大、物料的黏度减小，同时双螺杆挤压机有很强的自洁能力。

参考文献

[1] 李璐,张裕中,袁炀,等. 挤压法生产固体焦糖色素流场分析. 农业工程学报,2009,25(7):260 - 265.

[2] 陈晋南,胡冬冬,彭炯. POLYFLOW 软件包在聚合物挤出成型中的应用. 世界科技研究与发展, 2002,24(1):28 - 34.

[3] 陈懋章. 黏性流体动力学基础. 北京:高等教育出版社,2002:31 - 45.

[4] Antonio Ficarella, Marco Milanese, Domenico L – aforgia. Numerical study of the extrusion process in cereals production:Part I. Fluid – dynamic analysis of the extrusion system. Journal of Food Engineer, 2006, (73): 103 – 111.

温室采光性能的评价公式

1 背景

温室的采光性能决定着进入温室的能量和作物用于光合作用的光合有效辐射大小。但采光性能的优劣在中国缺少明确的评价指标。程勤阳等[1]提出了太阳总辐射透过率及其在温室内分布的均匀性等技术参数作为温室采光性能的评价指标。建立了温室采光性能的评价公式,对温室内的光合有效辐射和光照分布的均匀性进行评价。

2 公式

温室内作物用于光合作用的光合有效辐射(简称 PAR)和温室内温度升高的热量主要来自于温室外的太阳辐射。温室采光性能评价指标应全面衡量进入温室内的能量、用于植物光合作用的光合有效辐射以及温室内光照分布的均匀性。

2.1 太阳总辐射透过率

3 种测定方法各有优缺点,照度测量法测试仪器和方法应用较多,以人所感觉到的可见光为测试对象,适合于建筑物的采光性能评价;光合有效辐射量子通量密度测量法关注于直接影响植物光合作用部分光照的透过情况,但却忽略了占太阳辐射总能量 50% 以上的红外和紫外部分的能量;能量测量法则综合考虑了经透射进入温室的能量,包括了太阳辐射的绝大多数能量波段。因此,以太阳总辐射透过率作为温室透光率的评价指标更加科学。按式(1)计算。

$$\tau = \frac{\frac{1}{n}\sum_{i=1}^{n} E_{Si}}{E_{So}} \tag{1}$$

式中,τ 为温室太阳总辐射透过率;E_{Si} 为温室内第 i 测点太阳总辐射照度,W/m;E_{So} 为温室外太阳总辐射照度,W/m^2;n 为温室内测点数量。

2.2 光照分布均匀度

衡量温室内光照分布的均匀性可用光照分布均匀度指标。照明行业对于光照分布均匀度的计算有两种方法,一是以最小照度和平均照度相比,另一种是以最小照度和最大照度相比[2]。这两种方法都以极值为基础,计算结果容易受到极端值的影响,尤其是最小照度和最大照度相比的算法,容易夸大数据的离散程度。王鹏等[3]采用的均匀度是以平均绝对差为基础进行计算的,测量参数为光合有效量子通量密度,按式(2)、式(3)和式(4)计算。

$$\lambda = 1 - \frac{\overline{\Delta E_{PAR}}}{\overline{E_{PAR}}} \tag{2}$$

其中,

$$\overline{E_{PAR}} = \frac{1}{n} \sum_{i=1}^{n} E_{PARi} \tag{3}$$

$$\overline{\Delta E_{PAR}} = \frac{1}{n} \sum_{i=1}^{n} |E_{PARi} - \overline{E_{PAR}}| \tag{4}$$

式中,λ 为温室内光照分布均匀度;$\overline{\Delta E_{PAR}}$ 为光合有效光量子通量密度与平均值的绝对偏差的平均值;$\overline{E_{PAR}}$ 为温室内光合有效光量子通量密度平均值,$\mu mol/(m^2 \cdot s)$;E_{PARi} 为温室内第 i 测点光合有效光量子通量密度,$\mu mol/(m^2 \cdot s)$。

方法将所有观测值综合考虑,减少了照明行业中个别观测值对整个观测数列离散程度的影响,更加科学合理,但不便于解析运算。利用统计学计算方法中的变异系数[4]来计算均匀度则既可以有效克服极端观测值的不利影响,又能避免绝对值运算的麻烦。按式(5)和式(6)计算。

$$\lambda = 1 - \frac{s}{E_{PAR}} \tag{5}$$

$$s = \sqrt{\frac{\sum_{i=1}^{n} (E_{PARi} - E_{PAR})^2}{n-1}} \tag{6}$$

式中,s 为温室内光合有效光量子通量密度的标准差,$\mu mol/(m^2 \cdot s)$。根据公式对温室内采光性能进行测试,结果见表1。

表1 温室采光性能检测结果

温室	参数	测试时间				
		10:00	11:00	12:00	13:00	14:00
薄膜温室	A	479	617	723	628	552
	B	25%	23%	23%	24%	24%
	C	158	192	228	202	179
	D	68%	73%	72%	77%	77%

续表1

温室	参数	测试时间				
		10:00	11:00	12:00	13:00	14:00
玻璃温室	A	296	402	588	474	438
	B	41%	42%	39%	39%	44%
	C	264	373	489	404	410
	D	84%	88%	81%	73%	78%

注:A:温室外太阳总辐射,W/m²;B:温室太阳辐射透过率平均值;C:温室内光合有效辐射量子通量密度平均值,μmol/(m²·s);D:温室内光照分布均匀度。

3　意义

程勤阳等[1]建立了温室采光性能的评价公式,把温室内太阳总辐射透过率及其在温室内的分布均匀性作为评价温室采光性能等指标,从"温室效应"和"作物生长均匀性"等方面评价温室的采光性能。这样,可指导温室设计者、制造商、使用者掌握和比较不同温室的采光性能优劣,改善采光性能,合理布局温室内作物生产。

参考文献

[1]　程勤阳,丁小明,曲梅.连栋温室采光性能评价指标.农业工程学报,2009,25(7):169－172.
[2]　GB 5697－1985,人类工效学照明术语.
[3]　王鹏,李卫欣,孙永涛,等.连栋塑料温室光温环境特征分析.北方园艺,2005,(1):18－19.
[4]　贾怀勤.应用统计.北京:对外经济贸易大学出版社,1998:121－122.

水稻精播绳的制造公式

1 背景

水稻直播栽培技术具有省工、节本、增效等优点,但现有的直播机无法适应精确定量栽培的农艺要求。为此,周俊和姬长英[1]设计了一种水稻直播用精播绳制造机械设备,该设备主要由送纸机构、排种机构、加捻机构和种绳卷绕成形机构等部分组成。其在工厂内将稻种按照设定的穴距和每穴粒数卷在4~7 cm宽的纸带内,并捻制成种绳,而后再将种绳卷绕成圆柱状供大田播放。并对其系统运动以及控制方法进行了详细的分析。大田作业时,通过将精播绳铺放在平整后的田块中,实现水稻的有序栽培。

2 公式

2.1 系统运动分析公式

系统设计中,送纸机构、排种机构、加捻机构、卷绕机构和升降机构由5个不同的电机各自独立驱动,这样可以减少它们之间的机械传动链。

对于送纸机构而言,需要保证纸带测速前处于自由状态,以尽量减小纸带承受的纵向拉力,但同时又不能太松而导致纸带缠结。综合考虑成本和系统精度要求,选用一对光电开关来感知纸带的悬垂度,如果纸带悬垂太小则光电开关1输出信号(即$s_1 = 1$),系统控制器将立即提高送纸电机的转速。反之,悬垂太大,光电开关2动作(即$s_2 = 1$),送纸电机的转速将减慢。当两个光电开关都不动作时,维持送纸速度不变。因此,送纸电机的转速n_1(r/min):

$$n_1(k + 1) = n_1(k) + \eta\Delta \tag{1}$$

$$\eta = \begin{cases} 1 & s_1 = 1 \\ -1 & s_2 = 2 ; \\ 0 & \text{其他} \end{cases}$$

式中,k为控制周期的序号;Δ为送纸电机每控制周期的速度增量。

包裹有种子的纸带必须获得一定的捻度才能成为种绳,捻度是单位长度(m)上捻的个数,所以捻度T:

$$T = \frac{n_2}{60v} \tag{2}$$

式中,v 为纸带的运动速度,m/s;n_2 为加捻器的转速,r/min。

工作时当需要的捻度设定好后,加捻电机的转速立即确定。

纸带前进是由种绳最终卷绕时的牵引而产生的,它是加捻器旋转和卷绕轴旋转两个运动合成后的结果,因此:

$$v = (n_3 - n_2)r_t \frac{2\pi}{60} \qquad (3)$$

式中,n_3 为种绳卷绕轴的转速,r/min;r_t 为 t 时刻种绳卷的半径,m。

把式(2)代入式(3),可以求出卷绕电机的转速,卷绕过程中种绳卷半径逐渐增大,导致纸带前进速度有增加趋势,因此,为了维持稳定的生产效率,保证恒定的纸带运动速度,卷绕电机的转速需要实时控制。

种绳在进入卷绕前,其位置是固定不变的,为了能均匀地将其卷绕成圆柱状,则要求芯筒上下往复运动。生产过程中,随着种绳卷的卷绕半径增加,在生产效率恒定前提下,种绳卷旋转一周的时间将会延长,结果上下往复的速度也必须作相应减慢,才能保证种绳卷绕得均匀一致。因此,卷绕芯筒的往复速度 v_r(m/s)为:

$$v_r = \frac{vd}{2\pi r_t} \qquad (4)$$

式中:d 为种绳的直径,m。由于种绳并不是一理想的圆柱形,此值不容易精确测定,但在实际生产中,结合测量值和试机调整,完全可以确定出满意的往复速度。

把式(3)代入式(4),就可计算出 v_r。样机设计中,升降电机通过链轮链条机构来驱动下横梁在导轨上往复运动,进而带动卷绕芯筒的上下往复运动,所以升降电机的转速 n_4(r/min)为:

$$n_4 = \alpha v_r \qquad (5)$$

式中:α 为升降电机转速和卷绕芯筒往复运动速度之间的传动系数,当机械结构尺寸确定后,为一常数。

在水平圆盘排种器间隔地把种子排布到移动的纸带上这一成穴过程中,穴距受纸带前进速度和排种器转速共同影响。

$$h = \frac{60v}{n_5 N} \qquad (6)$$

式中,h 为穴距,m;N 为排种盘上的型孔数;n_5 为水平圆盘排种器的转速,r/min。

当根据农艺要求设定好穴距后,立即可以确定水平圆盘排种器的转速,进而排种电机的转速也可以确定。

2.2 系统控制方法公式

实验利用单神经元 PID 控制算法的自学习、自适应等特点来克服系统参数的变化,以实现卷绕电机的实时在线速度控制。

单神经元 PID 控制算法源于传统 PID 思想,结构与传统 PID 算法相似,不同的是神经元的权值有自学习性,代替了传统 PID 的固定增益。单神经元 PID 控制器的结构如图 1 所示。

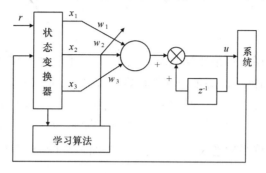

图 1　单神经元 PID 控制器

其中 x_1、x_2、x_3 为输入信号,w_1、w_2、w_3 为神经元的权值。x_1、x_2、x_3 分别为:

$$\begin{cases} x_1(k) = e(k) \\ x_2(k) = e(k) - e(k-1) \\ x_3(k) = e(k) - 2e(k-1) + e(k-2) \end{cases} \quad (7)$$

式中,$e(k) = r(k) - y(k)$ 为取样时间 k 的系统误差;$r(k)$ 为输入信号;$y(k)$ 为反馈信号;$u(k)$ 为神经元的输出,由输入信号的加权求和得出神经元的输出 $u(k)$ 为:

$$u(k) = u(k-1) + K \sum_{i=1}^{3} w_i(k) x_i(k) \quad (8)$$

式中,K 为输出的增益。

神经元输入权值调整的学习算法中,借用最优控制中的二次型性能指标思想,从而实现对输出误差的控制,以保证种绳卷绕速度控制的精度。取目标函数:

$$J(k) = \frac{1}{2}[r(k) - y(k)]^2 = \frac{1}{2}e^2(k) \quad (9)$$

权值的修正,要以 $J(k)$ 相应于 $w_i(k)$ 的负梯度方向进行:

$$\begin{cases} w_1(k+1) = w_1(k) + \eta_1 K e(k) \lambda(k) x_1(k) \\ w_2(k+1) = w_2(k) + \eta_2 K e(k) \lambda(k) x_2(k) \\ w_3(k+1) = w_3(k) + \eta_3 K e(k) \lambda(k) x_3(k) \end{cases} \quad (10)$$

式中,η_i 为学习速率,$\eta_i > 0$;　$\lambda(k) = \dfrac{e(k) - e(k-1)}{u(k) - u(k-1)}$。

由于单神经元 PID 算法的权值具有在线自适应调节能力,后面试验将显示该控制算法能较好地克服系统时变不确定性给控制系统性能造成的不良影响,并且简化了系统控制参数的整定。

3 意义

周俊和姬长英[1]应用水稻精播绳的制造公式,设计了一种水稻直播用精播绳制造机械设备。结果表明,研制的机械设备工作性能稳定,生产的种绳穴距变异系数不超过3.15%,每穴粒数变异系数不超过13.42%,种绳直播的水稻产量达10 290 kg/hm²,与当地的机插或人工手插相比无显著差异,但明显高于中国目前水稻平均单产。这对促进在更广泛地区实现水稻种植机械化具有重要的意义,尤其适宜一些面积小的、现有机具不易进入的田块的水稻种植机械化。

参考文献

[1] 周俊,姬长英. 水稻直播用精播绳制造设备研制. 农业工程学报,2009,25(7):79 – 83.

太阳能塑料大棚的蓄热公式

1 背景

太阳能塑料大棚在农村得到广泛的应用,戴巧利等[1]建立了太阳能塑料大棚的蓄热公式,设计了一套主动式太阳能塑料大棚增温系统(图1)。它以空气为载热介质,土壤为蓄热介质,白天利用太阳能空气集热器加热空气,由风机把热空气抽入地下,通过地下管道与土壤的热交换,将热量传给土壤储存。夜间热量缓慢上升至地表,从而使土壤保持恒温。旨在为今后的推广提供科学依据。

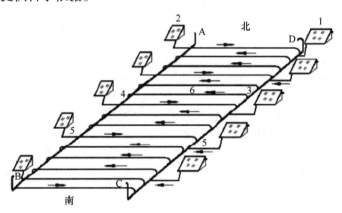

图1 主动式太阳能增温系统示意图

1,2:太阳能空气集热器;3,4:纵向主管道;5:热空气引风管加保温管;6:并联散热埋管;A、B. 风机;C、D. 可开闭风门

2 公式

从集热器出来的热空气经过大棚地下管道换热后在大棚的另一侧排入大棚,空气与换热管道间的换热量取决于空气的流量与空气在换热管道进出口焓值的变化。太阳能塑料大棚增温系统的地下蓄热量 Q 可由下式计算[2]:

$$Q = V\rho \mid h_1 - h_2 \mid \Delta t \qquad (1)$$

式中,Q 为地下蓄热量,kJ;V 为空气总体积流量,m^3/s;Δt 为时间段,s;ρ 为 Δt 时间内干空气

205

密度,kg/m^3;h_1 为 Δt 时间内空气进口焓值,kJ/kg;h_2 为 Δt 时间内空气出口焓值,kJ/kg。

湿空气焓 h 的计算式为[2]:

$$h = 1.01T + d(2\,500 + 1.84T) \tag{2}$$

式中,T 为温度,℃;d 为湿空气含湿量,kg/kg。

湿空气含湿量的计算式为[2]:

$$d = \varphi d_b \tag{3}$$

式中,φ 为相对湿度,%;d_b 为饱和含湿量。

太阳能塑料大棚增温系统平均蓄热功率 $\Phi(kW)$ 为[3]:

$$\Phi = Q/\sum \Delta t \tag{4}$$

平均蓄热功率密度为[3]:

$$q = \Phi/A \tag{5}$$

式中,A 为棚内土壤面积,m^2。

将文献[3]和文献[4]试验测得的数据代入式(1)～式(5),可估算出测试期间在集热器运行期间系统的蓄热量、平均蓄热功率和平均蓄热功率密度,计算结果见表1。

表1　主动式太阳能塑料大棚增温系统的蓄热性能计算结果

测试日期	运行时间	风机流量 /($m^3 \cdot s^{-1}$)	换热管道进口平均温度/℃	风机出口平均温度/℃	蓄热量 /kJ	平均蓄热功率/kW	平均蓄热功率密度/($W \cdot m^{-2}$)
2008 年 12 月 8 日	9:00～15:00	498	44.3	22	228 850.2	10.6	211.9
2008 年 12 月 9 日	9:00～15:00	562	46.8	23.2	308 763.9	14.3	285.9
2008 年 12 月 10 日	9:00～15:00	581	48.1	23.5	319 098.2	14.8	295.5

3　意义

戴巧利等[1]建立了太阳能塑料大棚的蓄热公式,计算得出:与利用自然辐照的对比温室相比,主动式太阳能塑料大棚的夜间气温平均升高 3.8℃,地温平均升高 2.3℃,系统蓄热量可达 228.9～319.1 MJ。白天蓄存的热量远大于系统消耗的电能,节能效果非常明显。试验结果证明,这种结合太阳能空气集热器和土壤蓄热的塑料大棚增温系统,能有效地提高棚内的气温和地温,具有良好的发展前景。

参考文献

[1] 戴巧利,左然,李平,等. 主动式太阳能集热/土壤蓄热塑料大棚增温系统及效果. 农业工程学报,

2009,25(7):164-168.

[2] 王永维,苗香雯,崔绍荣,等.温室地下蓄热系统换热特性研究.农业工程学报,2003,19(6):248-251.

[3] 王永维,苗香雯,崔绍荣,等.温室地下蓄热系统蓄热和加温性能.农业机械学报,2005,36(1):75-79.

[4] 赵荣义,范存养,薛殿华,等.空气调节.北京:中国建筑工业出版社.2005.

循环式谷物的干燥模型

1 背景

谷物干燥能够延长稻谷储藏时间,提高稻谷品质。陈怡群等[1]论述了利用薄层干燥方程理论建立的可模拟循环式谷物干燥机的干燥模型。用传统的谷物干燥理论,创建了这种循环式谷物干燥机干燥过程的数学模型[2-3]。可用计算机模拟干燥机的整个干燥过程,计算出各种工况下谷物干燥所需的时间、能量消耗和干燥过程中谷物和排气的温、湿度变化,为这类谷物干燥机的设计和改进提供技术依据。

2 公式

循环式干燥机中谷物的干燥是一个干燥和缓苏循环进行的过程(图1)。

图1 循环式谷物干燥机的干燥过程

2.1 谷物水分计算

干燥模型中,被干燥谷物的水分变化可以用薄层方程来描述。许多学者对各种作物的薄层方程进行过研究,其中用于稻谷的干燥方程有 Page 方程、Paul 方程、Sutherland 方程等[4]。国内一些学者的研究和本文中试验研究都表明:Page 方程对薄层稻谷干燥过程的描述更加符合笔者的试验结果[5],所以本模型中选用这种方程[式(1)]。此外,要计算出干燥过程中谷物水分的变化,除上述的薄层方程外,还需要计算水分比 MR [式(2)]和平衡水分 M_e,本模型中 M_e 的计算选用 Pfost 水稻平衡水分方程[式(3)]。

$$MR = \exp(-st^y) \tag{1}$$

式中,$\begin{aligned} x &= 0.015\,79 + 0.000\,174\,6T - 0.014\,13RH \\ y &= 0.654\,5 + 0.002\,425T + 0.078\,67RH \end{aligned}$

$$MR = \frac{M - M_e}{M_0 - M_e} \tag{2}$$

208

$$M_e = \left[\frac{-\ln(1-RH)}{1.918\,7\times10^{-5}(T+51.161)}\right]^{1/2.445\,1} \tag{3}$$

式中,MR 为谷物水分比;t 为干燥时间,$\min$;T 为干燥热风温度,$℃$;RH 为热风相对湿度;M 为干燥 t 时间后谷物水分(干基),$\%$;M_e 为谷物的平衡水分(干基),$\%$;M_0 为谷物的初始水分(干基),$\%$。

利用以上 3 个公式就可以计算出在一定的热风温度、湿度条件下,薄层稻谷被干燥时间 t 后所达到的水分 M。由于在干燥机干燥段通过的谷物层有一定的厚度,所以要分层计算。通过第 1 层后的空气温度和湿度就是进入第 2 层时的空气温度和湿度。在计算穿过一个薄层后热空气的温、湿度变化时假设:①空气因稻谷中的水分汽化和稻谷被加热造成温度下降(热量平衡);②空气因稻谷中水分蒸发而使湿度增加(质量平衡);③加热干燥过程中产生的各层不同水分的谷物经缓苏过程后达到水分均匀一致。根据上述假设,可以得到一个循环中穿过各层谷物的空气的温、湿度和干燥后谷物的水分:

$$T_i = T_{i-1} - T_q - T_g \tag{4}$$

式中,T_i、T_{i-1} 为穿过第 i 或 $(i-1)$ 层谷物后空气的温度;T_q 为因第 i 层稻谷中水分汽化导致的空气温度下降,可以通过稻谷水分汽化热、稻谷汽化水分量和空气的比热、流量等数据计算获得;T_g 为因第 i 层稻谷温度升高导致的空气温度下降,可以通过稻谷比热、稻谷量和空气的比热、流量等数据计算获得。

$$RH_i = RH_{i-1} + RH_q \tag{5}$$

式中,RH_i、RH_{i-1} 为穿过第 i 或 $(i-1)$ 层谷物后空气的湿度;RH_q 为因稻谷中水分蒸发而导致的空气湿度增加,可以通过稻谷汽化水分量和空气水汽密度等数据计算获得。

$$MT = \frac{1}{2}\sum_{i=1}^{n} MT_i \tag{6}$$

式中,MT 为经干燥并缓苏后谷物的水分;MT_i 为干燥后各层的谷物水分;n 为干燥段谷物分层数。

2.2 干燥能耗计算

谷物干燥的能量消耗主要包括空气加热和机械设备运行所需能量消耗,其中机械设备中能量消耗最大的是风机,其他机械设备运行所用能量较少。谷物干燥中的能量消耗按下述方法计算:

加热空气所需能量 = 空气比热容 × 空气密度 × (热风温度 - 环境温度) × 风量 × 工作时间

设备消耗能量 = 设备功率 × 转换系数 × 工作时间

热空气的能量在干燥过程中用于谷物加热、谷物水分蒸发和机壁散失,最终剩余能量被排出热风带走。下式表示上述 3 种能量的计算方法:

谷物加热能量 = 谷物比热容 × 谷物物质 × (谷物温度 - 环境温度)

谷物水分蒸发能量 = 谷物物质 × (初始谷物水分 - 最终谷物水分) × 谷物汽化潜热

机壁散失能量 = 干燥机表面积 × 对流系数 × 干燥机内外温差 × 工作时间

利用上述 3 个公式可以计算排出热风的温度。

2.3 缓苏程度系数计算

由于谷物的缓苏程度很难实际测量，所以通常用理论计算的方法来获得。对式（7）所示的偏微分方程用差分法求得数值解，这些数值解可以描述出干燥或缓苏时谷物内部水分分布的变化情况[6-7]。限于篇幅，方程求解过程不在本文叙述。获得缓苏后谷物内部水分分布后，可由式（8）计算出缓苏程度系数。

$$\frac{\partial M}{\partial t} = D\left[\frac{\partial^2 M}{\partial r^2} + \frac{2}{r}\frac{\partial M}{\partial r}\right] \tag{7}$$

$$I_c = \frac{M_t - M_0}{M_\infty - M_0} \tag{8}$$

式中，M_t，M_0 和 M_∞ 为在缓苏时刻 t、缓苏开始和充分缓苏后谷粒表面的水分；D 为谷物的扩散系数；r 为谷物半径；I_c 为缓苏程度系数。

为了验证上述的谷物干燥模型的计算结果是否与干燥机实际作业时的情况相符，将实测数据与模型计算结果进行比较，可以检验模型计算的准确性。表 1 和图 2、图 3 反映了两组试验与模型的对照结果。

表 1 试验工况与干燥结果

工况项目	I 号机	II 号机
装机量/kg	9 600	9 800
谷物初始含水率（湿基）/%	24	24
谷物终止含水率（湿基）/%	14.7	14.5
环境空气温度/℃	16.6	16.5
环境空气湿度/%	86.4	86.8
谷物循环速度/(kg·min⁻¹)	80.7	80.7
风机风量/(m³·min⁻¹)	150	150
热风温度/℃	55.9	54.5
实际干燥时间/h	18.58	19.17
计算干燥时间/h	18.31	19.25
计算缓苏程度系数	0.93	0.93

注：表中测定的环境温湿度和热风温度取测定数据的平均值。

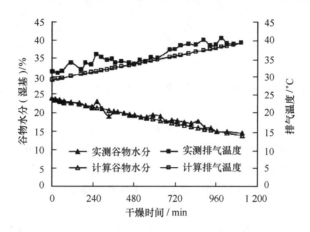

图2　Ⅰ号机谷物水分和排气温度变化曲线对比

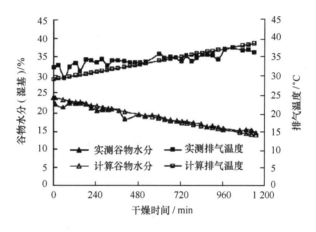

图3　Ⅱ号机谷物水分和排气温度变化曲线对比

3　意义

陈怡群等[1]建立了可模拟循环式谷物干燥机的干燥模型,结果表明,所建模型模拟计算结果与试验结果基本相符,可用于分析此类干燥机的工作情况,为研发和改进此类干燥设备提供了有效技术手段。通过模型计算,选择适当的风温和风量,可较好地兼顾干燥时间和能量消耗的需求;模型计算表明干燥初期使用较低的风温,以后逐步升温的变温干燥可节约能量,提高稻谷品质;适当增大干燥段的容量可较大幅度地降低干燥时间和能耗。

参考文献

[1] 陈怡群,常春,胡志超,等. 循环式谷物干燥机干燥过程的模拟计算和分析. 农业工程学报,2009,25 (7):255-259.

[2] 曹崇文,朱文学. 农产品干燥工艺过程的计算机模拟. 北京:中国农业出版社,2000.

[3] 戴天红,曹崇文. 谷物干燥研究中的模糊数学方法. 农业工程学报,1996,12(3):46-51.

[4] 曹崇文,刘玉峰. 水稻干燥模型与干燥机性能预测. 北京农业工程大学学报,1995,15(2):58-65.

[5] 计福来,胡良龙,胡志超,等. 一种稻谷横流循环干燥数学模型的组建. 农机化研究,2008,(11): 51-53.

[6] 李业波,曹崇文,杨俊成. 水稻缓苏的理论和实验研究. 农业机械学报,1997,28(S1):51-54.

[7] 李业波,曹崇文. 稻谷颗粒内部传质及其应用. 农业工程学报,1993,9(1):74-82.

轴流脱分的稻谷受力模型

1 背景

为了揭示组合式轴流脱分装置的脱粒本质,衣淑娟等[1]对该装置的脱粒机理做了进一步的研究。拟从动力学的角度对轴流脱分空间的脱粒机理进行探讨,应用变质量系统的基本原理,利用理论推导与仿真相结合的方法,建立轴流脱分空间内谷物的动力学模型,通过计算机动态仿真,探讨轴流稻谷在组合式轴流装置内受力分布规律,为该装置的进一步研究奠定理论基础。

2 公式

2.1 质量变化规律的确定

由图 1 可知,设凹板长度近似为滚筒长度 L,z 为脱粒装置轴线上任一点到喂入口距离,即稻谷轴线方向的线位移,由文献[2]可知,在 z 处的相邻 Δz 内,各处稻谷被脱粒或分离的机会是相等的。因此,在任意位置 z 处的相邻 Δz 内,稻谷中脱下物脱落的概率与稻谷中任意位置时所含稻谷量成正比,比例系数记为 γ。由概率论原理求得稻谷质量变化规律为:

$$m(z) = Q\gamma e^{-\gamma z(t)} \tag{1}$$

式中,$m(z)$ 为脱粒装置内沿轴向某一点处稻谷质量;$z(t)$ 为脱粒装置内某时刻稻谷沿轴向的位置;γ 为稻谷中脱下物脱落的概率与稻谷中任意位置时所含稻谷量成正比,其比例系数。通过计算,根据喂入量为 $0.5 \sim 2.5$ kg/s,滚筒转速为 600 r/min,稻谷水分为 15%,顶距为 30 mm,凹板间隙为 30 mm,栅格尺寸为 14 mm $\times 50$ mm 时的试验数据,计算出的比例系数 $\gamma = 3.1 \sim 3.5$;Q 为喂入量。

2.2 稻谷脱粒过程的动力学模型建立

由于脱粒装置内的凹板侧和盖板侧脱粒部件不同,因此稻谷在脱粒时受力状况不同,须分别建立稻谷在凹板侧和盖板侧的动力学模型。谷物微元体示意图如图 1 所示。

2.2.1 盖板侧稻谷动力模型

稻谷运动角近似等于螺旋叶片升角 β,盖板对稻谷的作用力方向近似与导向板导角 η 方向垂直。在盖板侧脱粒空间内距喂入口 s 处取微元体 ds 进行受力分析,受力如图 2 所示。

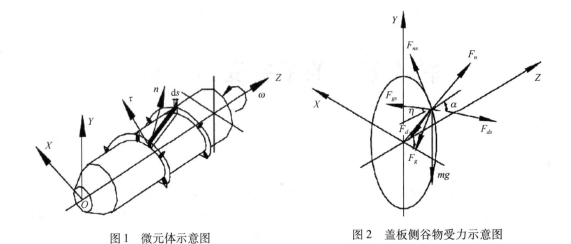

图1 微元体示意图   图2 盖板侧谷物受力示意图

根据达朗伯原理[3-5]盖板侧稻谷动力学模型如下:

$$m(z)a_{ay} = F_N\sin\theta + F_{ns}\cos\theta - F_g\cos\eta\cos\theta - F_{gs}\sin\eta\sin\theta - F_d\sin\beta\cos\theta -$$
$$F_d\sin\beta\cos\theta - F_{ds}\cos\beta\sin\theta - m(z)g \tag{2}$$

$$m(z)a_{ax} = -F_n\cos\theta + F_{ns}\sin\theta - F_d\sin\beta\sin\theta - F_{ds}\cos\beta\cos\theta - F_g\cos\eta\sin\theta -$$
$$F_{gs}\sin\eta\cos\theta \tag{3}$$

$$m(z)a_{az} = F_{ds}\sin\beta + F_d\cos\beta - F_g\sin\eta + F_{gs}\cos\eta \tag{4}$$

式中:θ 为任意时刻微元体沿螺旋叶片方向运动的角度;R 为任意时刻微元体质心所在圆周半径,$R = r + a/2 + d/2$,其中:r 为滚筒半径,a 为螺旋叶片高,d 为顶距;β 为螺旋升角;η 为盖板侧运动螺旋角,近似等于螺旋升角;F_n、F_g、F_d、F_{ns}、F_{gs}、F_{ds} 分别为滚筒表面对微元体的支持力、盖板、螺旋叶片对微元体的挤压力及相应摩擦力;f_{d1}、f_{d4}、f_{d2} 为微元体与滚筒、盖板、螺旋叶片之间的摩擦系数,大小为 0.35、0.38、0.35。

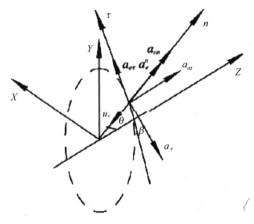

图3 加速度示意图

由文献[6]和文献[7]基于运动学原理建立了谷物运动模型,得出微元体加速度示意图如图3所示,加速度表达式如下 $a_{ax} = -\ddot{\theta}R\cos\theta$;$a_{ay} = -\ddot{\theta}R\sin\theta$;$a_{az} = \dot{\theta}^2R\sin\beta$ 将上式变量代入式(2)~式(4),另外为了书写方便设:

$$\sin\eta - f_{d4}\cos\eta = k_1$$
$$\cos\beta + f_{d2}\sin\beta = k_2$$
$$\cos\eta\cos\theta + f_{d4}\sin\eta\sin\theta = k_3$$
$$\sin\beta\cos\theta + f_{d2}\cos\beta\sin\theta = k_4$$
$$\sin\theta + f_{d1}\cos\theta = k_5$$
$$-\cos\theta + f_{d1}\sin\theta = k_6$$
$$\cos\eta\sin\theta + f_{d4}\sin\eta\cos\theta = k_7$$
$$\sin\beta\sin\theta + f_{d2}\cos\beta\cos\theta = k_8$$

解方程得:

$$F_d = \frac{m(z)(k_1k_6a_{ay} - k_5k_1a_{ax} - k_7k_5a_{az} + k_3k_6)}{(k_8k_5 - k_4k_6)k_1 - (k_7k_5 - k_3k_6)k_2} \tag{5}$$

$$F_g = \frac{m(z)a_{az} - F_dk_2}{k_1} \tag{6}$$

$$F_n = \frac{m(z)a_{ax} + F_ak_7 + F_dk_8}{k_6} \tag{7}$$

2.2.2 凹板侧稻谷动力模型的建立

在凹板侧脱粒空间内距喂入口 s 处取微元体 ds 进行受力分析,受力如图4所示。

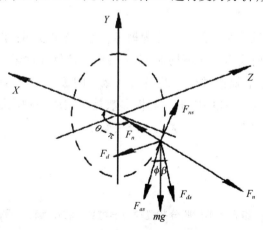

图4 凹板侧谷物受力示意图

由达朗伯原理[8]得凹板侧稻谷动力模型如下:

$$m(z)a_{ay} = F_n\sin\theta + F_{ns}\cos\theta - F_a\sin\theta - F_{as}\cos\varphi\cos\theta - F_d\sin\beta\cos\theta - $$
$$F_{ds}\cos\beta\sin\theta - m(z)g \tag{8}$$

$$m(z)a_{ax} = -F_n\cos\theta + F_{ns}\sin\theta - F_d\sin\beta\sin\theta - F_{ds}\cos\beta\cos\theta - F_a\cos\theta - $$
$$F_{as}\cos\varphi\sin\theta \tag{9}$$

$$m(z)a_{az} = F_{ds}\sin\beta + F_d\cos\beta + F_{as}\sin\varphi \tag{10}$$

式中，F_a、F_{as}、f_{d3}分别为凹板对微元体的挤压力及相应摩擦力、摩擦系数，其中f_{ds}的大小取0.38。

将上式变量代入式(8)~式(10)，另外，为了书写方便设：
$$\sin\varepsilon + f_{d2}\cos\varphi\cos\varepsilon = k_9$$
$$\cos\varepsilon + f_{d2}\cos\varphi\sin\varepsilon = k_{10}$$
$$\sin\beta\sin\varepsilon + f_{d3}\cos\beta\cos\varepsilon = k_8$$
$$f_{d2}\sin\varphi = k_{11}$$

解上式方程得：
$$F_d = \frac{m(z)(k_{11}k_6 a_{ay} - k_5 k_{11} a_{ax} - k_{10}k_5 a_{az} + k_9 k_6)}{(k_8 k_5 - k_4 k_6)k_{11} - (k_{10}k_5 - k_9 k_6)k_2} \tag{11}$$

$$F_a = \frac{m(z)a_{az} - F_d k_2}{k_{11}} \tag{12}$$

$$F_n = \frac{m(z)a_{ax} + F_a k_{10} + F_d k_8}{k_6} \tag{13}$$

3 意义

衣淑娟等[1]建立了轴流脱分的稻谷受力模型，计算结果表明：在整个脱粒过程中，谷物沿着叶片边缘螺旋线方向受力分布不均匀，当稻谷沿着螺旋叶片运行到距喂入口5~9 m区间时，此时加速度达到整个脱粒过程中的最大区域。凹板、盖板与滚筒之间的谷物受力明显高于滚筒反力和叶片反力，证明凹板与盖板参数是影响稻谷轴流脱粒的主要因素。动力学模型的建立为该装置的进一步研究奠定了理论基础。

参考文献

[1] 衣淑娟,陶桂香,毛欣.组合式轴流脱分装置动力学仿真.农业工程学报,2009,25(7):94-97.
[2] 衣淑娟.螺旋叶片板齿组合式轴流装置理论与试验研究.哈尔滨:东北农业大学,2007.
[3] 哈工大力学教研室.理论力学(上册,第6版).北京:高等教育出版社,2003:170-177.
[4] 清华大学理论力学教研组.理论力学(中册,第4版).北京:高等教育出版社,1979:160-177.
[5] 王仲仁,苑世剑.弹性与塑性力学基础.哈尔滨:哈尔滨工业大学出版社,2004:1-12.

［6］ 陶桂香. 组合式轴流装置仿真与试验研究. 大庆:黑龙江八一农垦大学,2008.

［7］ 陶桂香,衣淑娟. 组合式轴流装置稻谷运动仿真及高速摄像验证. 农业机械学报,2009,40(2):84 – 86.

［8］ 张认成,桑正中. 轴流脱粒空间谷物运动仿真研究. 农业机械学报,2000,31(1):55 – 57.

秸秆的养分资源估算公式

1 背景

在 1965 年以前作物产量的数据库就已经建立[1]，秸秆资源数量是通过与作物经济产量的关系计算得到的[2]，即秸秆籽粒比。高利伟等[3]基于统计数据、农户调研数据以及公开发表的文献资料中的数据以及利用统计数据和 2006 年全国农户专项调研数据，对 2006 年中国农作物秸秆及其养分资源数量进行了估算，分析和探讨了秸秆及其养分资源的分布和利用状况，以求为指导中国秸秆资源的合理利用提供依据。

2 公式

实验采用这种国际上比较通用的方法来估算中国秸秆养分资源数量，其计算公式如下：

$$St = \sum_{i=1}^{n} Cr_i \cdot Ra_i \tag{1}$$

$$SN_{(N)} = St \cdot N_i \tag{2}$$

$$SP_{(P_2O_5)} = St \cdot Ph_i \cdot 2.29 \tag{3}$$

$$SK_{(K_2O)} = St \cdot Po_i \cdot 1.2 \tag{4}$$

式中，St 为秸秆资源数量（风干基）；Cr_i 为第 i 种作物经济产量；Ra_i 为第 i 种作物秸秆籽粒比值；SN 为秸秆氮素（N）资源数量（风干基）；N_i 为第 i 种作物秸秆氮素养分含量；SP 为秸秆磷素（P_2O_5）养分资源数量（风干基）；Ph_i 为第 i 种作物秸秆磷素养分含量；2.29 为单质磷折算为五氧化二磷（P_2O_5）的系数；SK 为秸秆钾素（K_2O）养分资源数量（风干基）；Po_i 为第 i 种作物秸秆钾素养分含量；1.2 为单质钾折算为氧化钾（K_2O）的系数。总共涉及籽粒产量、秸秆籽粒比、秸秆氮含量、秸秆磷含量以及秸秆钾含量 5 个参数（这里的氮、磷、钾养分分别代表 N、P_2O_5、K_2O）。

根据以上公式计算 2006 年中国秸秆及其养分资源分布（表1），其中秸秆数量以水稻、小麦和玉米三大作物居多，占到秸秆总量的 77.2%，而其他秸秆资源数量只有 1/3 左右。秸秆养分分布方面，三大作物秸秆氮、磷、钾养分数量分别占到总量的 68.8%、74.0%、73.9%，总养分占到总量的 72.3%。

218

表 1　2006 年中国不同作物秸秆及其养分资源数量

秸秆种类	资源量		养分资源量							
	秸秆数量 /$\times 10^8$ t	所占比例 /%	N 数量 /$\times 10^4$ t	占总 N 比例/%	P_2O_5 数量 /$\times 10^4$ t	占总 P_2O_5 比例/%	K_2O 数量 /$\times 10^4$ t	占总 K_2O 比例/%	总养分量 /$\times 10^4$ t	占总养分 比例/%
水稻	1.826	23.9	166.1	22.5	54.6	22.9	414.1	31.5	634.8	27.7
小麦	1.149	15.1	74.7	10.1	21.1	8.9	144.8	11.0	240.6	10.5
玉米	2.910	38.2	267.7	36.2	100.4	42.2	412.0	31.4	780.1	34.1
杂粮	0.158	2.1	13.0	1.8	4.9	2.1	28.1	2.1	46.0	2.0
高粱	0.034	0.4	4.2	0.6	1.2	0.5	5.8	0.4	11.1	0.5
谷子	0.028	0.4	2.3	0.3	0.6	0.3	5.8	0.4	8.7	0.4
其他杂粮	0.097	1.3	6.6	0.9	3.1	1.3	16.6	1.3	26.3	1.1
豆类	0.337	4.4	64.1	8.2	16.1	6.5	48.5	3.6	128.7	5.4
大豆	0.256	3.4	46.2	6.3	11.8	4.9	35.9	2.7	93.9	4.1
杂豆	0.081	1.1	17.9	2.4	4.3	1.8	12.6	1.0	34.8	1.5
薯类	0.272	3.6	68.4	9.3	17.5	7.4	114.8	8.7	200.7	8.8
马铃薯	0.074	1.0	19.7	2.7	4.6	1.9	35.3	2.7	59.7	2.6
其他	0.198	2.6	48.7	6.6	12.9	5.4	79.4	6.0	141.0	6.2
油料	0.663	8.7	79.6	10.8	21.6	9.1	126.4	9.6	227.6	9.9
花生	0.220	2.9	40.0	5.4	8.1	3.4	28.8	2.2	76.9	3.4
油菜	0.380	5.0	33.0	4.5	12.2	5.1	88.3	6.7	133.6	5.8
芝麻	0.020	0.3	2.6	0.4	0.3	0.1	1.2	0.1	4.1	0.2
胡麻	0.007	0.1	1.0	0.1	0.1	0	0.4	0	1.5	0.1
向日葵	0.036	0.5	3.0	0.4	0.9	0.4	7.7	0.6	11.5	0.5
棉花	0.202	2.7	25.1	3.4	7.0	2.9	24.8	1.9	56.8	2.5
麻类	0.015	0.2	2.0	0.3	0.2	0.1	1.5	0.1	3.7	0.2
黄红麻	0.002	0	0.2	0	0	0	0.1	0	0.3	0
苎麻	0.005	0.1	0.6	0.1	0.1	0	0.5	0	1.2	0.1
大麻	0.001	0	0.2	0	0	0	0.3	0	0.3	0
亚麻	0.007	0.1	0.9	0.1	0.1	0	0.7	0.1	1.7	0.1
糖料	0.110	1.4	11.0	0.8	4.2	2.9	20.1	3.3	35.3	2.5
甘蔗	0.100	1.3	11.0	1.5	3.2	1.4	13.2	1.0	27.4	1.2
甜菜	0.011	0.1	0	0	1.0	0.4	6.9	0.5	7.9	0.3
烟草	0.029	0.4	4.2	0.6	1.1	0.5	6.5	0.5	11.8	0.5
总计	7.620	100	776	100	249	100	1 342	100	2 366	100

3 意义

高利伟等[3]利用秸秆的养分资源估算公式,计算结果表明,从不同利用方式下作物秸秆养分还田情况来看,2006 年中国作物秸秆氮、磷(P_2O_5)、钾(K_2O)养分还田量分别达到 304.6×10^4 t、175.6×10^4 t、966.7×10^4 t,占秸秆养分资源量的比例分别为 39.3%、70.5% 和 72.0%,这表明秸秆还田比例及其养分还田比例仍然有很大的提升空间。因此,优化管理秸秆资源、提高秸秆养分资源循环利用效率仍是中国农业可持续发展的重要方面。

参考文献

[1] Johnson J M F, Allmaras R R, Reicosky D C. Estimating source carbon from crop residue, roots and rhizode-posits using the national grain – yield database. Agronomy, 2006, 98(3): 622 – 636.

[2] 全国农业技术推广中心. 中国有机肥料养分志. 北京:中国农业出版社,1999:53 – 81.

[3] 高利伟,马林,张卫峰,等. 中国作物秸秆养分资源数量估算及其利用状况. 农业工程学报,2009,25(7):173 – 179.

水稻种子的弹跳公式

1 背景

任文涛等[1]利用高速摄影仪和高分辨率摄像头分别从竖直和水平两个方向对水稻种子与斜面发生碰撞后的运动轨迹进行了在线跟踪,以接触面材料、投种高度、斜面倾角为试验因素,研究水稻种子与斜面碰撞后的弹跳高度和种子沿斜面方向的弹跳距离等运动行为规律,为优化输种管参数、提高排种均匀性提供理论基础。

2 公式

2.1 投种高度对碰撞的影响

选用聚碳酸酯(pc),作为接触面材料,斜面倾角为20°,检测不同投种高度下种子第一次弹跳高度 H_1 和沿斜面方向的弹跳距离 L_1 值并进行方差分析,结果表明投种高度对 H_1 和 L_1 影响极显著。当投种高度在 7 ~ 13 cm 时种子碰撞后仅弹跳 1 次,但投种高度在 13 ~ 17 cm 时弹跳 2 次,这个弹跳次数变化的临界值在 13 cm 附近。图 1 表明随着投种高度的增加,H_1 和 L_1 都线性增加。

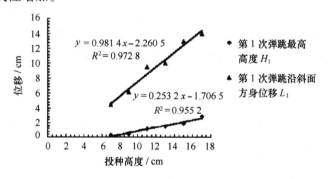

图 1 投种高度对第 1 次弹跳最高高度和沿斜面方向位移的影响

设种子碰撞后速度为 v,种子质量为 m,F 为碰撞过程中种子对斜面的作用力,t 为碰撞持续时间,N 为碰撞过程中斜面对种子的正压力。若碰撞前种子动量为 mv,碰撞中速度减为零,碰撞变形阶段结束后有:

$$\Delta mv = \sqrt{2gh} - 0 = Ft \tag{1}$$

由受力分析可知种子上跳的条件：

$$\sum x = N - mg\cos\theta > 0 \tag{2}$$

由式(1)可见，随投种高度 h 增大、F_1 增大、F_1 的反作用力 N_1 也增大。由式(2)可知，当 N_1 增大到与 $mg \cdot \cos\theta$ 相等时有可能产生第二次弹跳，即存在临界值 h。

2.2 投种高度和斜面倾角对碰撞后种子运动侧向偏斜角度的影响

（1）回归模型的建立与检验。

应用 SAS8.0 分析软件对试验数据进行处理分析，得到以种子运动平面的侧向偏斜角度为目标函数(Y)，以投种高度和斜面倾角各水平的编码值 X_1 和 X_2 为自变量的二次回归数学模型：

$$Y = 10.28 + 1.82X_1 - 7.24X_2 + 0.22X_1X_2 + 1.09X_1^2 + 2.28X_2^2 \tag{3}$$

回归模型的方差分析结果如表1所示。回归方程的显著性检验结果表明，模型的可信度为99.9%。

表1　回归模型的方差分析结果

方差来源	自由度	平方和	均方	F 值
回归	5	496.94	99.39	$F_回 = 17.38$
剩余	10	57.19	5.72	$F_失 = 6.42$
失拟	3	41.95	13.98	
误差	7	15.24	2.18	
总和	15	554.13		

回归方程的失拟检验结果为不显著，说明失拟平方和基本上是由误差等偶然因素引起的，即回归方程拟合得很好，反映了种子运动平面的侧向偏斜角度与投种高度和斜面倾角的关系。

表2　回归模型系数的 F 检验

回归方程各项常数	回归系数	F 值	临界值	显著性
β_1	1.82	12.14	$F_{0.025}(1,7) = 8.01$	$\alpha = 0.025$
β_2	−7.24	192.5	$F_{0.001}(1,7) = 29.25$	极显著
β_3	0.22	0.09	$F_{0.1}(1,7) = 3.59$	不显著
β_4	1.08	4.32	$F_{0.1}(1,7) = 3.59$	$\alpha = 0.1$
β_5	2.28	19.15	$F_{0.005}(1,7) = 16.24$	$\alpha = 0.005$

如表2所示，显著性检验结果表明因素2(斜面倾角)的一次项对试验指标有极显著的

影响;因素1(投种高度)与因素2(斜面倾角)的交互项对试验指标没有影响,说明投种高度和斜面倾角两因素没有交互作用;其他各因素的置信水平不小于90%,剔除不显著项的回归方程模型为:

$$Y = 10.28 + 1.82X_1 - 7.24X_2 + 1.09X_1^2 + 2.28X_2^2 \tag{4}$$

(2)主因素效应分析。

由于回归方程是经无量纲线性编码代换后所得,方程中各项回归系数已经标准化,因此可以直接比较其绝对值大小来判断各因子的重要性,从线性项看,$\beta_2 > \beta_1$,说明斜面倾角对种子碰撞后运动平面侧向偏斜角度的影响比投种高度大。

(3)确定预测模型方程。

将回归方程中的因素水平编码值转换为实际值,得到以种子运动平面的侧向偏斜角度为目标函数(Y),以投种高度(Z_1)和斜面倾角(Z_2)为自变量的预测模型方程:

$$Y = 86.74 - 6.18Z_1 - 2.09Z_2 + 0.27Z_1^2 + 0.02Z_2^2 \tag{5}$$

3 意义

任文涛等[1]建立了水稻种子的弹跳公式,结果表明:随投种高度 h 的增加,种子碰撞后第1次弹跳高度 H_1 线性增大、沿斜面方向的弹跳距离 L_1 也线性增大;随斜面倾角 θ 的增大,H_1 线性减小、L_1 呈指数规律增大;利用二元二次回归正交试验,建立了以投种高度和斜面倾角为自变量,以种子运动平面的侧向偏斜角度为目标函数的种子运动行为预测模型。研究成果为输种管的结构设计提供了参考。

参考文献

[1] 任文涛,董滨,崔红光,等. 水稻种子与斜面碰撞后运动规律的试验. 农业工程学报,2009,25(7): 103 - 107.

土地覆被的图像分类模型

1 背景

员永生等[1]是以核密度梯度图像分割技术为对象提取手段,验证采用最小二乘支持向量机[2]与模糊灰色关联度联合评估相结合的一种新的组合分类方法 FG – LSSVM,目的是为土地覆被面向对象分类应用等提供高精度的基础分类数据和方法。另外通过比较标准支持向量机和模糊支持向量机[3]以及传统 K 最近邻面向对象分类方法,来评估提出的新的组合分类方法的效果和对精度的影响。

2 公式

2.1 最小二乘支持向量机

设给定的训练样本集合 $S = \{(x_1,y_1),\cdots,(x_l,y_l)\}$。其中 $x_i \in \mathbf{R}^d$,$y_i \in \{-1,1\}$,$i = 1,\cdots,1$,最小二乘支持向量机,通过训练下面的规划来求解分类问题:

$$\min_{w,b,e}\tau_p = \frac{1}{2}w^T w + \gamma \sum_{k=1}^{n} e_k^2$$

$$s.t.\ y_k[w^T\varphi(x_k) + b] = 1 - e_k,\quad k = 1,\cdots,n \tag{1}$$

式中,τ_p 为目标函数,边际系数 $\gamma > 0$ 为常数;w 为线性分类函数 y_i 的权重向量;w^T 为转置向量;e_k 为分类问题的松弛变量,也是样本到超平面的距离;b 为阈值;φ 为从输入空间到高维空间的一个映射。在原始输入空间分类模型为:

$$y(x) = sign[w^T\varphi(x) + b] \tag{2}$$

为了简化求解高维空间分类问题,通过引入拉格朗日乘子 α_i,求解公式(1)式的对偶问题:

$$L(w,b,e;\alpha) = \tau_p - \sum_{i=1}^{n} \alpha_k\{y_k[w^T\varphi(x_k) + b] - 1 + e_k\} \tag{3}$$

满足最优解的条件是令 L 对于全体变量的偏导数为 0 而得到:

$$w = Z^T\alpha, Y^T\alpha = 0, \gamma e = \alpha, Zw + Yb + e = 1 \tag{4}$$

在式(4)中消去 w,e 后得到 $(n+1)$ 维方程组:

$$\begin{bmatrix} 0 & Y^T \\ Y & ZZ^T + \dfrac{I}{\gamma} \end{bmatrix} \begin{bmatrix} b \\ \alpha \end{bmatrix} = \begin{bmatrix} 0 \\ 1 \end{bmatrix} \tag{5}$$

式中，$Z = [\varphi(x_1)y_1,\cdots,\varphi(x_l)y_l]^T$，$Y = [y_1,\cdots,y_l]^T$，$I$ 为单位矩阵，$I = [1,\cdots,1]^T$，$e = [e^1,\cdots,e^n]^T$，对式(5)解出 α_i 和 b 后，通过把矩阵 $\Omega_{ij} = y_i y_j \varphi(x_i)^T \varphi(x_j) + \delta_{ij}/\gamma$，$\delta_{ij} = \{1 \mid i = j\} \cup \{0 \mid i \neq j\}$ 中内积函数 $\varphi(x_i)^T\varphi(x_j)$ 用核函数 $K(x_i,x)$ 替换后，对偶空间的分类模型为：

$$f(x) = sign\left[\sum_{x_i \in SV} \alpha_i y_i K(x_i,x) + b \right] \tag{6}$$

式中，$K(x_i,x)$ 将高维特征空间中内积运算转化为低维模式空间上一个简单的函数计算。由于在 LSSVM 分类模型中，每个训练数据都是支持向量，训练样本作为建立分类模型的特征数据对分类的效果影响较大[4]，有必要通过选择恰当的预处理方法来获得具有高分类精度性能的新的特征值参与模型的建立。

2.2 图像分割和对象提取

2.2.1 核密度梯度均值漂移算法

在图像分割上选择了非参数核密度梯度均值漂移算法，它不仅不需要提前设定要分割的对象的个数，而且可以按照图像中物质的自然形态分割成相应的均质区域，其原理如下。假定输入数据 $x_i \in \mathbf{R}^d$，$i = 1,\cdots,n$，对多变量核密度估计的核函数 $K(x)$ 和窗宽半径 h，则核密度函数为：

$$f(X) = \frac{1}{nh^d} \sum_{i=1}^{n} K\left(\frac{X - X_i}{h}\right) \tag{7}$$

核密度函数的模态点位于梯度为 $\nabla f(x) = 0$ 的位置。核密度函数式(7)的梯度正比于核密度均值漂移向量：

$$\nabla f(x) \propto \underbrace{[avg[x_i]}_{x_i \in S_{h,x}} - x] \tag{8}$$

右边就是核密度梯度均值漂移向量。其中 $S_{h,x}$ 是一个 d 维超球体，半径为 h，中心位于向量 x 处。核密度梯度均值向量实质是一个以核密度函数为权重函数的当前向量 x_i 的加权平均与核函数窗口中心向量 x 的差，正比于核密度函数在向量 x 处的梯度值。

2.2.2 对象的提取过程

假设 $\{x_j\}_{j=1,\cdots,n}$ 和 $\{z_j\}_{j=1,\cdots,n}$，分别表示原始图像和经核密度梯度滤波后的图像。而任何一幅图像都可以表示成一个二维网格点上的 p 维向量，每一个网格点代表一个像元，$p = 1$ 表示一幅灰度图像，$p = 3$ 表示彩色图像。如果统一考虑图像的空间信息和色彩信息，就组成一个 $p + 2$ 维的向量 $x = (x^s, x^r)$，其中 x^s 表示网格点坐标，x^r 表示网格点上 p 维向量特征。在密度梯度分割算法中，核函数采用了乘积核形式：

$$K_{h_s,h_r}(x) = \frac{C}{h_s^2 h_r^p} k\left(\left\|\frac{x^s}{h_s}\right\|^2\right) k\left(\left\|\frac{x^r}{h_r}\right\|^2\right) \tag{9}$$

式中,C 为归一化常数;k 为核函数;h_s 为二维网格图像的空间窗宽系数;h_r 为二维网格图像色彩信息窗宽系数。其中分量 $x^s \in \{0 < i \leq w, 0 < j \leq h\}$,$x^r \in \{L, u, v\}$,而 h, w 分别是图像矩阵的行高列宽;L, u, v 分别是一个像元的亮度值、红度和黄度值。我们定义一个对象使这些向量点收敛到在同一个模态点吸收盆中的区域。对每一个像元点 $j = 1, \cdots, n$,对象提取过程分为两个阶段。

(1)图像核密度梯度滤波过程。

第一步:初始化 $k = 1$ 和结束条件 ξ,用当前像元点 x_j 初始化窗口中心位置 $y_k = x_j$;

第二步:按核密度梯度均值漂移向量式(8),计算收敛路径上的新位置 y_{k+1},得到向量值 $M_h = y_{k+1} - y_k$;

第三步:$k = k + 1$,直到 $\|M_h\| < \xi$ 则停止,记收敛点为 $y_{j,c}$;

第四步:对第 j 个像元点赋予新的值 $z_j = (x_j^s, y_{j,c}^r)$。

(2)图像提取对象过程。

第一步:对每个像元点执行核密度梯度滤波算法,得到 $z_j = (x_j^s, y_{j,c}^r)$;

第二步:对每个 zj 聚类后,就得到了含有 N 个对象的集合 $\{C_p\}_{p=1,\cdots,N}$,聚类合并的规则是在空域上距离小于 h_s,且在色彩空间上距离小于 h_r 的像元为同一个对象区域;

第三步:根据聚类提取的对象结果,给原始图像的每个像元指定所属对象的标号 $L_j = \{p | z_j \in \mathbf{C}_p\}$。

2.3 特征样本模糊和灰色关联度联合预处理

假设在图像上采集到的某一类特征样本为 $x_{k,i}$,其中 $k = 1, \cdots, n$ 个采样,每个样本向量有 $i = 1, \cdots, l$ 个特征分量。对于第 i 个分量,明确的处理过程定义如下。

首先,求出该分量的平均值:

$$m_i = \frac{1}{n} \sum_{k=1}^{n} x_{k,i} \tag{10}$$

按照评估要求和计算量考虑,将第 i 个分量的共 k 个输入量围绕平均值附近变动的可能分布划分为 7 类区间,并且选取区间端点值依次为 $\lambda_1 = 0, \lambda_2 = m/8, \lambda_3 = m/4, \cdots, \lambda_7 = m \times 4$,这样就把待评估的初始特征分量模糊化在 7 个之一的输入小区间以内

$$[\lambda_1, \lambda_2], [\lambda_2, \lambda_3], \cdots, [\lambda_6, \lambda_7], [\lambda_7, \lambda_8]$$

然后,按图 1a 选择三角形隶属度函数($mf1, mf2, \cdots, mf8$)分区间建立模型,对第 k 个输入量 $x_{k,i}$ 求出隶属度最小权重值 $\mu(k) = \min[\mu_A(x_{k,i}), \mu_B(x_{k,i})]$,其中,$\mu_A(x_{k,i}), \mu_B(x_{k,i})$ 分别是第 k 个输入量在图 1a 确定的区间上与三角形隶属度函数交叉后,位于权重轴上的两个隶属度值。最后,要对第 k 个输入量进行反模糊化处理,从而得到清晰化的特征值。具体方法如图 1b,已知 $\mu(k)$ 权重值后,假设第 k 个输入量在图 1a 上截取的交叉点在隶属度函

数$[mf5,mf6]$之间,根据对应规则,$\mu(k)$权重值水平截图1b后的交叉点位于隶属度函数$[mf5',mf6']$之间,令输出轴上这两个点的平均值作为第k个输入量的中间清晰量:

$$t_{k,i} = \{mf5'[\mu(k)] + mf6'[\mu(k)]\}/2 \tag{11}$$

如图1b所示,由于所有特征值的中间清晰量$t_{k,i}$都被标准化在了7等份的$[0,1]$区间内,经过灰色关联度计算,中间清晰量$t_{k,i}$的序列曲线几何形状与原始采集的初始特征值序列曲线几何形状灰色关联度精度等级达到一级[5]。试验中特征值最终清晰化方法选择了对第i个分量的全部k个中间清晰量$t_{k,i}$与原输入量$x_{k,i}$进行了高相关性的非线性回归清晰化方法,最终获得了新的第i个特征分量处理后的清晰化特征值,其他分量依次类推进行上述预处理后就可以参与建立分类模型。

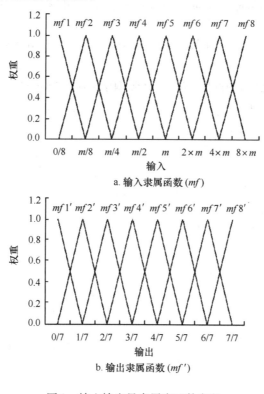

a. 输入隶属函数(mf)

b. 输出隶属函数(mf')

图1　输入输出量隶属度函数定义

3　意义

应用土地覆被的图像分类模型,结果表明[1]:提出的采用最小二乘支持向量机与模糊灰色关联度联合评估相结合的一种新的组合分类方法总体测试精度达到其他三种分类方法的效果,精度有所提高。提出的 FG - LSSVM 面向对象方法相比标准支持向量机、模糊支持向量机与 K 最近邻方法试验精度提高 2.4% 左右。提出的方法在识别效果上,符合研究区实际分类应用的要求。

参考文献

[1] 员永生,常庆瑞,刘炜,等. 面向对象土地覆被图像组合分类方法. 农业工程学报,2009,25(7):108 - 113.

[2] Suykens J A K, Vandewalle J. Least squares support vector machine classifier. Neural Processing Letters, 1999, 9(3): 293 - 300.

[3] Lin CF, Wang SD. Fuzzy support vector machines. IEEE Transactions on Neural Networks, 2002, 13(2): 464 - 471.

[4] 毛文华,曹晶晶,姜红花,等. 基于多特征的田间杂草识别方法. 农业工程学报,2007,23(11):206 - 209.

[5] 刘思峰,谢乃明. 灰色系统理论及其应用. 北京:科学出版社,2008:124 - 125.

番茄的茎节生长模型

1 背景

作物生长发育模型作为现代农业专家管理系统的重要基础成为近年来的研究热点之一,尤其是温室作物生长发育模型研究备受关注。罗新兰等[1]采用日光温室番茄长季节栽培方式,研究了番茄生长发育中的重要性状之一——茎节生长模拟模型,以期为研究番茄叶片、果实生长模拟模型及温度控制、肥水控制、CO_2 施肥及栽培管理方式提供理论依据。

2 公式

茎节的数量通过年龄级的连续变化而变化,年龄级与茎节的发育速率有关,而茎节的发育速率与环境温度和环境 CO_2 浓度有关。

根据番茄的生长特点,定植后第 k 天、番茄处于第 i 年龄级时番茄植株茎节的总数量 $N_S(i,k)$ 可以用式(1)及式(2)来描述:

$$N_S(i,k) = \sum_{j=1}^{i} N_S(j,k) \tag{1}$$

$$N_S(j,k) = N_S(j,k-1) + \frac{\mathrm{d}N_S(j)}{\mathrm{d}t} \tag{2}$$

当 $j=1,k=1$ 时,$N_S(j,k-1)$ 即为定植时番茄第 1 年龄级的茎节数。

根据 Jones 等的研究[2]每个年龄级(每 1 花序为 1 个年龄级,从植株顶端到上面第 1 花序为第 1 年龄级,第 1 至第 2 花序间为第 2 年龄级……)茎节数的净变化率按式(3)计算:

$$\frac{\mathrm{d}N_S(i)}{\mathrm{d}t} = \begin{cases} INIT \cdot DENS - r_L(T) \cdot F(C) \cdot N_S(1) & i = 1 \\ r_L(T) \cdot F(C) \cdot [N_S(i-1) - N_S(i)] & 1 < i < n \\ 0 & i = n \end{cases} \tag{3}$$

式中,i 为年龄级;$N_S(1)$ 为第 1 年龄级的每平方米茎节数;n 为植株打尖时的年龄级数;$INIT$ 为新结点的出现速率;$DENS$ 为定植密度,株·m^{-2}。本研究试验中的定植密度为 5.13 株·m^{-2},验证试验中密度分别为 3.85 株·m^{-2}、3.34 株·m^{-2} 和 2.85 株·m^{-2}。

实际上对于茎节生长而言,第 2 年龄级以后的茎节数的净变化率均为 0。

当茎节数累积到大于第 1 花序出现时所在的茎节数时(此参数通常与品种有关),原来的第 1 年龄级变成第 2 年龄级,第 1 花序上的茎节处于第 1 年龄级;此时的第 1 年龄级茎节累积数量大于两花序间的茎节数,则植株的最上边花序以上为第 1 年龄级,原来的第 1 年龄级变为第 2 年龄级,第 2 年龄级变为第 3 年龄级。随着生长发育的进行,年龄级的变化以此类推。

$r_L(T)$ 为在 CO_2 浓度为 $350\mu L/L$ 时,某一天(温度为 T 时)第 i 年龄级的叶片变成 $i+1$ 年龄级的速度($1/d$)。

参考倪纪恒等的研究[3]及试验资料 $r_L(T)$ 可用式(4)表示:

$$r_L(T) = \begin{cases} r_{\max} \times \dfrac{T - T_{\min}}{T_{optd} - T_{\min}} & T_{\min} < T < T_{optd} \\ r_{\max} & T_{optd} \leqslant T \leqslant T_{optu} \\ r_{\max} \times \dfrac{T_{\max} - T}{T_{\max} - T_{optu}} & T_{optu} < T < T_{\max} \end{cases} \tag{4}$$

式中,$r_{\max}$ 为第 i 年龄级的叶片变成 $i+1$ 年龄级的最快速度;T、$T_{\min}$、T_{optd}、T_{optu} 和 $T_{\max}$ 为分别为当天的日平均气温、番茄植株的最低致死温度、最适温度的下限、最适温度的上限和番茄植株的最高致死温度。

$F(C)$ 为 CO_2 浓度的调节函数,当 CO_2 浓度高于或低于 $350\mu L/L$ 时它对发育速率可进行调节;

$INIT$ 为是在当前的温度和 CO_2 浓度条件下计算出的每株结点出现速率[4]。

$$INIT = INITRAT \times F_n(T) \times F(C) \tag{5}$$

式中:$INITRAT$ 为单株节点最大出现速率,要根据各地实际试验资料计算(节点/天)。

$F_n(T)$ 为温度函数,当温度超出植物生长发育适宜温度范围时,该函数可降低节点出现速度;参考文献[5],$F_n(T)$ 可以用式(6)表示:

$$F_n(T) = \left(\frac{T_{\max} - T}{T_{\max} - T_{opt}} \right) \left(\frac{T - T_{\min}}{T_{opt} - T_{\min}} \right)^{\left(\frac{T_{opt} - T_{\min}}{T_{\max} - T_{opt}} \right)} \tag{6}$$

式中,$T_{\min}$、T_{opt}、$T_{\max}$ 分别为番茄生长的最低温度、最适温度和最高温度。

$F(C)$ 为由于 CO_2 水平高于或低于外界空气中 CO_2 浓度时节点出现速率的加快或减慢的程度。$F(C)$ 假设为 CO_2 浓度的线性函数[2]:

$$F(C) = a + b \cdot C \tag{7}$$

式中,a、b 为由试验确定的经验参数;C 为 CO_2 的浓度,$\mu L/L$。

根据模型模拟不同年份番茄茎节形成的模拟值与观测值随时间的变化(图1)。

3 意义

采用日光温室番茄长季节栽培方式,罗新兰等[1]建立了番茄生长发育中的茎节生长模

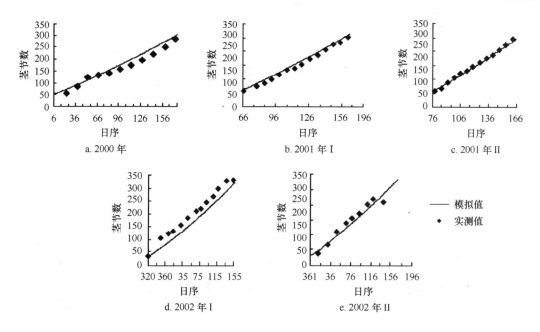

图1　不同年份番茄茎节形成的模拟值与观测值随时间的变化

型。结果表明:番茄茎节数模拟值与实测值的变化趋势一致,表明模型模拟结果较好。模型有效性验证所使用的数据是独立于确定模型参数时所用的试验数据的。因此,该模型的研究方法以及结果可以作为研究日光温室番茄叶片数和果实数量模拟模型的参考。

参考文献

[1] 罗新兰,李天来,仇家奇,等.北方日光温室长季节番茄茎节生长模拟模型.农业工程学报,2009,25(8):174 – 179.

[2] Jones J W, Dayan E, Allen L H,et al. A dynamic tomato growth and yield model(TOMGRO). Trans of ASAE, 1991, 34(2): 663 – 672.

[3] 倪纪恒,罗卫红,李永秀,等.温室番茄发育模拟模型研究.中国农业科学,2005,38(6):1219 – 1225.

[4] Jones J W,Dayan E,Van Keulen H. Modeling tomato growth for optimizing greenhouse temperatures and carbon dioxide oncentrations. Acta horticulture, 1989, 248: 285 – 294.

[5] Yin Xinyou,Kropff M J,McLaren G,et al. A nonlinear model for crop development as a function of temperature. Agricultural and Forest Meteorology, 1995, 77(1/2): 1 – 16.

种植面积的分层抽样公式

1 背景

分层抽样(stratified sampling)是指先按总体某一标志分成若干互不交叉重叠的层,然后在每一层内进行独立的简单随机抽样(simple random sampling),将各层样本结合起来并对总体的目标量进行估计的一种抽样方法[1]。张锦水等[2]利用分层抽样方法,以冬小麦分类结果作为模拟数据,研究不同因子对抽样效率的影响,在此基础上,分析入样总体(农作物种植面积)在混入不同程度误差的情况,为农作物种植面积抽样方案的优化设计提供理论基础。

2 公式

分层主要是提高抽样效率和估计的精度,一般采用累计等值频率平方根法,这是一种确定层界的快速近似法,由戴伦纽斯(Dalenius)与霍捷斯(Hodges)提出。具体做法是将分层变量分布的累积平方根进行等分来获得最优分层[1],实验采用该方法进行分层。

2.1 样本量计算

确定总体抽样样本量 n:

$$n = \frac{\sum \frac{W_h^2 S_h^2}{w_h}}{V + \frac{\sum W_h S_h^2}{N}} \tag{1}$$

式中,h 为层数;W_h 为第 h 层入样总体的权重;w_h 为第 h 层抽样样本占总体抽样样本的比例;S_h 为第 h 层的标准方差;V 为入样总体的方差;N 为总体样本量。

按照内曼方法进行样本量的各层分配,则总体样本量计算方法如下:

$$w_h = \frac{W_h S_h}{\sum W_h S_h} \tag{2}$$

$$n = \frac{\left(\sum W_h S_h\right)^2}{V + \frac{\sum W_h S_h^2}{N}} \tag{3}$$

各层样本量计算如下：

$$n_h = n \frac{N_h S_h}{\sum_{h=1}^{L} N_h S_h} \tag{4}$$

式中，n 为总抽样样本量；n_h 为第 h 层样本量；N_h 为第 h 层入样总体。

2.2 总体估计

按照比率估计量，通过相关辅助量（X）来推算目标总体（Y），总体总量比率估计量（separate ratio estimator）为[3-4]。

$$\hat{Y}_{Rs} = \sum_{h=1}^{L} \frac{\bar{y}_h}{\bar{x}_h} X_h \tag{5}$$

式中，X_h 为 h 层相关辅助变量的总体；$\bar{y}_h$ 为 h 层抽样样本目标值真实值的均值，相当于野外实测样本；$\bar{x}_h$ 为 h 层抽样样本的入样值，即通过地块汇总遥感数据提取出目标地物的结果；$\hat{Y}_{Rs}$ 为总体比例估计，即抽样反推总体结果。

3　意义

张锦水等[2]利用分层抽样方法，基于遥感与抽样的农作物种植面积测量方法结合了遥感和抽样理论的优势，已经成为农作物种植面积测量中有着广泛应用前景的测量方法。应用种植面积的分层抽样公式，确定最优分层定义为 6 层，在分类误差小于 40%（即冬小麦丰度大于 60%）的前提下，可以有效地进行空间抽样推算区域冬小麦种植面积。

参考文献

[1] 金勇进，杜子芳，蒋妍. 抽样技术. 北京：中国人民大学出版社，2000.

[2] 张锦水，潘耀忠，胡潭高，等. 冬小麦种植面积空间抽样效率影响因子分析. 农业工程学报，2009，25（8）：169 - 173.

[3] Heydorn R P，Takacs H C. On the design of classifiers for crop inventories. IEEE Transactions on Geoscience and Remote Sensing，1986，24，139 - 149.

[4] Chhikara R S，Houston A G. Crop acreage estimation using a Lnadsat - based estimator as an auxiliary variable. IEEE Transaction on Geoscience and Remote Sensing，1986，24，157 - 168.

车辆翻车的运动方程

1 背景

为了研究工程车辆翻车过程中驾驶员的动态响应,魏秀玲等[1]通过虚拟试验的方法模拟某装载机90°侧翻过程(图1),模拟在佩戴安全带(图2)和不佩戴安全带(图3)两种情况下不同身材驾驶员的运动状态,获取司机的损伤值。通过分析两点式安全带的约束效能,为工程车辆约束系统的选取提供依据。在翻车过程中同样涉及安全带约束效能分析的问题,因此实验在农用车辆方面也有一定的参考价值。

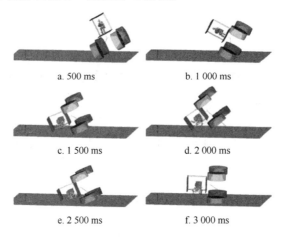

a. 500 ms   b. 1 000 ms

c. 1 500 ms   d. 2 000 ms

e. 2 500 ms   f. 3 000 ms

图 1　装载机90°翻车运动状态

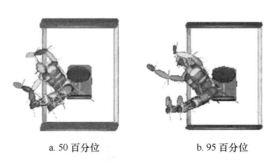

a. 50 百分位   b. 95 百分位

图 2　佩戴安全带假人的运动状态

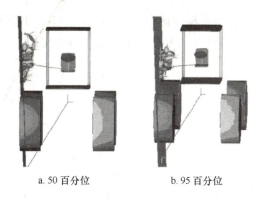

a. 50 百分位   b. 95 百分位

图 3 未佩戴安全带假人运动状态

2 公式

为模拟车辆的翻车运动过程,将车辆简化为多刚体系统,忽略前后车架铰接的影响。通过施加外力矩将车辆转动到临界侧翻角度后释放,车辆在重力的作用下侧面与地面碰撞。在此过程中,求解司机运动状态。

刚性车辆的临界侧翻角度可由下式计算得出[2]:

$$\beta = \operatorname{arctg} \frac{W_t}{2H_{cg}} \tag{1}$$

式中,H_{cg} 为车辆质心高度,m;W_t 为车辆轮距,m。

多体动力学仿真采用了基于牛顿第二定律建模和按时间步长积分求解的方法。刚体 i 相对其质心的牛顿—欧拉运动方程为[3]:

$$m_i \ddot{r}_i = F_i$$

$$J_i \cdot \dot{\omega}_i + \omega_i \times J_i \cdot \omega_i = T_i \tag{2}$$

式中,m_i、J_i、ω_i、F_i、T_i 为分别为质量、相对于质心的惯性张量、角速度向量、力的主矢及相对于质心的主矩。对于多刚体系统中的一个刚体来说,F_i,T_i 及由于铰链产生的约束力和扭矩只有在系统加速度条件已知后才能确定。在式(2)中分别对位移向量和方位向量取变分,然后相加,则有:

$$\sum \{\delta r_i \cdot (m_i \ddot{r}_i - F_i) + \delta \pi_i [J_i \cdot \dot{\omega}_i + \omega_i \times J_i \cdot \omega_i - T_i]\} = 0 \tag{3}$$

若由铰链所产生的约束不被破坏的话,则按照虚功原理,可以得到用铰的自由度对时间的二阶导数表示如下方程:

$$\ddot{q}_{ij} = M_{ij} \dot{Y}_i + Q_{ij} \tag{4}$$

式中,$\dot{Y}_i$ 为刚体 i 的线性和角加速度分量;M_{ij} 和 Q_{ij} 均与系统刚体的惯性和瞬时几何尺寸有关,而 Q_{ij} 还与系统的瞬时速度和所加载荷有关。利用式(4)由开环刚体系统的分枝端点开始计算,用不同的积分方法以各种外力和加速度场作为初始条件求解运动方程(4),就可以求解整个系统。

3　意义

在工程车辆翻车过程中,应用车辆翻车的运动方程,结果表明[1]:佩戴安全带减少了驾驶员被抛出车外造成严重伤害的可能;身材高大的驾驶员在翻车过程中头部和躯干偏离距离更大,增加了与驾驶室内坚硬部件接触碰撞的风险。安全带与座椅扶手配合使用,减小了假人头部的偏移量,从而降低头部与驾驶室内部部件发生碰撞造成严重伤害的可能,约束效果更佳。

参考文献

[1]　魏秀玲,王国强,郝万军,等. 工程车辆翻车过程中两点式安全带约束效能分析. 农业工程学报,2009,25(8):119-123.
[2]　Karthikeyan Marudhamuthu. Analysis of 3 + 2 Point Seat Belt Configuration and Occupant Responses in Rollover Crash of a Pick - up Truck. Kansas:Wichita State University, 2005.
[3]　MADYMO. Theory Manual,Release 6.4.1. Delft,The Netherlands,TNO Road-vehicles Research Institute,2007:53-59,323-341.

机器人侧摆关节的静态模型

1 背景

张立彬等[1]基于气动柔性驱动器(flexible pneumatic actuator,FPA)[2-4]提出了一种新型的气动侧摆关节,该关节用于农业机器人多指灵巧手设计。侧摆关节主要由两个FPA组成,向两个FPA内腔中通入不同压力的压缩气体,可以实现左右两个方向的侧摆运动。驱动器FPA与关节本体一体化,不需要外加驱动系统,柔顺性好,适应性强,结构简单,且便于实现小型化。对单个FPA的自由端进行力平衡分析,建立了侧摆关节静态模型,并对模型进行简化。

2 公式

2.1 侧摆关节的静态模型

分析建立侧摆关节的静态模型之前,假设如下:

(1)由于FPA橡胶管内螺旋弹簧的钢丝半径很小(0.2 mm),刚度较小,且是螺旋密绕在橡胶管的管壁内,可以认为FPA伸长过程中,弹簧的弹力忽略不计,忽略其对橡胶弹性模量的影响;

(2)FPA橡胶管质地均匀,并且弹簧均匀处于橡胶管壁中间;

(3)大气压力与FPA内腔气体压力在端盖上的作用面积相等。

在假设条件下,侧摆关节运动时,两个FPA在活动构件的限制和铰链转动导向作用下,发生弧形形变。为了便于分析,将侧摆关节的受力模型简化如图1所示。

假设两个FPA的初始长度为l(mm);中心线间距为a(mm);侧摆预伸长量为x(mm);预伸长后,橡胶管长度为$L = l + x$(mm);销轴中心线到上下两个T型活动构件距离相同,为$L/2$。由图1中的几何关系可得:

$$R = \frac{L}{2\tan\frac{1}{2}\theta} \tag{1}$$

$$L_1 = \left(R + \frac{1}{2}a\right)\theta = \left(\frac{L}{2\tan\frac{1}{2}\theta} + \frac{1}{2}a\right)\theta \tag{2}$$

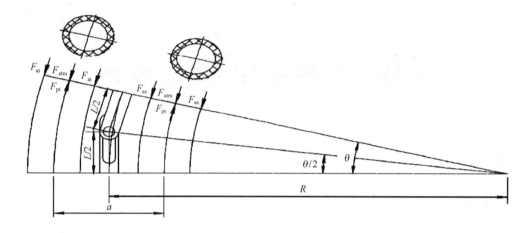

图 1 侧摆关节受力模型

$$L_s = \left(R - \frac{1}{2}a\right)\theta = \left(\frac{L}{2\tan\frac{1}{2}\theta} - \frac{1}{2}a\right)\theta \quad (3)$$

式中,R 为侧摆关节中心线弧的半径,mm;θ 为侧摆关节的侧摆角度,rad;L_1 为长 FPA 的中心线弧的弧长,mm;L_s 为短 FPA 的中心线弧的弧长,mm。

对长 FPA 的一端进行静力分析,其受力情况如图 1 所示,可得

$$F_{p1} - F_{atm} - F_{al} = P_1\pi r_0^2 - P_{atm}\pi r_0^2 - F_{al} = 0 \quad (4)$$

式中,F_{p1} 为长 FPA 内腔气体压力,N;F_{atm} 为大气压力,N;P_1 为长 FPA 的内腔气体压强,MPa;P_{atm} 为大气压强,MPa;r_0 为 FPA 橡胶管的平均半径,即螺旋弹簧的半径,mm;F_{al} 为长 FPA 橡胶管壳的弹性力。

长 FPA 橡胶管壳的弹性力为:

$$F_{al} = \sigma_l A_l \quad (5)$$

侧摆关节发生弧形形变的 FPA,严格意义上,同一横截面积上橡胶管壳体壁厚以及应变不同;由于 FPA 变形过程中橡胶管平均半径不变[5],且 FPA 的橡胶管壁厚较小(2 mm),我们忽略同一横截面积上壁厚变化,所以,可以认为长 FPA 橡胶管的平均应变为:

$$\varepsilon_1 = \frac{L_1 - l}{l} \quad (6)$$

典型橡胶应变小于 100% 时,其应力 – 应变曲线是线性的,满足胡克定律[6],长 FPA 的橡胶管壳体平均应力为:

$$\sigma_1 = E\varepsilon_1 \quad (7)$$

式中,E 为 FPA 橡胶管的弹性模量,MPa。

长 FPA 橡胶管的横截面积为:

$$A_1 = \pi\left(r_0 + \frac{t}{2}\right)^2 - \pi\left(r_0 - \frac{t}{2}\right)^2 = 2\pi r_0 t_1 \tag{8}$$

长 FPA 橡胶管的初始壁厚为 $t_0(\mathrm{mm})$；伸长后壁厚为 $t_1(\mathrm{mm})$；由材料等体积原理可得：

$$t_1 = \frac{l}{L_1} t_0 \tag{9}$$

将式（9）代入式（8），得到：

$$A_1 = 2\pi r_0 \frac{l}{L_1} t_0 \tag{10}$$

将式（10）、（6）以及（7）代入式（5），可以得到：

$$F_{al} = 2\pi E r_0 t_0 \frac{L_1 - l}{L_1} \tag{11}$$

将式（11）代入式（4），可以推导出：

$$L_1 = \frac{2E t_0 l}{2E t_0 - (P_1 - P_{atm}) r_0} \tag{12}$$

将式（12）代入式（2），可以得到

$$\left(\frac{L}{2\tan\frac{1}{2}\theta} + \frac{1}{2}a\right)\theta = \frac{2E t_0 l}{2E t_0 - (p_1 - p_{atm}) r_0} \tag{13}$$

对于短 FPA，同理可得：

$$\left(\frac{L}{2\tan\frac{1}{2}\theta} - \frac{1}{2}a\right)\theta = \frac{2E t_0 l}{2E t_0 - (p_s - p_{atm}) r_0} \tag{14}$$

式中，P_s 为短 FPA 的内腔气体压强，MPa。

侧摆关节预充气体压强为：

$$P_y = \frac{2E t_0 x}{r_0 L} + P_{atm} \tag{15}$$

式（13）与式（14）是气动柔性侧摆关节的静态模型，反映了侧摆关节的侧摆角度 $\theta(\theta \neq 0)$ 与两个 FPA 内腔气压 P_1、P_s 的关系。

2.2 侧摆关节静态模型的特性分析

由式（13）、式（14）可知，侧摆关节的结构参数确定后，侧摆角度的大小仅取决于侧摆关节两个 FPA 内腔气压的大小，即：侧摆角度 θ 是长 FPA 内腔气压 P_1 以及短 FPA 内腔气压 P_s 的函数，可以表示为：

$$\begin{cases} \theta = f(P_1) \\ \theta = f(P_s) \end{cases} \tag{16}$$

通过仿真试验可以得到 θ—P_1、P_s 的曲线，如图 2 所示，仿真参数见表 1 所示。

表1 侧摆关节静态特性分析仿真参数

参数	参数值
FPA 像胶管原长(l)/mm	19
预伸长距离(x)/mm	6
橡胶管的弹性模量(E)/MPa	2
两个 FPA 轴线的距离(a)/mm	32
橡胶管的初始壁厚(t_0)/mm	2
橡胶管平均半径(r_0)/mm	5.25
大气压力(P_{atm})/MPa	0.1

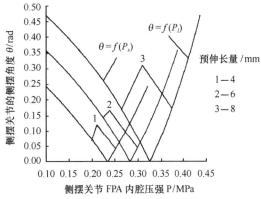

图2 侧摆角度与两个 FPA 内腔气体压强的关系

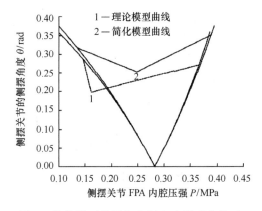

图3 简化模型曲线与实际理论模型曲线对

2.3 侧摆关节静态模型简化

过于复杂的数学模型,不利于实际应用,需要对侧摆关节的静态模型进行简化。对式(13)与式(14)中 $\tan\frac{\theta}{2}$ 进行泰勒级数展开,可得:

$$\tan\frac{\theta}{2} = \frac{\theta}{2} + \frac{1}{3}\left(\frac{\theta}{2}\right)^3 + \frac{2}{15}\left(\frac{\theta}{2}\right)^5 \tag{17}$$

且式(17)的收敛半径为 θ 的全部定义域。将 $\tan\frac{\theta}{2}$ 的二次幂级数 $\tan\frac{\theta}{2} \approx \frac{\theta}{2}$ 代入式(13)、式(14),化简得到:

$$\theta = \frac{2}{a}\left[\frac{2Et_0l}{2Et_0 - (p_1 - p_{atm})r_0} - L\right] \tag{18}$$

$$\theta = \frac{2}{a}\left[L - \frac{2Et_0l}{2Et_0 - (p_s - p_{atm})r_0}\right] \tag{19}$$

240

根据表 1 中的仿真参数,绘制简化模型的仿真曲线,同时,将简化模型的仿真曲线与实际理论模型仿真曲线进行比较,如图 3 所示。可以看到:当侧摆角度较小时,简化模型与理论模型曲线近乎重合;按照表 1 参数,当侧摆关节达到最大侧摆角度时,简化模型所得 FPA 内腔气压值与实际理论值相比较,误差小于 3%。通过分析,当侧摆角度较小时,侧摆关节的静态模型可以简化为式(18)和式(19)。

3 意义

建立了气动柔性侧摆关节的静态模型[1],静态特性试验曲线与仿真曲线基本吻合,验证了静态模型的正确性;最大静态误差为 0.035 rad,最大相对偏差为 10.9%,可以通过闭环进行消除;对侧摆关节进行了动态特性试验,试验结果表明对于不同的期望值角度阶跃信号,侧摆关节开环阶跃响应时间大约为 2 s(稳态值的公差带 Δ =5%)。该侧摆关节可以明显改善农业机器人灵巧手的工作空间,进一步提高农业机器人灵巧手的适应性和灵活性。

参考文献

[1] 张立彬,王志恒,鲍官军,等. 基于气动柔性驱动器的侧摆关节特性. 农业工程学报,2009,25(8):71-77.

[2] Yang Qinghua, Zhang Libin, Bao Guanjun, et al. Research on novel flexible pneumatic actuator FPA. // Proceedings of IEEE Conference on RoboticsAutomation and Mechatronics. Singapore, 2004:385-389.

[3] 张立彬,王志恒,杨庆华,等. 气动柔性五自由度手指运动分析及控制. 中国机械工程,2008,19(22):2661-2665.

[4] 杨庆华,张立彬,胥芳,等. 气动柔性弯曲关节的特性及其神经 PID 控制算法研究. 农业工程学报,2004,20(4):88-91.

[5] 鲍官军. 气动柔性驱动器 FPA 的特性及其在多指灵巧手设计中的应用研究. 杭州:浙江工业大学,2006.

[6] Treloar L R G. The physics of rubber elasticity. New York:Oxford University Press, 2005.

泵性能的预测模型

1 背景

通常泵的性能曲线均是通过试验或是根据试验数据和性能图表上的数据进行曲线拟合而获得,但这些方法不仅复杂昂贵,而且拟合精度不高。针对以上方法的缺点,万毅[1]提出了一种基于交叉验证最优参数选择的最小二乘支持向量机(LSSVM)泵性能预测方法。为泵的研究、设计、制造和使用提供很便利的工具。

2 公式

2.1 改进的支持向量机算法 LSSVM

改进的支持向量机——最小二乘支持向量机(LSSVM),它与标准支持向量机的主要区别在于采用不同的优化目标函数,并且用等式约束代替不等式约束[2-6]。

LSSVM 算法的目标优化函数为:

$$\min_{w,b,e} J(w,e) = \frac{1}{2} W^T W + \frac{1}{2} \gamma \sum_{k=1}^{n} e_k^2 \tag{1}$$

$$s.t. \quad y_k = W^T \phi(x_k) + b + e_k, \quad k = 1,2,\cdots,N$$

式中, $\phi(\cdot):R^n \to R^{nh}$ 为核空间映射函数; $w \in \mathbf{R}^{nh}$ 为权矢量; $e_k \in \mathbf{R}$ 为误差变量; b 为偏置量; γ 为可调参数。

根据式(1),可定义 Lagrange 函数:

$$L = J(w,e) - \sum_{k=1}^{N} \alpha_k \{ W^T \phi(x_k) + b + e_k - y_k \} \tag{2}$$

式中, α_k 为拉格朗日乘子。

对式(2)求偏导并经过变换得:

$$b = \frac{l_n^T \left[\Omega + \frac{1}{\gamma} I_n \right]^{-1} y}{l_n^T \left[\Omega + \frac{1}{\gamma} I_n \right]^{-1} l_n}$$

$$\alpha = \left[\Omega + \frac{1}{\gamma} I_n \right]^{-1} (y - l_n b) \tag{3}$$

式中, $y = [y_1,\cdots,y_N]^T$, $I_n = [1,\cdots,1]^T$, $\Omega_{kl} = \phi(x_k)^T\phi(x_l) = K(x_k,x_l)$, $k,l = 1,\cdots,N$, $\alpha = [\alpha_1,\cdots,\alpha_N]$。

用于非线性预测的 LSSVM 为:

$$y(k) = \sum_{k=1}^{N} \alpha_k K(x,x_k) + b \tag{4}$$

式中, $K(x,x_k)$ 为径向基核函数, $K(x,x_k) = exp\{-\|x - x_k\|^2/\sigma^2\}$。

2.2　泵性能的 LSSVM 预测模型

泵的扬程与流量和叶片角度存在着很强的非线性关系。泵的性能曲线是描述在一定的叶片角度下泵的扬程随流量变化的特性,这种变化特性关系复杂且存在不确定因素。它们的关系可以用下式非线性函数描述:

$$H = f(Q,\theta) \tag{5}$$

式中, Q,θ 为泵的流量和叶片角; H 为泵的扬程。把 Q,θ 作为 LSSVM 网络模型的输入层, H 为输出,输出节点数为 1。性能的 LSSVM 预测模型结构如图 1 所示。

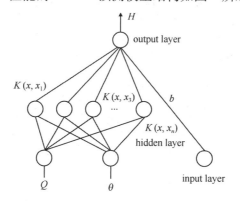

图 1　泵性能的 LSSVM 预测模型结构

为了提高网络的特性以及给高斯核函数标准差 σ 的选取提供参照系,先对样本数据进行了预处理,经过多次仿真试验,采用归一化处理获得的效果最好。本模型采用高斯核,即:

$$K(x,x_i) = exp(-|x - x_i|^2/\sigma^2)$$

3　意义

利用交叉验证的最优参数选择,万毅[1]建立了泵性能的预测模型。该预测算法在泵性能样本数据较少的情况下,也表现出较强的推广能力,使泵性能的预测模型的输出输入关系逼近泵的性能关系函数,达到了很高的精度。可以大大简化泵的性能测定,选型和优化调度工作,从而提高工作效率,这一智能方法适用于对各种容积泵的性能分析,具有广泛的实用价值。

参考文献

[1] 万毅.基于最小二乘支持向量机的泵性能分析.农业工程学报,2009,25(8):115-118.

[2] Jiang Gang,Xiao Jian,Song Changlin,A Kind of Peak Load Forecasting Method Based on Support Vector and It'S Parameter Optimization. Control and Decision, 2006, 9(21): 1054-1058.

[3] Nello Cristianini,John S T. An Introduction to Support Vector Machines and Other Kernel-based Learning Methods. Cambridge: University Press,2000.

[4] Vapnik V N. Statistical Learning Theory. New York: Springer-Verlag, 2000.

[5] Hsu CW,Lin CJ. A comparison of methods for multi-class support vector machines. IEEE Trans on Neural Networks, 2002, 13(2), 415-425.

[6] Suykens J A K,Vandewalle J. Least squares support vector machines classifiers. Neural Network Letters, 1999, 9(3): 293-300.

黄土高原的土壤侵蚀公式

1 背景

以此对基于上坡汇流面积的 L 因子算法[1]进行改进,秦伟等[2]并针对研究区特点选定其他因子的算法,最后基于 GIS 和 RUSLE 评估、分析流域土壤侵蚀强度和特征,旨在为运用 RUSLE 在黄土高原地区(图 1)进行土壤侵蚀评估提供技术依据,为黄土高原生态脆弱地区的土壤侵蚀防治和水土资源利用提供有益参考。

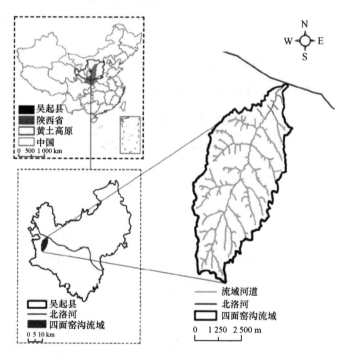

图 1　研究区位置图

2 公式

选用修正通用土壤流失方程(RUSLE),并根据研究区特点和数据获取条件确定各因子

算法,评估流域土壤侵蚀

$$A = K \cdot R \cdot L \cdot S \cdot C \cdot P \tag{1}$$

式中,A 为年平均土壤流失量,$t/(hm^2 \cdot a)$;R 为降雨侵蚀因子,$MJ \cdot mm/(hm^2 \cdot h \cdot a)$;$K$ 为土壤可蚀性因子,$t \cdot h/(MJ \cdot mm)$;L 为坡长因子;S 为坡度因子;C 为覆盖与管理因子;P 为水土保持措施因子。

2.1 土壤可蚀性因子 K 估算

土壤可蚀性即土壤遭受侵蚀的敏感程度,是土壤抵抗由降雨、径流产生的侵蚀能力的综合体现。RUSLE 中,土壤可蚀性因子定义为标准小区内单位降雨侵蚀力引起的土壤流失率。采用 RUSLE 推荐的在缺少资料时采用土壤颗粒平均几何直径计算 K 因子的方法[3]:

$$K = 7.594\left(0.003\ 4 + 0.040\ 5\exp\left\{-\frac{1}{2}\left[(\log D_g + 1.659)/0.710\ 1\right]^2\right\}\right) \tag{2}$$

$$D_g = \exp(0.01\sum f_i \ln m_i) \tag{3}$$

式中,D_g 为土壤颗粒平均几何直径,mm;m_k 为第 k 级粒级下组分限值的平均值,mm;f_k 为第 k 级粒级组分的质量百分比,%。

流域土壤类型为黄绵土、属坡黄绵土亚类。根据土壤粒径大小及其质量分数[4](见表1),由式(2),算得 K 因子值为 0.047 $t \cdot h/(MJ \cdot mm)$。

表1 四面窑沟流域土壤粒径大小及质量分数

粒径等级/mm	>0 ~ <0.002	0.002 ~ <0.01	0.01 ~ <0.02	0.02 ~ 2
质量分数/%	21.37	26.12	30.95	21.56

2.2 降雨侵蚀因子 R 估算

降雨侵蚀因子反映降雨引起土壤分离和搬运的动力大小,即降雨产生土壤侵蚀的潜在能力。经典算法用降雨动能和最大 30 min 雨强的乘积度量降雨侵蚀力,须以次降雨资料为基础。在许多国家和地区,长时间序列的降雨过程资料难以获得,且处理和计算烦琐,限制了应用。选用基于日降雨资料的年降雨侵蚀力算法[5]。

$$M_x = \alpha\sum_{y=1}^{k}(D_y)^{\beta} \tag{4}$$

$$\beta = 0.836\ 3 + 18.144 P_{d12}^{-1} + 24.455 P_{y12}^{-1} \tag{5}$$

$$\alpha = 21.586\beta^{7.189\ 1} \tag{6}$$

式中,M_x 为第 x 年的降雨侵蚀力,$MJ \cdot mm/(hm^2 \cdot h \cdot a)$;$k$ 为 1 a 内的天数,d;D_y 为年内第 y 日侵蚀性降雨量(mm,按黄土高原侵蚀性降雨标准[6],要求大于 12 mm,否则按 0 计);P_{d12} 为日雨量不小于 12 mm 的日均降雨量,mm;P_{y12} 为日雨量不小于 12 mm 的年降雨量,mm;α、β 为模型参数。

流域内降雨空间异质性不明显,统一采用吴起县气象站降雨数据计算。由 1971—2004 年日降雨资料获得 34 a 的降雨侵蚀力(见图 1),平均降雨侵蚀力为 1 345.49 MJ · mm · $hm^{-2} \cdot h^{-1} \cdot a^{-1}$。

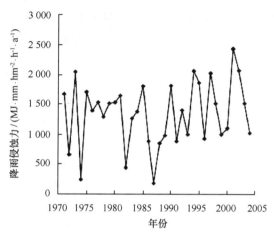

图 2　四面窑沟流域 1971—2004 年降雨侵蚀力

2.3　坡度因子 S 估算

坡度因子表示其他因子相同时,一定坡度的坡面上,土壤流失量与标准径流小区典型坡面土壤流失量的比值,是侵蚀加速因子,与坡长因子一起反映地形地貌特征对土壤侵蚀的影响。采用 Nearing[7] 提出的坡度因子的连续函数回归方程:

$$S = -1.5 + 17/(1 + e^{2.3-6.1\sin \theta})$$ (7)

式中,θ 为坡度(°)。

该公式完全适用于坡度小于 25°时 S 因子的计算,同时也适用于陡坡的 S 因子计算。流域 91% 的区域坡度大于 10°,因此采用此算法。在 ArcGIS 中,基于 DEM 提取坡度,并利用栅格计算获得 S 因子图层。

2.4　坡长因子 L 估算

坡长因子表示其他条件相同时,一定坡长的坡面上,土壤流失量与标准径流小区典型坡面土壤流失量的比值。首先,根据黄土区有关研究成果[8-13],确定流域不同土地利用类型的多年平均产流系数。其次,鉴于 RUSLE 是以休闲耕地为侵蚀基准建立的模型,各因子的计算标准都应以休闲耕地为基础。因此,以裸地的产流系数为换算标准,将不同土地利用类型的产流系数与裸地的产流系数比值作为对应单元格的汇流面积贡献率,即实际汇流面积与单元格面积的比例(见表 2)。最后,将每个单元格的实际汇流面积,按流向累加,得到单元格上坡实际汇流面积,以此计算 L 因子:

$$L_{i,j} = \frac{(A_{i,j} + t_n \cdot D^2)^{m+1} - A_{i,j}^{m+1}}{D^{m+2} x_{i,j}^m (22.13)^m}$$ (8)

$$x_{i,j} = \cos \alpha_{i,j} + \sin \alpha_{i,j} \tag{9}$$

式中,$A_{i,j}$为第 i 行、第 j 列单元格考虑地表覆盖的上坡实际汇流面积,m^2;D 为单元格边长,m;t_n 为不同土地利用类型的汇流面积贡献率;$x_{i,j}$ 为第 i 行、第 j 列单元格的等高线长度系数;$\alpha_{i,j}$ 为第 i 行、第 j 列单元格的坡向;22.13 为标准小区的坡长,m;m 为坡长指数(当 $\theta \leqslant 0.5°$,$m = 0.2$;当 $0.5° < \theta \leqslant 1.5°$,$m = 0.3$;当 $1.5° < \theta \leqslant 2.5°$,$m = 0.4$;当 $\theta > 2.5°$,$m = 0.5$)。

表2　不同土地利用类型产流系数和覆盖与管理因子值

土地利用类型		产流系数	汇流面积贡献率	覆盖与管理因子 C	备注
农地		0.22	0.33	0.560	等高耕作
有林地		0.11	0.16	0.004	油轻,小叶杨
灌木林地		0.06	0.09	0.083	沙棘林
疏林地		0.07	0.11	0.144	山杏,油松
天然荒草地	低覆盖草地	0.26	0.39	0.440	覆盖度≤30%
	中覆盖草地	0.23	0.34	0.270	30%≤覆盖度≤60%
	高覆盖草地	0.14	0.21	0.170	覆盖度≥60%
建设用地		0.67	1.00	1.000	裸地

3　意义

根据黄土高原的土壤侵蚀公式[2],采用新坡长因子算法评估获得四面窑沟流域的多年平均侵蚀强度为 4 399.79 $t \cdot km^{-2} \cdot a^{-1}$,属中度侵蚀,结果与实际调查较为吻合,说明因子算法改进有效、可行。不同坡向的侵蚀强度由大至小表现为正阳坡,半阳坡,半阴坡,正阴坡,其中,占总面积45.07%的阳坡产生56.50%的侵蚀量;不同土地利用类型中,占总面积57.07%的草地产生96.37%的侵蚀量,成为目前流域内主要侵蚀产沙源。研究为应用修正通用土壤流失方程在黄土高原进行侵蚀评估提供技术范例,为该区侵蚀防治和水土资源利用提供有益参考。

参考文献

[1] Desmet P J, Govers G. A GIS procedure for the automated calculation of the USLE *LS* factor on topographically complex landscape units. Journal of Soil and Water Conservation, 1996, 51: 427 – 433.

[2] 秦伟,朱清科,张 岩. 基于 GIS 和 RUSLE 的黄土高原小流域土壤侵蚀评估. 农业工程学报,2009,25(8):157 – 163.

[3] 刘宝元,张科利,焦菊英. 土壤可蚀性及其在侵蚀预报中的应用. 自然资源学报,1999,14(4):345 –

350.

[4]　赵民涵.延安土壤.西安:西安地图出版社,1989.

[5]　章文波,付金生.不同类型雨量资料估算降雨侵蚀力.资源科学,2003,25(1):35-41.

[6]　谢云,刘宝元,章文波.侵蚀性降雨标准研究.水土保持学报,2000,14(4):6-11.

[7]　Nearing M A. A single, continuous function for slope steepness influence on soil loss. Soil Science Society of America Journal, 1997, 61(3):917-919.

[8]　孙立达,朱金兆.水土保持林体系综合效益研究与评价.北京:中国科学技术出版社,1995.

[9]　吴钦孝,赵鸿雁,汪有科.黄土高原油松林地产流产沙及其过程研究.生态学报,1998,18(2):151-157.

[10]　王辉,王全九,邵明安.表层土壤容重对黄土坡面养分随径流迁移的影响.水土保持学报,2007,21(3):10-18.

[11]　吴淑芳,吴普特,冯浩,等.标准坡面人工草地减流减沙效应及其坡面流水力学机理研究.北京林业大学学报,2007,29(3):99-104.

[12]　潘成忠,上官周平.黄土区次降雨条件下林地径流和侵蚀产沙形成机制:以人工油松林和次生山杨林为例.应用生态学报,2005,16(9):1597-1602.

[13]　张建.CREAMS模型在计算黄土坡地径流量及侵蚀量中的应用.土壤侵蚀与水土保持学报,1995,1(11):54-57.

拖拉机的整机缓冲模型

1 背景

针对传统刚性支重轮减振效果较差的现状,孙大刚等[1]采用一种间隔阻尼层式结构,对支重轮减振性能进行改进。以某型号履带式拖拉机为应用实例,建立其整机缓冲模型及单个支重轮的缓冲模型,导出支重轮幅频特性响应函数。

2 公式

以采用刚性悬架的履带式拖拉机为研究对象,建立 r 个支重轮的"路面—车辆"整机和单个支重轮的缓冲模型[2-3](见图1),并对该车辆的缓冲性能进行分析。

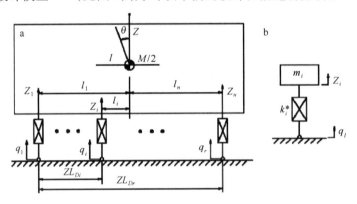

图1 整机和单支重轮的缓冲模型

2.1 "路面—车辆"缓冲模型分析

"路面—车辆"模型(图1a)为两自由度 r 输入2输出随机振动系统模型[4-5],根据达朗贝尔原理,得到该系统的运动微分方程:

$$\begin{cases} M\ddot{Z}/2 + \sum_{i=1}^{r} k_i^* z_{0i} = \sum_{i=1}^{r} k_i^* q_i \\ I\ddot{\varphi} + \sum_{i=1}^{r} k_i^* z_{0i} l_i = \sum_{i=1}^{r} k_i^* q_i l_i \end{cases}$$

此时,整机的放大倍数为:

$$H_{pq}(j\omega) = \left[\left(\sum k_i l_i^2 - I\omega^2 \right) k_q + \left(- \sum k_i l_i \right) k_q l_q \right] / \mid D \mid$$

$$(p = 1,2; q = 1,2,\cdots,r) \tag{1}$$

其中,

$$D = \begin{bmatrix} \sum k_i^* - (2\pi f)^2 M/2 & \sum k_i^* l_i \\ \sum k_i^* l_i & \sum k_i^* l_i^2 - (2\pi f)^2 I \end{bmatrix}$$

式中,D 为系统参数矩阵;$M/2$ 为单侧行走机构所承受的质量;k_i^* 为第 i 个支重轮的复刚度;$k_i^* = k'_i(1 + j\eta)$;η 为结构的损耗因子;I 为车体惯性矩;z_{0i} 为第 i 个支重轮悬挂系统与车体连接处的垂直位移;l_i 为车体质心与第 i 个支重轮悬挂系统与车体连接处的距离;q_i 为第 i 个支重轮的垂直位移;θ 为车体质心绕横轴的角位移;Z 为车体质心垂直位移;ZL_{Di} 为第 i 个支重轮与第一支重轮之间的轴距。

若以第一个支重轮为研究对象,其一阶频率响应函数:

$$H_{11}(j\omega) = \frac{1}{\mid D \mid} \left[\left(\sum k_i l_i^2 - I\omega^2 \right) k_1 + \left(- \sum k_i l_i \right) k_1 l_1 \right] \tag{2}$$

二阶频率响应函数:

$$H_{21}(j\omega) = \frac{1}{\mid D \mid} \left[\left(- \sum k_i l_i \right) k_1 + \left(\sum k_i - m\omega^2/2 \right) k_1 l_1 \right] \tag{3}$$

2.2 单支重轮缓冲模型分析

在整机模型中取一支重轮进行分析,其缓冲模型如图 1b 所示[6-7]。其中,m_i 表示车辆作用在第 i 个支重轮上的质量,k_i^* 表示第 i 个支重轮的复合刚度,q_i 为激励,Z_i 为响应。

其运动方程为:

$$m_i \ddot{z}(t) + k_i^* Z_i = F = k'_i q_i \tag{4}$$

式中,$\omega_{in} = \sqrt{k'_i/m_i}$,$\gamma_i = \omega/\omega_{in}$,$\xi_i = c/(2\sqrt{k'_i m_i})$,$m_i$ 为单个支重轮所承受的质量,ω 为激励的频率,ω_{in} 为支重轮的固有频率,γ_i 为频率比,ξ 为阻尼因子,c 为阻尼系数。令 $l_i = 2\gamma_i \xi_i$,该支重轮对振幅的放大倍数为:

$$H_i(\omega) = \sqrt{\frac{1 + l_i^2}{(1 - \gamma_i^2)^2 + l_i^2}} \tag{5}$$

3 意义

使用 Matlab 分别对传统的及改进后的支重轮进行仿真对比分析,孙大刚等[1]建立了拖拉机的整机缓冲模型,结果表明:新型支重轮可有效地缓冲该拖拉机所受的振动。用 AN-SYS 软件对新型支重轮进行强度分析,表明其强度能满足拖拉机各工况的使用要求。间隔阻尼层式支重轮在理论上能应用于实际工作。

参考文献

[1] 孙大刚,干奇银,杨兆民,等. 间隔阻尼层式支重轮缓冲性能分析. 农业工程学报,2009,25(8):78 - 82.

[2] 管继富,武云鹏,黄华,等. 车辆半主动悬架的模糊控制. 系统仿真学报,2007,19(5):1030 - 1033.

[3] 蒋陆德,毕小平,张智诠. 坦克负重轮三维温度场有限元计算研究. 装甲兵工程学院学报,2007,21(4):36 - 41.

[4] 孙大刚,宋勇,张学良,等. 黏弹性悬架阻尼缓冲件动态接触有限元建模研究. 农业工程学报,2008,24(1):24 - 28.

[5] Besselink I J M,Pacejka H B. The SWIFT TyreModel:Overview and Application. Proceedings of AVEC'04. Arnhem, the Netherlands. 2004: 525 - 530.

[6] 刘瑛,刘洁,潘宏侠. 履带车辆车体载荷分析和快速模拟寿命试验. 天津工程师范学院学报,2008,18(4):14 - 17.

[7] Pauwelussen J P,Gootjes L,Schroder C. Full vehicle ABS braking using the SWIFT rigid ring tyre model. Control Engineering Practice, 2003, 11(2):199 - 207.

冬小麦断根铲的结构公式

1 背景

机械断根技术是冬小麦高产栽培的重要配套措施。断根铲是小麦机械断根的关键工作部件,结构参数设计是否合理,决定了小麦机械断根效果和断根作业质量。吕钊钦等[1]通过对断根铲结构参数的试验和分析,提出了断根铲的断根机理,对断根铲不同结构参数的断根效果和作业质量进行了试验研究,得到了符合小麦断根要求的最佳结构参数。为小麦断根机械的设计提供了依据。

2 公式

2.1 翼张角

沿断根机前进方向,断根铲两个翼刃在水平面内投影的夹角 2γ 叫翼张角。断根铲进行断根作业时,断根铲刃受力如图 1 所示,其中, R 是小麦根系阻力, F 是小麦根系与刃口间的摩擦力。

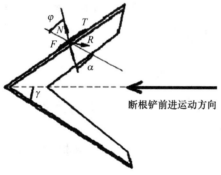

图 1 断根铲刃受力简图

断根铲刃对小麦根系进行切割时,只有当小麦根系阻力 R 沿刃口的分力 T 大于小麦根系与刃口间的摩擦力 F 时,小麦根才能沿刃口向后滑移,即 $T>F$,由图 1 得: $R\cos \gamma > R\sin \gamma \tan \varphi$,即 $\tan(90° - \gamma) > \tan\varphi$,由此得:

$$\gamma < 90° - \varphi \qquad\qquad (1)$$

式中: φ 为杂草对铲刃的摩擦角。

2.2 碎土角

在与断根铲刃口垂直的截面内,铲翼上表面与水平面间的夹角 β 叫碎土角。碎土角对小麦断根起辅助作用。β 选取原则是在不翻土的前提下尽量取大值,以保证尽可能多地断根。碎土角一般取值范围 $\beta = 3° \sim 15°$。

2.3 入土角

入土角 α 为断根锄铲工作面与水平面之间的夹角。入土角的大小对断根数量和质量有重要影响作用。入土角过小时,断根作业不稳定;入土角过大时,土壤侧向移动增加,土层抬起过高,导致翻土、地表不平,既压伤麦苗,又不利于保墒,同时,增加了土壤阻力。实际上,入土角综合反映了翼张角 2γ 和碎土角对断根质量的影响,它由翼张角 2γ、碎土角 β 的大小来决定:

$$\tan\alpha = \tan\beta\sin\gamma \tag{2}$$

2.4 切土角

在与断根铲刃口垂直的截面内,铲翼刃与水平面所形成的夹角叫切土角 β_0。断根铲切断小麦根系与杂草的能力主要取决于切土角 β_0、刃口锋利程度和翼张角 2γ 的大小。β_0 值越小,其切草能力越强。在保证铲刃强度的前提下,切土角 β_0 宜取小值。切土角 β_0 等于刃角 i 与入土隙角 ε 之和。即:

$$\beta_0 = i + \varepsilon \tag{3}$$

式中,i 为刃角,$i = 10°$;ε 为入土隙角,$\varepsilon = 8°$。由此得出 $\beta_0 = 18°$。

2.5 铲翼宽度

断根作业时,铲翼宽度 b_1 和碎土角 β 影响碎土程度和土壤的位移。为避免土壤位移过大而造成土层混乱和翻土,根据试验,取 $b_1 = 15$ mm。

2.6 断根铲幅宽

断根铲幅宽对阻力的影响很大,随着幅宽的增大,则阻力明显增大。减小幅宽,有利于减小阻力,但幅宽又必须满足小麦断根的农艺要求,根据断根机理的分析可知,断根土壤变形区域的大小对小麦断根与伤根程度有较大影响。

断根土壤变形区域与土壤类型、断根铲幅宽、断根深度、断根铲入土角等因素有关,断根铲幅宽与土壤变形区域界限的关系式:

$$B = b - \frac{2h\tan\frac{\theta}{2}}{\cos(\phi + \alpha)} \tag{4}$$

式中,b 为土壤变形区域的宽度,cm;B 为断根铲宽度,cm;h 为断根深度,cm;ϕ 为土壤对断根铲倒摩擦角,采用 $25°$;θ 为土壤剪切角,采用 $50°$。

根据小麦机械断根的技术要求,选择不同的翼张角和碎土角,计算对应的入土角(表1),并对各入土角的断根效果和质量进行了试验研究,试验结果如表2所示。

254

表1 入土角与翼张角和碎土角对应关系 单位：°

入土角 α	翼张角 2γ	碎土角 β
1.5	60	3
3.5	70	6
5.8	80	9
8.5	90	12
11.6	100	15
16.6	110	20
22	120	25

表2 断根铲入土角对断根效果和作业质量的影响

测试项目	入土角/(°)						
	1.5	3.5	5.8	8.5	11.6	16.6	22
入土情况	较差	良好	良好	良好	良好	良好	良好
有无堵塞	无	无	无	无	无	无	杂草有时堵塞
平均断根深度/cm	10.5	10.5	10.5	10.5	10.5	10.5	10.5
断根深度变异系数/%	13.8	8.5	6.1	5.4	8.4	9.8	12.9
地表平整度	平整	平整	平整	平整	有沟	有大沟	有大沟
有无翻土	无	无	无	无	有时	无	较重
土层压伤麦苗状况	无	无	无	无	有时	有	较重
土层伤麦苗状况/%	0	0	0.012	0.018	0.5	1.76	12.5
对照根单株于质量/mg	162	162	162	162	162	162	162
断根后单株于质量/mg	132.7	118.6	107.1	105.9	104.7	103.7	103.3
断根率/%	25.3	26.8	33.9	35.2	35.4	36.1	36.2

3 意义

通过对断根铲结构参数的试验和分析，吕钊钦等[1]建立了冬小麦断根铲的结构公式，结果表明：断根铲的翼张角 2γ 增大，滑切作用降低，杂草缠绕、堵塞增加；切土角 β_0 越小，断根能力越强；碎土角 β 对小麦断根伤根起辅助作用，入土角 α 和断根铲幅宽 B 越大，断根量越大，但翻土、损伤麦苗、地表不平也随之加重。断根铲合理的结构参数为：$\gamma = 45°$，$\beta = 12°$，$\beta_0 = 18°$，$\alpha = 8.5°$，$B = 8$ cm。此时的断根铲断根率为41.6%。研究结果为小麦断根机械的设计提供了依据。

参考文献

[1] 吕钊钦,李汝莘,尹克容,等. 冬小麦断根铲最佳结构参数试验. 农业工程学报,2009,25(8):83-87.

宁夏干旱的监测模型

1 背景

张学艺等[1]探索同时对地面温度 Ts 和植被指数 VI 进行改进的应用研究,获得改进型温植被旱情指数(modify temperature – vegetation dryness index, MTVDI)。根据各指数的特点,选择作物在非生长季用 MEI 或 PDI,在作物生长季用 MTVDI、MPDI,精度可达 90% 左右。利用 MODIS 资料和地面自动气象站观测数据反演地表温度(LST),结合 MODIS – EVI 试验研究改进型温植被旱情指数(MTVDI)。用通道 2 和 LST 试验研究改进型能量指数(MEI),用通道 1 和通道 2,引入植被覆盖度,试验研究改进型垂直干旱指数(MPDI)。结合农业气象常规业务地面取土测墒资料,建立各指数与土壤含水率的统计函数关系。

2 公式

2.1 改进型温植被旱情指数(MTVDI)的构建

2.1.1 LST 反演

LST 反演采用张学艺等[2]的基于 MODIS/Terra 和地面自动站观测数据的统计算法:

$$LST = 4.545 \times T_{31} - 3.652 \times T_{32} + 140.548 \times \rho_{19} + 17.257 \times EVI - 8.451 \qquad (1)$$

式中:T_{31}、T_{32} 为 31、32 通道的亮温,K;ρ_{19} 为 1 通道的反射率;EVI 为增强型植被指数。

2.1.2 NDVI 或 EVI 的选取

归一化植被指数 NDVI 为:

$$NAVI = \frac{\rho_{nir} - \rho_{red}}{\rho_{nir} + \rho_{red}} \qquad (2)$$

式中,ρ_{nir}、ρ_{red} 为近红外、红光波段反射率。增强型植被指数 EVI 为:

$$EVI = \frac{\rho_{nir} - \rho_{red}}{\rho_{nir} + C_1 \times \rho_{red} - C_2 \times \rho_{blue} + L}(1 + L) \qquad (3)$$

式中,ρ_{red}、ρ_{nir}、ρ_{blue} 为红光、近红外、蓝光波段反射率;$L = 1$,土壤调节参数;$C_1 = 6.0$,$C_2 = 7.5$。

2.1.3 MTVDI 构建

(1)干、湿边方程。

收集、整理宁夏气象科学研究所接收的 2005—2007 年多景 MODIS 影像资料,根据式(1)、式(3)分别获得 LST 和 MODIS – EVI,步长取 0.01,得到宁夏地区的 LST – EVI 特征空间(图 1)。

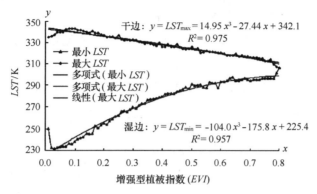

图 1   2005—2007 年 LST – EVI 特征空间分布

由图 1 可知,LST – EVI 特征空间分布可划分为两段。当 *EVI* > 0.10 时,干边随 *EVI* 增大而递减,*EVI* 与 *LST* 之间的线性关系非常显著,而湿边则随 *EVI* 增大而增大,两者之间线性关系也非常显著,可以用来监测作物、林草发育期的旱情监测;当 *EVI* ≤ 0.10 时,基本可认为下垫面是裸地,此时 EVI 没有意义,应改用 MEI 或 MPDI 进行干旱监测。干/湿边方程分段表示为:

干边方程

$$LST_{max} = \begin{cases} 100.72 \times EVI + 334.52 \\ (R^2 = 0.9498, EVI \leqslant 0.10) \\ 16.555 \times EVI^2 - 55.46 \times EVI + 347.42 \\ (R^2 = 0.9853, 0.10 < EVI \leqslant 0.80) \end{cases} \tag{4}$$

湿边方程

$$LST_{min} = \begin{cases} -67.25 \times EVI + 238.67 \\ (R^2 = 0.0965, EVI \leqslant 0.10) \\ -122.91 \times EVI^2 + 207.36 \times EVI + 211.4 \\ (R^2 = 0.9806, 0.10 < EVI \leqslant 0.80) \end{cases} \tag{5}$$

式中,LST_{max}、LST_{min} 为不同 *EVI* 值对应的干(最高)、湿边(最低)温度,K。

（2）MTVDI 的构建。

根据 Sand – holt 等利用简化的 Ts – NDVI 特征空间提出的温植被旱情指数 TVDI 为[3]:

$$TVDI = \frac{Ts - Ts_{min}}{Ts_{max} - Ts_{min}} \times 100 \tag{6}$$

式中,*TVDI* 为温植被旱情指数;*Ts* 为某像元地面温度;Ts_{min} 为对应 *NDVI* 值的最低地面温度,K;Ts_{max} 为对应 *NDVI* 值的最高地面温度,K。

Ts 的获得通常有两种方式,一是 NASA 提供的分裂窗算法,因其算法是基于全球模式的,本地化运用误差大,尤其在干旱半干旱地区误差更大。二是覃志豪等提出的改进型分裂窗算法,不足的是本地化参数多,需对大气透明度和地表比辐射率进行估算。本研究一方面引入本地化 LST 统计算法[4],使获得的地表温度更具有实际意义,另一方面用更适合于开展定量研究与应用的增强型植被指数(*EVI*)取代 *NDVI*,对传统的 *TVDI* 进行改进,得到改进型温植被旱情指数 *MTVDI*:

$$MTVDI = \frac{LST - LST_{min}}{LST_{max} - LST_{min}} \times 100 \quad (7)$$

式中,*LST* 为任一像元反演得到的陆面温度,K,由式(1)求得;LST_{max} 为对应 *EVI* 值反演得到的最高陆面温度,K,由式(4)求得;LST_{min} 为对应 *EVI* 值反演得到的最低陆面温度,K,由式(5)求得。

2.2 改进型能量指数(*MEI*)的构建

能量指数 $EI^{[5]}$ 为:

$$EI = (1 - \rho_2)/T_S \quad (8)$$

式中,ρ_2 为 EOS 卫星 2 通道的反射率;T_S 为 EOS 卫星 31 通道亮温,K。

用 2.1.1 中 LST 算法替代 T_S,获得改进型能量值数 *MEI*:

$$MEI = (1 - \rho_2)/LST \quad (9)$$

这使得基于能量指数的干旱监测更符合实际下垫面状况。由于 *MEI* 值较小,这里将其扩大 10^4 倍,对其值进行归一化,其值定义在 0~100,用 *MEI'* 替代 *MEI*,则:

$$MEI' = (MEI \times 5 \times 10^{-4} - 100) \times 5 = (1 - A_1)/(LST \times 5 \times 10^{-4} - 100) \times 5 \quad (10)$$

2.3 MPDI 指数的构建

2.3.1 PDI 指数介绍公式

可见光、近红外波段一定形式的组合不仅可以用于监测植被长势和地表覆盖状况,还可以用于土壤水分估算。图 2 为阿布度瓦斯提·吾拉木等提出的垂直干旱指数(*PDI*)的示意图。

在 NIR - Red 特征空间上,从任何一个点 E(Rred,Rnir)到直线 L 的距离都可以说明地表的干旱情况,即离 L 线越远地表越干旱,反之亦然。对黑体来说其干旱指数为最小,正好落在坐标原点,其余具有一定反射能力的任何物体越湿润越接近原点。一般来说,最接近 L 线的空间都是水体或较湿润区域分布。远离 L 线的空间都是较干旱的区域。因此,可以用 Nir - Red 特征空间上的任意一点 E(R_{red},R_{nir})到直线 L 的距离来描述干旱的状况,可以建立一个基于 Nir - Red 光谱空间特征的干旱监测模型,即垂直干旱指数(*PDI*)。

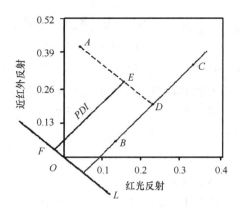

图2 垂直干旱指数(PDI)的示意图

$$PDI = \frac{1}{\sqrt{M^2 + 1}}(R_{\text{red}} + MR_{\text{nir}}) \tag{11}$$

式中,R_{red}、R_{nir}为经过大气校正的红光、近红外波段反射率;M为土壤线斜率。PDI越大表示地表越干旱,反之亦然。

2.3.2 MPDI指数介绍

针对PDI设计的局限性,引入植被覆盖度,对在Nir-Red光谱特征空间的混合像元进行分解,获取与旱情有关的纯土壤信息,将这种改进后的指数称之为改进的垂直干旱指数MPDI。令soil表示土壤,消除植被信息,MPDI可表示为:

$$MPDI = \frac{1}{\sqrt{M^2 + 1}}(R_{\text{red,soil}} + MR_{\text{nir,soil}}) \tag{12}$$

式中,$R_{\text{red,soil}}$为纯土壤地表时红光波段反射率;$R_{\text{nir,soil}}$为纯土壤地表时近红外波段反射率。

植被覆盖度(f_v)是植被冠层的垂直投影面积与土壤总面积之比,是描述冠层反射特征的重要因素。当植被覆盖度小于100%时,土壤对植被反射光谱有较大影响。光谱植被指数($SVIs$)和植被覆盖度具有较高的相关性,可以利用光谱植被指数来计算植被覆盖度。根据像元中植被覆盖结构的不同,可以分为纯像元和混合像元两类。其植被覆盖度为$f_v = 1$,属于纯像元;如植被不能完全覆盖整个像元,$f_v < 1$,是植被与土壤构成的混合结构,属于混合像元。若用R_i来表示i波段经过大气校正的混合像元反射率,则有:

$$R_i = f_v R_{i,v} + (1 - f_v)R_{i,\text{soil}} \tag{13}$$

式中,$R_{i,v}$和$R_{i,\text{soil}}$为混合像元中植被与土壤的反射率部分。对公式变形,可以得到土壤反射率$R_{i,\text{soil}}$。

$$R_{i,\text{soil}} = \frac{R_i - f_v R_{i,v}}{1 - f_v} \tag{14}$$

这样可分别得到$R_{\text{red,soil}}$与$R_{\text{nir,soil}}$,代入$MPDI$算式,可以计算$MPDI$,其数学表达式为:

$$MPDI = \frac{R_{red} + MR_{nir} - f_v(R_{red,v} + MR_{nir,v})}{(1 - f_v)\sqrt{M^2 + 1}} \tag{15}$$

式中,$R_{red,v}$、$R_{nir,v}$为植被在 Red、NIR 波段的反射率。对某种长势条件下的植被而言,$R_{red,v}$和$R_{nir,v}$已近似为固定参数,而引起植被反射率变化的是植被覆盖度。根据徐希孺和赵英时的研究,植被在红光波段的反射率一般在 0.05 以下,而近红外波段的反射率为 0.50 以下。通过叶片或冠层的辐射传输模型也可以计算出植被的 $R_{red,v}$ 和 $R_{nir,v}$。为了满足快速反演的需求,结合宁夏本地的实际情况,$R_{red,v}$ 和 $R_{nir,v}$ 取经验值,即 $R_{red,v} = 0.05$,$R_{nir,v} = 0.50$。

2.4 3 种监测模式监测精度对比结果

用 PDI、MPDI 对 2005 年 6 月上旬、MEI′对 2006 年 9 月上旬、MTVDI 对 2007 年 5 月中旬,宁夏的干旱状况进行监测,用所开发的软件对不同干旱程度发生面积进行统计,并与宁夏气象局"干旱灾情直报系统"上报的各干旱发生程度实地调查结果进行对比。为评估模型监测精度,这里提出综合监测精度概念,定义为:

$$K = \sum_{i=1}^{n} (k_i \times x_i) \tag{16}$$

式中,K 为综合监测精度;k_i 为某一级别的干旱监测精度权重系数;x_i 为某一级别的干旱监测精度。为计算方便,这里假定 $k_i = 1/n$。各指数干旱监测综合精度结果见表1。

表1 各指数干旱监测综合精度评估

指数	轻度受旱/ ×10⁴ hm² 实际面积/监测面积	中度受旱/ ×10⁴ hm² 实际面积/监测面积	重度受旱/ ×10⁴ hm² 实际面积/监测面积	综合监测精度/%
MTVDI	29.43/33.38	30.71/36.54	21.24/24.54	86.30
MEI′	132.67/145.95	79.33/85.17	80.67/90.64	91.00
MPDI	15.33/16.49		9.67/11.14	89.90

注:表中作物生长季干旱监测为农田干旱监测精度,非生长季为生态干旱监测精度,2007 年 5 月 18 日农田判别指标为 $0.28 \leqslant NDVI \leqslant 0.6$,2005 年 6 月 6 日农田判别指标为 $0.3 \leqslant NDVI \leqslant 0.7$。

2.5 应用实例公式

根据干旱监测模式,反演得到各土壤湿度监测经纬度点的土壤湿度值,然后把这些估计得到的土壤湿度值与实际取土测墒结果值进行比较。利用如下公式计算平均相对误差(REE)。

$$REE = \sqrt{\frac{\sum_{i=1}^{n}\left[(y_i - y'_i)/y_i\right]^2}{N}} \tag{17}$$

式中,y_i 为各站点测得的土壤湿度值;y'_i 为模型估算的站点对应经纬度点的土壤湿度值;N 为样本数。得出:MEI 在监测作物生长初期时的估算精度为 90.2%,$MTVDI$ 在监测作物生长季时的估算精度为 87.5%,监测结果分布趋势与实际发生趋势一致。

3 意义

干旱的监测模型用于宁夏干旱监测业务,结果表明[1]:MTVDI、MPDI 在作物生长季监测效果显著,MEI、PDI 对裸露或稀疏植被地表旱情监测比较有效。几个模型各有优劣,综合运用才能在实际监测业务中发挥最佳效果,精度可达 90% 左右。最好分季节、分区域地建立各干旱监测模型,若引入辅助参数,如植被、土壤等,则效果会更好。

参考文献

[1] 张学艺,李剑萍,秦其明,等. 几种干旱监测模型在宁夏的对比应用. 农业工程学报,2009,25(8): 18 – 23.

[2] 张学艺,张晓煜,卫建国,等. 基于 MODIS 资料的宁夏 LST 反演方法新探索. 气象,2009,(5):63 – 67.

[3] 张春桂,陈家金,林晶,等. VI – LST 遥感模型在福建省干旱灾害监测中的应用. 福建农林大学学报(自然科学版),2008,37(4):409 – 414.

[4] 卢远,华璀,韦燕飞. 利用 MODIS 数据进行旱情动态监测研究,地理与地理信息科学,2007,23(3): 55 – 57.

[5] 张文宗,姚树然,赵春雷,等. 利用 MODIS 资料监测和预警干旱新方法. 气象科技,2006,34(4): 501 – 504.

锥齿轮的预紧力公式

1 背景

针对装载机主传动器中主动锥齿轮的预紧问题,卫道柱等[1]研究了主动锥齿轮轴承轴向预紧力与内、外圈轴向相对位移以及预紧力矩的关系,提出以测量容易实现、精度较高的轴承启动摩擦力矩来替代测量较难实现的轴向预紧力,并研制成功了轴承启动摩擦力矩测量的设备。并运用差速拧紧锁紧螺母,逐步地预紧轴承,能自动启动摩擦力矩,使主动锥齿轮得到合适的预紧。

2 公式

2.1 轴向预紧力与轴承内、外圈轴向相对位移的关系

按照施加预载荷的方式,主动锥齿轮轴承的预紧方式可分为定位预紧和定压预紧[2-3]。此处采用定位预紧,具体做法是通过旋紧锁紧螺母,压紧上轴承的内圈,再通过弹性隔套的变形,将上下轴承的内外圈压紧。内圈作用在滚子和外圈上的轴向力就是轴承的预紧力,轴承内、外圈轴向相对位移即是预紧量。

对圆锥滚子轴承的内圈施加轴向预紧力 F_{ao} 时,轴承内、外圈轴向相对位移 $\delta_{ao}(\mu m)$ 与轴向力 $F_{ao}(N)$ 的关系[4-5]:

$$\delta_{ao} = 0.076\,6F_{ao}^{0.9}l_e^{-0.8}z^{-0.9}\sin^{-1.9}\alpha \tag{1}$$

或者写成:

$$F_{ao} = 17.367\,8\delta_{ao}^{10/9}l_e^{8/9}z\sin^{19/9}\alpha \tag{2}$$

式中,l_e 为圆锥滚子轴承滚子有效接触长度,mm,且 $l_e = l - 2r$,其中,l 为滚子全长,r 为滚子两端倒角;α 为接触角;z 为滚子数。

从式(1)可知,轴向位移与轴向力的0.9次幂成正比,近似地可认为轴承轴向位移与轴向力呈线性关系。

2.2 由预紧力矩到轴向预紧力的计算

当用大小为 T 的力矩拧紧锁紧螺母,锁紧螺母会通过凸缘在上轴承的内圈作用一轴向力 F。在 F 作用下,上下轴承分别产生了轴向预紧力 F_{ao} 和轴向相对位移 δ_{ao}。对上轴承作力学分析得:

262

$$F_{ao} = F - F' \tag{3}$$

式中, F' 为弹性隔套在弹性区域的受压力。F' 与轴向位 δ_{ao} 的关系为[6]:

$$F' = 2EA\delta_{ao}/H \tag{4}$$

式中, E 为弹性模量; A 为隔套截面积; H 为隔套高度。

F 与锁紧螺母拧紧力矩 T 之间的关系式为[7]:

$$F = \frac{2T}{d_2\left[\tan(\gamma + \beta) + \dfrac{2}{3}\dfrac{\mu(D^3 - d^3)}{(D^2 - d^2)d_2}\right]} \tag{5}$$

式中, T 为拧紧力矩; d 为螺纹外径; d_2 为螺纹平均直径; γ 为螺纹上升角; $\tan\gamma = s/\pi d_2$, 其中 s 为螺距; β 为螺纹摩擦角, $\tan\beta = f$, 其中 f 为螺栓与螺帽间摩擦系数; μ 为螺帽与其支撑面间摩擦系数; D 为螺栓下底圆直径。

将式(4)、式(5)代入式(3)后,得到:

$$F_{ao} = \frac{2T}{d_2\left[\tan(\theta + \beta) + \dfrac{2}{3}\dfrac{\mu(D^3 - d^3)}{(D^2 - d^2)d_2}\right]} - \frac{2EA\delta_{ao}}{H} \tag{6}$$

将式(1)代入式(6)后,近似计算得到:

$$F_{ao} = 2Td_2^{-1}\left[\tan(\gamma + \beta) + \frac{2}{3}\frac{\mu(D^3 - d^3)}{(D^2 - d^2)d_2}\right]^{-1} \cdot$$

$$[1 + 0.1532EAH^{-1}l_e^{-0.8}z^{-0.9}\sin^{-1.9}\alpha]^{-1} = K_1 T \tag{7}$$

式中, K_1 为常数。

$$K_1 = 2d_2^{-1}\left[\tan(\gamma + \beta) + \frac{2}{3}\frac{\mu(D^3 - d^3)}{(D^2 - d^2)d_2}\right]^{-1}[1 + 0.1532EAH^{-1}l_e^{-0.8}z^{-0.9}\sin^{-1.9}\alpha]^{-1}。$$

2.3　轴承的启动摩擦力矩的计算

对于一对预紧的圆锥滚子轴承,轴向位移和预紧力的测量都比较困难,而且测量精度受到仪器系统误差、轴承精度等多种因素的影响。轴承的启动摩擦力矩测量不仅比较容易,而且测量精度也较高,一般用启动摩擦力矩判断轴承内部的预紧力是否在所要求的范围内[8]。

圆锥滚子轴承的摩擦力矩主要由旋转部分的阻力矩 M_r 和内圈大挡边与滚子端面的滑动阻力矩 M_s 构成[9-11],即: $M = M_r + M_s$。在低速范围内,内圈挡边和滚子端面的滑动摩擦阻力矩是主要的,所以轴承预紧后测量的启动摩擦力矩主要为 M_s[12-13]。启动摩擦力矩 M_s 和轴向预紧力 F_{ao} 的关系为:

$$M_s = 0.098e'F_{ao}f_u\cos\phi \tag{8}$$

将式(8)写成:

$$F_{ao} = 10.2041M_s(e'f_u\cos\phi)^{-1} \tag{9}$$

式中, e' 为滚子与内圈挡边间的接触长度; ϕ 为滚子半锥角; f_u 为挡边处摩擦系数,与滚子球基面粗糙度、挡边粗糙度、油膜厚度等有关,由 NSK 滚动轴承样本取 $f_u = 0.2$。由式(8)可以看出,M_s 与 F_a 呈线性关系。

将式(2)代入式(8)中,可得出启动摩擦力矩 M_s 和内、外圈轴向相对位移 δ_{ao} 的关系:

$$M_s = 1.702 e' f_u \cos \phi \delta_{ao}^{10/9} l_e^{8/9} z \sin^{19/9} \alpha \tag{10}$$

2.4 主动锥齿轮最大轴向力的计算

作用在主动锥齿轮轮齿上的法向作用力分解为 3 个分力:沿齿轮切向方向的圆周力、沿齿轮轴线方向的轴向力以及垂直于齿线的径向力[14]。轴向力的大小与方向与主动锥齿轮的螺旋方向和旋转方向有关。

前、后驱动桥的主动锥齿轮的螺旋方向应当相反,以使工作时螺旋锥齿轮副所产生的轴向力都使主、从动锥齿轮互相推开从而提高齿轮的使用寿命。但为提高零件的通用化,前、后驱动桥采用相同的主动锥齿轮,使后驱动桥主传动器在工作时轴向力方向和上述规定的方向相反,而使齿轮的使用寿命有所降低。

当主动锥齿轮轴向力的方向是离开锥顶时,轴向力是作用在下轴承内圈上;指向锥顶时,轴向力由主动锥齿轮传递给锁紧螺母,再由锁紧螺母传给上轴承内圈。

当发动机为最大扭矩(或额定扭矩),变矩器为失速工况(即最大变矩比工况),变速器 I 档时传给主动锥齿轮上的最大扭矩(采用可穿透性液力变矩器)为:

$$T_{max} = \frac{1}{2} K_o T_{emax} i_{K1}$$

式中,T_{emax} 为发动机额定扭矩;K_o 为变矩器的最大变矩比;i_{K1} 为变速器 I 档的传动比。

沿齿轮切向作用于齿宽中点处的最大圆周力 F_{tmax} 为:

$$F_{tmax} = 2\,000\, T_{max}/d_m$$

式中,d_m 为主动锥齿轮齿宽中点分度圆直径。

图 1 为主动锥齿轮的受力简图,螺旋方向为左旋,轴为逆时针方向转动(从主动锥齿轮顶看)。若已知圆周力 F_t,则轴向力 F_a 为[15]:

$$F_a = F_t (\tan\alpha_n \sin\theta + \sin\beta_m \cos\theta)/\cos\beta_m$$

式中,α_n 为法向压力角;β_m 为平均螺旋角;θ 为锥顶角。

主动锥齿轮齿宽中心处的最大轴向力 F_{amax} 为:

$$F_{amax} = F_{tmax}(\tan\alpha_n \sin\theta + \sin\beta_m \cos\theta)/\cos\beta_m$$
$$= 2\,000 T_{max}(\tan\alpha_n \sin\theta + \sin\beta_m \cos\theta)(d_m \cos \beta_m)^{-1} = K_2 T_{max} \tag{11}$$

式中,K_2 为常数,$K_2 = 2\,000(\tan a_n \sin\theta + \sin\beta_m \cos\theta)(d_m \cos \beta_m)^{-1}$。

由发动机产生的最大轴向力 F_{amax} 与轴承内外圈相对轴向位移 δ_{amax} 的关系为:

$$F_{amax} = 17.367\,8 \delta_{amax}^{10/9} l_e^{8/9} z \sin^{19/9} \alpha \tag{12}$$

2.5 确定合适的锁紧螺母拧紧力矩和轴承启动摩擦力矩的范围

确定合适的锁紧螺母拧紧力矩和启动摩擦力矩的依据是主传动器的主动锥齿轮承受

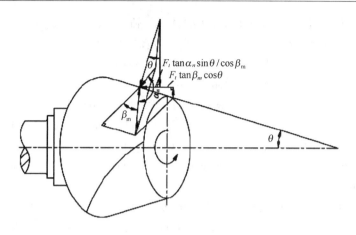

图 1　主动锥齿轮受力简图

最大的轴向负载时,主动锥齿轮的上、下轴承的内外圈和滚子都不脱离接触,也就是上下轴承预紧后产生的内外圈相对位移 δ_{ao} 应大于最大轴向力产生的内外圈相对位移 δ_{amax}。一般为安全起见,取 $\delta_{ao} = (1.1 \sim 1.3)\delta_{amax}$。

由式(2)、式(7)、式(11)和式(12),可算得 T 的取值为:

$$T = (1.111\,7 \sim 1.338)\frac{K_2}{K_1}T_{max} = (1.111\,7 \sim 1.338)KT_{max}$$

式中,K 为常数,$K = K_2/K_1$。

由式(10)、式(11)和式(12),可算得 M_s 的取值为:

$$M_s = (0.109 \sim 0.131)K_2 e' f_u \cos\varphi\, T_{max} = (0.109 \sim 0.131)K' T_{max}$$

式中,K' 为常数,$K' = K_2 e' f_u \cos\phi$。

3　意义

通过分析圆锥滚子轴承的预紧力与内外圈轴向相对位移、锁紧螺母的拧紧力矩以及摩擦力矩的关系,卫道柱等[1]建立了锥齿轮的预紧力公式。研制出了主传动器自动装配设备,采用同向、不同转速旋转主动锥齿轮和锁紧螺母,差速旋紧锁紧螺母的方法进行装配,可分别对锁紧螺母的拧紧力矩和轴承的启动摩擦力矩进行实时测量,得到合适的预紧力。

参考文献

[1]　卫道柱,桂贵生,高雷等. 基于差速拧紧的装载机主动锥齿轮预紧力测量方法. 农业工程学报,
　　　2009,25(9):105 - 110.

[2]　李红光. 滚动轴承预紧的意义和预紧力的估算及调整. 机械制造,2004,42(9):45 - 46.

[3] 姜韶峰,刘正士,杨孟祥.角接触球轴承的预紧技术.轴承,2003,(3):1-4.

[4] 李为民.圆锥滚子轴承轴向定位预紧刚度计算.轴承,2004,(5):1-3.

[5] Ludwik Kania. Modelling of rollers in calculation of slewing bearing with the use of finite elements. Mechanism and Machine Theory, 2006, 41: 1362-1364.

[6] 徐道远,朱为玄,王向东.材料力学.南京:河海大学出版社,2006:17-18.

[7] 韩维群.润滑因素对螺栓连接预紧力的影响.航天制造技术,2007,(5):52-53.

[8] G Allan Hagelthorn. Preload adjustments of wheel bearings on tractor-trailer combinations:The factors of compliance //Commericial Vehicle Engineering Congress and Exhibition. Rosemount, Illinois, USA: [s. n.],2004.

[9] 张茂亮,彭晓红.降低圆锥滚子轴承摩擦力矩的方法.轴承,2006,(9):4-5.

[10] Blake J J, Truman C E. Measurement of running torque of tapered roller bearings. Proceedings of the Institution of Mechanical Engineers—Part J—Journal of Engineering Tribology, 2004, 218(4): 239-249.

[11] Hiroki Matsuyama, Hirofumi Dodoro, Kiyoshi Ogino, et al. Development of super-low friction torquetapered roller bearing for improved fuel efficiency//Commericial Vehicle Engineering Congress and Exhibition. Rosemount, Illinois, USA:[s. n.], 2004

[12] 贾宪林,周双龙,高清海,等.汽车主减速器圆锥滚子轴承预紧参数的确定.轴承,2006,(7):11-12.

[13] Yoshitaka Hayashi, Makoto Zenbutsu, Hiroshi Suzuki. Analysis of fluctuations in bearing preload and optimal design of tapered roller bearings for pinion shaft support in differential gearboxes//SAE 2001 World Congress. Detroit, Michigan,USA:[s. n.], 2001.

[14] 高梦熊.地下装载机:结构、设计与使用.北京:冶金工业出版社,2002:134-136.

[15] 任风国.刮板输送机圆锥齿轮的改造.煤炭工程,2001,(7):27-28.

动物的跟踪定位算法

1 背景

为了避免无线传感器网络中由于节点在测距精度、时间同步、硬件与功耗等方面代价较高造成整个网络死亡,同时提高定位精度,林惠强等[1]基于饲养场的实际环境,对无线传感器网络中典型的 DV – Hop 定位算法进行简化和优化改进,从而减少计算开销,避免网络中的节点因能耗过大而死亡,且提高定位精度。

2 公式

为了对动物进行监测,需要对动物进行定位,甚至行为跟踪。鉴于 DV – hop 算法依赖于无线网络的拓扑结构,要求节点分布较为均匀与密集,因此适应于饲养场的情景。

2.1 基于等腰三角形的计算

因为饲养场的锚节点部署可以规范化,可以将 3 个锚节点设置成等腰三角形,未知节点处于等腰三角形中,如图 1 所示。假设锚节点 1、2、3 的坐标分别为 (X_1, Y_1)、(X_2, Y_2)、(X_3, Y_3),所求节点的坐标为 (X_{node}, Y_{node}),L_1 为未知节点到锚节点 1 的距离,L_2 为未知节点到锚节点 2 的距离,L_3 为未知节点到锚节点 3 的距离,L 为锚节点 1、2 之间的距离,H 为锚节点 1 到锚节点 2 的跳数,h_1 是未知节点到锚节点 1 的跳数,h_2 是未知节点到锚节点 2 的跳数。根据跳数公式(网络跳数修正值)

$$C = \frac{\sqrt{(X_1 - X_2)^2 + (Y_1 - Y_2)^2}}{H} = \frac{L}{H}$$

可得

$$\begin{cases} L_1 = C \times h_1 \\ L_2 = C \times h_2 \end{cases} \tag{1}$$

由余弦定理得:$\cos A = \dfrac{L_1^2 + L^2 - L_2^2}{2 \times L_1 \times L}$ \hfill (2)

设 h 为未知节点到三角形底边的高度,则:

$$\sin A = \frac{h}{L_1} \tag{3}$$

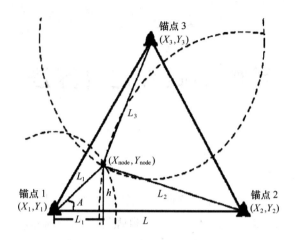

图1 改进 DV – Hop 算法示意

由式(2)、式(3)得

$$h = L_1 \times \sin\left[\arccos\left(\frac{L_1^2 + L^2 - L_2^2}{2 \times L_1 \times L} \right) \right] \qquad (4)$$

则未知节点的纵坐标为:

$$Y_{nodde} = h + Y_1 \qquad (5)$$

根据"最大似然估计"进行定位计算,则未知节点处于以锚节点3为圆心,半径为 L_3 的圆上一点。根据圆方程和式(5)得:

$$X_{node} = \sqrt{L_3^2 - (Y_{node} - Y_3)^2} + X_3 \qquad (6)$$

由对称性可知, X_{node} 有另一解为:

$$X'_{node} = X_3 - (X_{node} - X_3) \qquad (7)$$

则未知节点的坐标为:

$$\begin{cases} (X_{node}, Y_{node}) & \text{当} L_1 < L_2 \\ (X'_{node}, Y'_{node}) & \text{当} L_1 > L_2 \end{cases} \qquad (8)$$

基于等腰三角形的计算量大大减少,但是不难推导出定位平均误差及波动性较大,虽然 Y_{node} 的值较为准确,但 X_{node} 坐标的计算方式与节点实际位置有较大的误差。主要原因是通过计算 Y_{node} 然后推出 X_{node} ,然而计算 Y_{node} 时已发生误差,在此基础上, X_{node} 误差有可能增大。因此,若能分别单独计算横坐标和纵坐标,使其计算结果互不相关,则能有效减少误差。

2.2 独立确定纵、横坐标的计算

如图1所示,若求得图中 L_x 长度,则能较准确地求出未知节点的横坐标。线段定比分点坐标为:

$$\begin{cases} X = \dfrac{X_1 + \lambda \times X_2}{1 + \lambda} \\ Y = \dfrac{Y_1 + \lambda \times Y_2}{1 + \lambda} \end{cases} \tag{9}$$

其中 λ 为 X_{node} 截线段 $X_1 X_2$ 所成的比,则:

$$\lambda = \frac{L_x}{L - L_x} \tag{10}$$

由式(2)可得:

$$L_x = \frac{L_1^2 + L^2 - L_2^2}{2 \times L} \tag{11}$$

代入式(9)可得:

$$X_{\text{node}} = X_1 + (X_2 - X_1)\frac{L_x}{L} \tag{12}$$

由勾股定理有:

$$Y_{\text{node}} = \sqrt{L_1^2 - L_x^2} + Y_1 \tag{13}$$

则可得未知节点的坐标为:

$$\begin{cases} X_{\text{node}} = X_1 + (X_2 - X_1)\dfrac{L_x}{L} \\ Y_{\text{node}} = \sqrt{L_1^2 - L_x^2} + Y_1 \end{cases} \tag{14}$$

因此,未知节点坐标 $(X_{\text{node}}, Y_{\text{node}})$ 可通过锚节点 1、2 进行简化计算。同时基于多跳的路由策略,其覆盖范围为以锚节点 1 到锚节点 2 所构成的线段为底边的矩形区域。这样,可把节点部署进行相应的改进和优化,如图 2 所示。

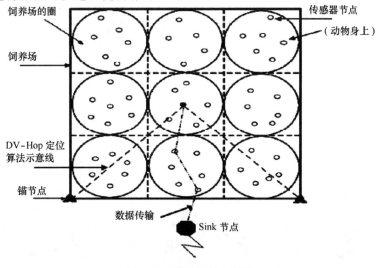

图 2　改进后的节点部署

3   意义

应用动物的跟踪定位算法,结果表明[1]:改进算法比原始三边测量算法的定位误差平均减少3.17%,能够监测到实际环境中"行走动物"节点的运动轨迹,且定位平均误差为0.33 m。改进算法不仅不需要GPS等硬件辅助,而且减少了计算开销,节省了能耗,延长了网络的生存周期,提高了定位精度,可以有效应用于实际环境。

参考文献

[1]   林惠强,周佩娇,刘才兴,等. 改进DV－Hop定位算法在动物监测中的应用. 农业工程学报,2009,25(9):192－196.

排种器的图像处理公式

1 背景

基于以往排种器性能的检测方法的缺点,陈进等[1]运用高速摄像系统对精密排种器的种子排种过程进行图像采集,将采集的图像进行滤波、锐化、二值化等图像处理并公式化,提出了根据种子面积和质心位置特征值检测精密排种器性能的方法。在不同的工作参数下对排种精度和播种均匀性进行试验分析。

2 公式

2.1 排种图像处理公式

高速摄像系统采集的图像不能直接进行目标提取,因为图像在采集及传输过程中,容易受到各种干扰,使得图像中除了有用信号外,还包含随机噪声。为了消除噪声干扰,实验采用 MATLAB 编程,对图像进行了滤波、锐化、二值化等处理。

2.1.1 滤波处理

采用十字形中值滤波,可以去除背景噪声且最大限度地保留图像原始信息。其数学表达式为:

$$f(x,y) = Med\{f(x-1,y), f(x+1,y), f(x,y-1), f(x,y+1)\} \tag{1}$$

式中,$f(x,y)$ 为图像中 (x,y) 处灰度值。

处理结果如图 1 所示。

图 1　滤波图像

图 2　锐化图像

2.1.2 图像锐化公式

图像锐化常用微分梯度来进行,实验采用 Sobel 梯度算子,梯度定义为:

$$S = \sqrt{S_x + S_y} \tag{2}$$

用模板表示,即

$$S_x = \begin{pmatrix} 1 & 0 & -1 \\ 2 & 0 & -2 \\ 1 & 0 & -1 \end{pmatrix} \quad S_y = \begin{pmatrix} -1 & -2 & -1 \\ 0 & 0 & 0 \\ 1 & 2 & 1 \end{pmatrix}$$

采用轮廓灰度规定化输出的形式来突出图像的轮廓。把轮廓用该点的梯度幅度来表示,而其他非轮廓区域的灰度仍保持原有的灰度值不变,其表达式为:

$$g(x,y) = \begin{cases} G[f(x,y)] & G[f(x,y)] \geq T \\ f(x,y) & 其他 \end{cases} \tag{3}$$

式中,T 为设定的非负阈值;$g(x,y)$ 为处理后图像的灰度值;$f(x,y)$ 为处理前图像的灰度值。

经反复试验,本文所选择的域值为60,锐化处理后的效果,如图2所示。

2.1.3 图像二值化处理公式

经过以上处理,种子本身灰度值与背景灰度值相差并不大。为更加突出种子,对图像进行二值化处理,即通过设定某一阈值,使具有灰度级的图像变成两个灰度值的黑白图像,从而将目标物与背景分割开。经反复试验,实验所选择的域值为65,表达式为:

$$g(x,y) = \begin{cases} 1 & f(x,y) \geq 65 \\ 0 & f(x,y) < 65 \end{cases} \tag{4}$$

获得二值化后的图像如图3所示。

图3　二值化图像

2.2　种子特征值的提取公式

实验针对排种器性能检测需要,提取了图像中种子投影面积和质心位置特征值。图像二值化处理后,灰度值 $f(i,j) = 1$ 的像素为种子目标,$f(i,j) = 0$ 的像素为背景。种子投影面

积为图像中种子所占区域内像素总和 A,即:

$$A = \sum_{i=1}^{M} \sum_{j=1}^{N} f(i,j) \tag{5}$$

式中,N、M 为图像矩阵的行数和列数。

种子的质心坐标表示为:

$$\begin{cases} X_{G} = \sum_{i=1}^{M} \sum_{j=1}^{N} i * f(i,j)/A \\ Y_{G} = \sum_{i=1}^{M} \sum_{j=1}^{N} j * f(i,j)/A \end{cases} \tag{6}$$

式中,X_{G} 为 X 轴方向的质心坐标;Y_{G} 为 Y 轴方向的质心坐标。

2.3 确定种子粒距公式

采集序列帧图像的时间间隔(拍摄帧速)是确定的,因此可以通过高速摄像系统获得种子的排种时间间隔和位置差,求得种子粒距为:

$$S = V\Delta t + \Delta S \tag{7}$$

式中,S 为种子间距,mm;V 为黏带速度,mm/s;Δt 为排种时间间隔,s;ΔS 为排种位置差,mm。

$$\Delta S = x_{i+1} - x_i \tag{8}$$

式中,x_i,x_{i+1} 为第 i 粒种子及第 $i+1$ 粒种子通过参考线的实际坐标,mm。

为了确定连续种子的时间间隔及位置差,图像处理过程中,在黏带上方 1 mm 设定参考线。记录种子在序列帧图像中通过参考线的位置和时间。

种子平均粒距 $\bar{S}$ 为:

$$\bar{S} = \frac{1}{n} \sum_{i=1}^{n} S_i \tag{9}$$

式中,n 为种子颗粒数。

2.4 排种状态判别方法公式

种子在排种过程中不但有重播和漏播的现象,还有种子破碎及种子重叠的现象,如图 4、图 5 所示,这些都对种子排种状态的判别带来困难。

给种子的面积 A 确定一个正常范围,即 $A_{min} \sim A_{max}$。因种子在图像中的直径为 5 像素左右,经试验验证,将种子面积范围定为 15~30 像素。当种子面积 $A < A_{min}$ 时,认为是破碎种子,定为漏播;当 $A > A_{max}$ 时,认为种子重叠,定为重播;其余定为正常播种。

当排种器正常播种时,通过粒距来判别排种性能。根据种床带速度、排种器转速和型孔数,理论粒距 S_r 表达式为:

$$S_r = V\frac{60}{\omega K} \tag{10}$$

式中,ω 为排种器滚筒转速,r/min;K 为排种器滚筒的型孔数。

图 4　破碎种子图像　　　　　　　　　　　　图 5　重叠种子图像

播种标准差 σ 和变异系数 E 为:

$$\sigma = \left[\frac{\sum (S_i - \bar{S})}{n} \right]^{\frac{1}{2}} \tag{11}$$

$$E = \frac{\sigma}{S_r} \times 100\% \tag{12}$$

当 $S \leq 0.5 S_r$ 时,定为重播;当 $S > 1.5 S_r$ 时,定为漏播;其余定为合格播种。

3　意义

利用排种器的图像处理公式,对排种图像进行、滤波、锐化、二值化等图像处理并计算,提取了图像中种子的特征值。结果表明[1]:高速摄像检测和人工检测的排种合格指数相对误差小于1%,变异系数误差小于3%,使用的检测方法误差精度满足要求,该检测方法进行精密排种器性能检测是可行的,具有实用价值。

参考文献

[1]　陈进,边疆,李耀明,等. 基于高速摄像系统的精密排种器性能检测试验. 农业工程学报,2009,25(9):90-95.

土壤水分的运动模型

1　背景

在采用数学模拟的方法进行非饱和土壤水分运动的定量研究中,正确测定非饱和土壤水分运动参数是必不可少的重要条件。即土壤水分运动参数的识别是研究土壤水分运动的基础。杨坤等[1]以反映土壤含水率实测值和计算值吻合程度的均方差最小为优化目标,以土壤导水率和扩散率经验参数上下限为约束条件,建立了土壤水分运动参数识别的优化计算模型。

2　公式

2.1　一维垂直入渗土壤水分运动方程和土壤水分运动参数

地表湿润条件下田间均质土壤一维垂直入渗土壤水分运动方程[2]可表示为:

$$\frac{\partial \theta}{\partial t} = \frac{\partial}{\partial z}\Big[D(\theta)\,\frac{\partial \theta}{\partial z}\Big] - \frac{\partial K(\theta)}{\partial z} \tag{1}$$

$$\theta = \theta_a \quad t = 0 \quad z \geqslant 0 \tag{2}$$

$$\theta = \theta_b \quad t > 0 \quad z = 0 \tag{3}$$

$$\theta = \theta_a \quad t > 0 \quad z \to \infty\ (\text{或}\ z = L) \tag{4}$$

式中,θ 为土壤含水率,cm^3/cm^3;θ_a 为均匀分布的初始含水率,cm^3/cm^3;θ_b 为地表因湿润条件而维持不变的含水率,cm^3/cm^3;z 为垂直距离,cm;t 为时间,min;$D(\theta)$ 为非饱和土壤水扩散率,cm^2/min;$K(\theta)$ 为非饱和土壤导水率,cm/min。

$D(\theta)$ 和 $K(\theta)$ 是土壤水分运动参数,其值随土壤含水率变化,计算两个参数的经验公式[2]如下:

$$D(\theta) = a(\theta/\theta_s)^b \tag{5}$$

$$K(\theta) = K_s(\theta/\theta_s)^d \tag{6}$$

式中,θ_s 为土壤饱和含水率,cm^3/cm^3;K_s 为饱和导水率,cm/min;a、b、d 为经验参数。

2.2　识别优化计算模型

参数识别的实质就是利用实测资料来反求未知参数,即寻求式(5)和式(6)式中的参数 a、b 和 d 的最优值。

将根据3个参数确定的 $D(\theta)$ 和 $K(\theta)$ 代入一维垂直入渗土壤水分运动方程,通过数值模拟计算,确定各点土壤含水率计算值,其与各点实测土壤含水率值的吻合程度用均方差表示,以均方差值最小作为土壤水分运动参数识别的目标函数。

$$\min y(a,b,d) = \sqrt{\frac{\sum_{i=1}^{n}\left[\theta_i - \theta_i(a,b,d)\right]^2}{n}} \tag{7}$$

式中,$y(a,b,d)$ 为目标函数,即均方差;θ_i 为土壤含水率实测值,cm^3/cm^3;$\theta_i(a,b,d)$ 为土壤含水率计算值,cm^3/cm^3;i 为土壤含水率实测点序号;n 为土壤含水率实测点总数。

待求经验参数的约束条件为

$$a_{min} \leqslant a \leqslant a_{max} \tag{8}$$

$$b_{min} \leqslant b \leqslant b_{max} \tag{9}$$

$$d_{min} \leqslant d \leqslant d_{max} \tag{10}$$

式中,a_{min},b_{min},d_{min} 为参数 a、b、d 的下限值;a_{max},b_{max},d_{max} 为参数 a、b、d 的上限值。

2.3 模型的求解

参数识别优化计算数学模型式(7)~式(10)是一个非线性规划模型,其目标函数值与各点含水率实测值和计算值有关,而在实验中土壤含水率计算值取决于 a、b 和 d 3 个参数值,土壤含水率计算值与 3 个参数值关系反映在式(1)~式(6)中,难以建立明确的函数关系式,针对这一复杂的优化问题,采用遗传算法[3-4]求解,以获得 3 个参数最优值。在遗传算法求解过程中,采用浮点数编码方法计算,即直接采用参数编码,以提高计算精度。

在遗传算法中,适应度表明个体的优劣,针对本优化问题,根据目标函数式(7),适应度函数:

$$F(a,b,d) = 1/[y(a,b,d)+1] = \left(1 + \sqrt{\frac{\sum_{i=1}^{n}\left[\theta_i - \theta_i(a,b,d)\right]^2}{n}}\right)^{-1} \tag{11}$$

式中,$F(a,b,d)$ 为适应度函数。

根据计算得到的 a、b 和 d 3 个参数的最优值,进行土壤水分运动数值模拟计算,获得各点的土壤含水率计算值,与实测土壤含水率比较,绝大多数点上误差较小(图1),两图形的相关性系数为 0.981,相关性系数较高,表明用遗传算法识别土壤水分运动参数这一方法是可行的。

3 意义

杨坤等[1]建立了土壤水分运动参数识别的优化计算模型,采用遗传算法和田间均质土壤一维非饱和运动数值计算相结合的方法,获得土壤导水率和扩散率经验参数最优值。经

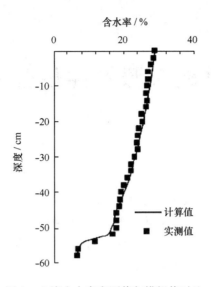

图 1　土壤含水率实测值与模拟值对比

验证计算,土壤含水率实测值和计算值吻合程度较高,表明这一方法是可行的。针对建立的参数识别优化计算模型,在遗传算法中采用浮点数编码和搜索空间限定法处理约束条件,既提高了计算精度又简化了计算过程。

参考文献

［1］ 杨坤,白丹,郝祥琪,等. 基于遗传算法的土壤水分运动参数识别. 农业工程学报,2009,25(9):32 - 35.

［2］ 雷志栋,杨诗秀,谢传森. 土壤水动力学. 北京:清华大学出版社,1988.

［3］ 飞思科技产品研发中心. MATLAB 6.5 辅助优化计算与设计. 北京:电子工业出版社,2003,1:155 - 198.

［4］ 周明,孙树栋. 遗传算法原理及应用. 北京:国防工业出版社,1996.

耕地资源的评价公式

1 背景

为了研究江苏土地资源对农业可持续发展的支撑状况,实现科学的农业发展路线,张红富等[1]针对关注的问题,从耕地资源生产能力、土壤环境质量以及土地生态系统服务功能,构建评价体系(图1),评价江苏省土地资源对可持续农业发展的支撑能力,为江苏省可持续农业发展及耕地资源的保护利用提供参考。

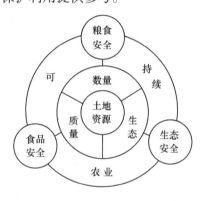

图1　耕地资源支撑可持续农业发展核心能力结构图

2 公式

2.1 耕地生产能力评价

耕地生产能力评价的耕地数据来源于《2006年江苏省土地利用变更调查》,人口和地均粮食产量数据来源于《江苏省统计年鉴》(2007年),地均粮食产量=粮食总产量/播种面积。

2.2 土壤环境质量评价

实验在49个标准样地和加密监测点的基础上,从"江苏省国土生态地球化学调查"成果中补充样点数据,最终参与土壤环境质量评价的样点共156个,每个评价单元至少两个样点。

土壤重金属质量分数是点位数据,为了与其他两个单要素评价单元的选取一致,该文

278

首先采用中国绿色食品发展中心推荐的各元素综合污染指数法计算土壤重金属污染综合指数,其中,单项元素污染指数法计算公式为:

$$P_i = C_i / S_i \tag{1}$$

各元素综合污染指数采用内梅罗法计算,公式为:

$$P_{综} = \sqrt{\left\{ \left[\max(P_i) \right]^2 + \left(1/n \sum_{i=1}^{n} P_i \right)^2 \right\}/2} \tag{2}$$

式中,P_i 为单项元素重金属污染指数;C_i 为土壤中待评元素质量分数的实测值;S_i 为待评元素质量分数的国家二级评价标准(GB 15618 - 1995)。然后在 ArcGIS 环境下运用地统计模块对各采样点的重金属污染指数进行空间插值,再将插值结果图的栅格数据转化为点类型,最后求取每个评价单元内所有点的平均值,作为该评价单元的重金属污染指数。

2.3 生态服务功能评价

生态服务功能评价基于 Costanza 的生态系统服务价值理论,结合谢高地等对中国平均状态的生态系统服务价值单价进行,生态系统服务价值计算公式如下[2,3]:

$$ESV = \sum A_K \times VC_K \tag{3}$$

式中,ESV 为生态系统服务价值,元;A_K 为研究区第 K 种土地利用类型分布面积,hm^2;VC_K 为第 K 种土地利用类型生态价值系数,即单位面积的生态系统服务的价值。对不同土地利用类型各项功能的服务价值进行加和,得到中国平均状态下的一级生态系统服务价值系数(表1)。

表1 中国平均状态下的一级生态系统服务价值系数

土地覆盖类型	生态价值系数
森林	19 334.0
草地	6 406.5
农田	6 114.3
湿地	55 489.0
水体	40 676.4
荒漠	371.4
城市工矿	0

2.4 综合评价

评价以县级行政区为评价单元进行,统一将地级市所辖区合为市区,作为一个评价单元参与评价,共划分65个评价单元。

单一要素分析得出的支撑能力,只反映该要素的作用程度,不能将区域变异综合地表现出来。因此,最后需要运行多因子加权求和模型[公式(1)],根据专家对3个单要素所确定的分值,对一级指标的评价结果进行空间叠加运算,最终确定全省土地资源对可持续农业发展的支撑能力分级和分布。

$$P = \sum_{i=1}^{n} (A_i \cdot W_i) \quad (i = 1,2,3; n = 3) \tag{4}$$

式中,P 为某县级行政区的综合支撑能力;A_i 为各指标的贡献值,弱支撑、轻度支撑、中度支撑、高度支撑和极度支撑的贡献值分别为 20、40、60、80、100;W_i 为各指标的综合支撑能力权重,采用专家打分,耕地生产能力、土壤环境质量、生态服务功能的权重值分别为 0.6、0.2、0.2。最后根据专家知识对评价结果进行重分类。

3 意义

根据耕地资源的评价公式,从单要素评价结果来看[1],江苏省耕地生产能力和土壤环境质量对农业可持续发展的支撑水平优于生态服务功能的支撑水平,大部分地区生态系统服务价值偏低;土壤环境质量处于弱支撑区域的评价单元达 15 个,今后这些地区在发展农业生产时应关注土壤环境质量。综合评价结果显示[1],苏中地区大部分县市的土地资源可以较好地支撑农业可持续发展,是江苏省最适宜发展可持续农业的区域,苏南和苏北地区土地资源对农业可持续发展的支撑能力较弱,而苏北地区的支撑能力又优于苏南地区。各地区应根据自身的土地资源禀赋差异,选择合适的农业发展途径,在合理利用土地资源的同时,维持地区的农业生态安全。

参考文献

[1] 张红富,周生路,吴绍华,等. 基于农业可持续发展需求的江苏土地资源支撑能力评价. 农业工程学报,2009,25(9):289-294.
[2] 谢高地,张钇锂,鲁春霞,等. 中国自然草地生态系统服务价值. 自然资源学报,2001,16(1):47-53.
[3] 喻建华,高中贵,张露,等. 昆山市生态系统服务价值变化研究. 长江流域资源与环境,2005,14(2):213-217.

农网的无功优化模型

1　背景

借鉴 Nahman 等[1]分析不确定因素的分析方法,为了提高农网无功优化的降损效果及适应能力,考虑了影响负荷统计的不确定因素,孟晓芳等[2]设定负荷系数和功率因数为模糊数,对农网的负荷进行分析,确定三阶梯的负荷分布。根据已知节点电压和干线首端的功率,分析潮流确定主干线,按最大负荷时网络损耗最小确定补偿位置,然后以计算支出费用最少为目标,确定无功补偿容量的上下限。

2　公式

2.1　潮流分析及不确定信息的模型

2.1.1　潮流分析公式

农网基本上是辐射式或树干式结构,即使有环形网络也是开环运行,因此对一个树干上电容器的投切或是有载变压器分接头的调节只影响本树干范围内的无功分布和节点电压水平,而对其他树干的无功分布和节点电压没有影响或影响很小,这样对全网的无功电压控制的优化范围就可由整个网络缩小到各个独立的树干范围内,实现分区优化[3-4],降低节点数,提高计算速度。因此潮流计算可以按照各树干分别进行。由于在实际的操作中电容器的投切和变压器分接头的调节是分开进行的,实验假设在进行电容器的投切前,变压器分接头的调节已经结束,即电压已知,在电容器投切后再利用潮流计算确定各节点电压。

设节点 i 负荷的配变额定容量为 S_{ei},其电压为 $\dot{V}_i$,功率因数为 $K_{\varphi i} = \cos\varphi_i$,设负荷系数为 K_{li},则节点 i 负荷 $\dot{S}_{Li}$ 可表示为:

$$\dot{S}_{Li} = P_{Li} + jQ_{Li} = K_{Li} \cdot S_{ei}(K_{\varphi i} + j\sqrt{1 - K_{\varphi i}^2}) \tag{1}$$

式中,Li 为下标,其中 L 表示负荷,i 表示节点编号;$\dot{S}_{Li}$ 为节点 i 负荷的复功率;P_{Li} 为节点 i 负荷的有功功率;Q_{Li} 为节点 i 负荷的无功功率;j 为表示复数虚部的符号;φ 为功率因数角。

节点 i 负荷的注入电流 $\dot{I}_{Li}$ 为:

$$\dot{I}_{Li} = \frac{P_{Li} - jQ_{Li}}{\hat{V}_i} = \frac{S_{ei}}{\hat{V}_i} \cdot K_{Li} \cdot (K_{\varphi i} - j\sqrt{1 - K_{\varphi i}^2}) \tag{2}$$

式中，$\wedge$ 为表示共轭的符号；$\hat{\dot{V}}_i$ 为 $\dot{V}_i$ 的共轭复数。

若节点 i 并联电容器，其导纳为 Y_c，则节点 i 电容器的注入电流为 $\dot{I}_{Ci}$[5]。忽略线路对地电容的影响，节点 i 的注入电流 $\dot{I}_i = \dot{I}_{Li} + \dot{I}_{Ci}$。对于 N 个独立节点的农网，$\dot{I}_N$ 为 N 个节点注入电流的列相量，$\dot{I}_b$ 为支路电流列矢量，根据文献[5]可以得到其 KCL 方程（即基尔霍夫电流定律方程）为：

$$\dot{I}_b = T \dot{I}_N \tag{3}$$

式中，T 为支路—道路关联矩阵。

设 $P_{L0} + jQ_{L0}$ 为网络首端的功率，为已知量，P_{loss} 和 Q_{loss} 分别为网络的总有功损耗和总无功损耗[5]，网络 N 个节点，则：

$$P_{L0} + jQ_{L0} = P_{loss} + jQ_{loss} + \sum_{i=1}^{N}(P_{Li} + jQ_{Li})$$

$$= P_{loss} + jQ_{loss} + \sum_{i=1}^{N} K_{Li} \cdot S_{ei}(K_{\varphi i} + j\sqrt{1 - k_{\varphi i}^2}) \tag{4}$$

2.1.2 不确定信息的数学模型

设负荷系数 K_{Li} 和功率因数 $K_{\varphi i}$ 为不确定信息，实验称为模糊数，K_{Li} 和 $K_{\varphi i}$ 的特性函数采用图 1 所示的三角形修正的曲线，在区间 $[K_{0l}, K_1]$ 为单调增函数，在区间 $[K_1, K_{0u}]$ 为单调减函数，α 为隶属度，表示不确定等级。对于 K_{Li}，K_1 取为平均负荷系数 K_{01} 和 K_{0u} 分别对应于空载运行和满载运行；对于 $K_{\varphi i}$，K_1 取为平均功率因数，K_{01} 对应于空载运行，K_{0u} 取为 1。

K_{Li} 或 $K_{\varphi i}$ 的不确定等级 UG 采用文献[1]中的评定方法，如下式所示：

$$UG = \frac{100}{K_1}\int_0^1 (K_{xu} - K_{xl})(1 - x)\,dx \tag{5}$$

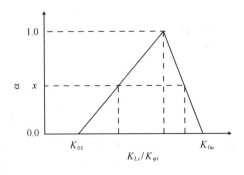

图 1　模糊变量的特性函数

2.2 无功优化模型

2.2.1 支路电流的确定

根据农网的运行特点,根据历史数据将节点 i 的负荷曲线划分为 3 个等级,如图 2 所示,即最大负荷、中间负荷和最小负荷,建立三阶梯的负荷曲线,而且统计出各段的持续时间 T_{max}、T_{med} 和 T_{min}。

最大负荷、中间负荷和最小负荷均根据负荷系数 K_{Li} 和功率因数 $K_{\varphi i}$ 确定。为了简化计算,设网络中的负荷特性一样,在同一负荷等级时所有节点负荷的功率因数 $K_{\varphi i}$ 相同,所有负荷的 T_{max}、T_{med} 和 T_{min} 相同。这样,可以根据数据统计及经验,在图 1 中的不确定等级 α 分别取为确定的值 x 和 y,且 $y \geq x$,x 对应两个值 K_{xl} 和 K_{xu},区间 $[K_{xu}, K_{0u}]$ 对应最大负荷;y 对应两个值 K_{yl} 和 K_{yu},区间 $[K_{0l}, K_{yl}]$ 对应最小负荷;区间 $[K_{yl}, K_{xu}]$ 对应中间负荷。

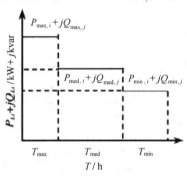

图 2 负荷曲线

设节点 i 的最大负荷电流为 $\dot{I}_{i.max}$,$1 \leq i \leq N$,N 个节点最大负荷电流形成的列相量为 $\dot{I}_{i.max}$,则根据式(3)可得网络各支路的最大电流 $\dot{I}_{b.min} = T \dot{I}_{N.max}$,同理可得最小负荷电流 $\dot{I}_{b.min}$ 和中间负荷电流 $\dot{I}_{b.med}$。

2.2.2 支路电压的确定

从网络的根节点到每一个叶节点的最大支路电压降构成的列相量为 $\Delta \dot{U}_{max}$,则:

$$\Delta \dot{U}_{max} = \Delta U_{max.R} + j\Delta U_{max.I} = T^T Z \dot{I}_b = T^T Z \Gamma \dot{I}_{N.max} \tag{6}$$

式中,Z 为各支路阻抗形成 $N \times N$ 的对角阵;$\Delta U_{max.R}$ 为各支路电压实部构成的列相量;$\Delta U_{max.I}$ 为各电压虚部构成的列相量;T^T 为转置矩阵。

2.2.3 按最大负荷时网损最小确定补偿位置

设节点 i 的无功补偿电流为 $I_{Q.i}$,补偿后网络各支路电流为 $\dot{I}_b'$,则:

$$\dot{I}_b' = \dot{I}_b + jTI_{Q.i} = I_{b.R} + j(I_{b.I} + TI_{Q.i}) \tag{7}$$

式中,$I_{b.R}$ 为补偿前网络电流的实部,A;$I_{b.I}$ 为补偿前网络电流的虚部,A。

补偿后支路 l 的电流 $\dot{I}_l$ 为:

$$\dot{I}_l = I_{l.R} + j(I_{l.I} + T_{li} \cdot I_{Q.i}) \tag{8}$$

式中,$I_{l.R}$ 为补偿前支路 l 电流的实部,A;$I_{l.I}$ 为补偿前支路 l 电流的虚部,A;T_{li} 为矩阵 T 的第 l 行第 i 列的元素,显然当 $T_{li} \neq 0$ 时,在节点 i 设置无功补偿时支路 l 的无功电流减小。

设补偿装置单位无功电流的有功损耗为 $\Delta P_c(\mathrm{kW/A})$,$R_l$ 为支路 l 的电阻(Ω),则一年中最大负荷时的有功损耗 $\Delta P_{\max}$ 为:

$$\Delta P_{\max} = \sum_{i=1}^{N} \Delta P_c I_{Q.i} + \sum_{i=1}^{N} \left[I_{l.R}^2 + \left(I_{l.I} - \sum_{i=1}^{N} T_{li} \cdot I_{Q.i} \right)^2 \right] R_l \times 10^{-3} \tag{9}$$

为了说明无功补偿对有功损耗的影响,$\Delta P_{\max}$ 对节点 i 的补偿电流 $I_{Q.i}$ 求偏导数,即:

$$\frac{\partial \Delta P_{\max}}{\partial I_{Q.i}} = \Delta P_c - 2 \times 10^{-3} \sum_{l=1}^{N} \left(I_{l.I} - \sum_{i=1}^{N} T_{li} \cdot I_{Q.i} \right) T_{li} R_l \tag{10}$$

设 $I_{Q.i} = 1\mathrm{A}$,$1 \leqslant i \leqslant N$,于是式(10)可写为:

$$\frac{\partial \Delta P_{\max}}{\partial I_{Q.i}} = -2 \times 10^{-3} \sum_{l=1}^{N} \left(I_{l.I} - \sum_{i=1}^{N} T_{li} \right) T_{li} R_l + \Delta P_c \tag{11}$$

第一个无功补偿点 j 选择为:

$$\frac{\partial \Delta P_{\max}}{\partial I_{Q.j1}} K_{j1} = \min \left\{ \frac{\partial \Delta P_{\max}}{\partial I_{Q.1}} K_1, \frac{\partial \Delta P_{\max}}{\partial I_{Q.2}} K_2, \cdots, \frac{\partial \Delta P_{\max}}{\partial I_{Q.N}} K_N \right\} \tag{12}$$

式中,K_i 为节点 i 允许的无功补偿系数,$i = 1, 2, \cdots, N$。

依次可选择其他补偿点,建议选择 3 或 4 个补偿点[6]。

2.2.4 按计算支出费用最小来确定补偿容量

在确定补偿容量时,根据最大负荷来确定最大补偿容量,根据最小负荷确定最小补偿容量。

最大负荷时的计算支出费用 $Z_{\max}$ 为:

$$Z_{\max} = \Delta P_{\max} T_{\max} \beta + \frac{T_{\max}}{T} (K_a K_c + K_e K_c) \sum_{i \in \Omega} I_{Q.i} \tag{13}$$

式中,β 为电价,元/$(\mathrm{kW \cdot h})$;K_c 为补偿装置单位容量的综合投资,元/A;K_a 为补偿装置的年运行维护费用率;K_e 为年投资回收率;T 为年运行小时数;Ω 为最大负荷时配置电容器的节点集合。

确定农网最大补偿容量时需要考虑节点电压 U_i、主干线功率因数 $\cos\varphi_l$ 及补偿总容量的限制,具体模型为:

$$\min \quad Z_{\max}$$
$$s.\,t. \quad U_{\min.\,i} \leqslant U_i \leqslant U_{\max.\,i}$$
$$\cos\varphi_{\min} \leqslant \cos\varphi_l \leqslant 1 \tag{14}$$
$$I_l \leqslant I_{l.\,\max}$$
$$\sum_{i \in \Omega} I_{Q.\,i} < \sum_{i=1}^{N} I_{L.\,i}$$

其中,功率因数 $\cos\varphi_{\min}$、最小电压 $U_{\min.\,i}$、最大电压 $U_{\max.\,i}$ 均取为文献[7]中的给定值;I_l 和 $I_{l.\,\max}$ 分别为支路 l 电流和支路 l 的最大电流。

根据计算支出费用 Z 相等的原则来确定各补偿点的补偿容量,即:

$$Z = \frac{\partial Z_{\max}}{\partial I_{Q.\,i}} \cdot I_{Q.\,i} \quad (i \in \Omega) \tag{15}$$

同理,可求出最小负荷及中间负荷时的补偿容量,可列出最小负荷时的计算支出费用 $Z_{\min}$ 及中间负荷时的计算支出费用 Z_{med},年计算支出费用为 $Z_{\max} + Z_{\mathrm{med}} + Z_{\min}$。

3 意义

根据农网的无功优化模型,计算结果表明[2],不同负荷情况下无功补偿的容量不同,而且随无功补偿容量的增加无功补偿设备投资的增加幅度增大。提出的方法在负荷变动时降损效果明显,可以适应农网的无功优化的需要,能够在考虑效益的前提下满足不同负荷时的无功补偿,因此在负荷变动时降损效果明显。

参考文献

[1] Nahman J, Peric D. Distribution system performance evaluation accounting for data uncertainty. IEEE Transactions on Power Delivery, 2003, 18(3): 694 – 700.

[2] 孟晓芳,朴在林,王珏. 计及负荷不确定性的农网无功优化方法. 农业工程学报,2009,25(9):182 – 187.

[3] 程新功,厉吉文,曹立霞,等. 基于电网分区的多目标分布式并行无功优化研究. 中国电机工程学报,2003,23(10):109 – 113.

[4] Sbrfi R J, Salama M M A, Chikhani A Y. Distribution system reconfiguration for loss reduction:an algorithm based on network partitioning theory. IEEE Transactions on Power Systems, 1996, 11(1): 504 – 510.

[5] 朴在林,孟晓芳,刘文宇. 基于网络拓扑方法的配网潮流计算//中国高等学校电力系统及其自动化专业第二十四届学术年会论文集:C 集. 北京:中国农业大学,2008:2433 – 2437.

[6] 朴在林,孟晓芳. 农村电力网规划. 北京:中国电力出版社,2006.

[7] 国家电力公司. 农村电网建设与改造技术原则. 农村电气化,1999,(6):4 – 5.

螺旋藻的热质传递模型

1 背景

为了研究生物材料冻干过程中的超常传热传质机理,彭润玲等[1]以螺旋藻为对象,用 Jacquin 等[2]的方法根据螺旋藻已干层的显微照片确定螺旋藻已干层分形维数,用张东晖等[3]的方法求得分形多孔介质的谱维数。在1998年Sheehan 和 Liapis[6]提出的非稳态轴对称模型的基础上建立了考虑已干层分形特点的生物材料冻干过程热质传递的模型,为生物材料的冻干提供了一定的理论基础。

2 公式

2.1 理论模型

模拟如图1所示螺旋藻在培养皿中的冻干过程。在建立热质耦合平衡方程时作了如下假设:①界面厚度被认为是无穷小;②水蒸气和惰性气体两者的混合物流过干燥层;③在升华界面处,水蒸气的分压和冰相平衡;④在已干层中气相和固相处于热平衡状态;⑤冻结区被认为是均质的,导热系数、密度、比热均为常数,溶解气体忽略不计;⑥物料尺寸的变化忽略不计。

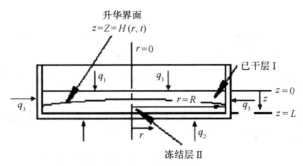

图1 螺旋藻在小盘中冻干过程示意图

q_1、q_2、q_3:分别表示不同方向的热流,W/m^2;r:半径,m;R:物料半径,m;z:空间坐标系, m;Z:升华界面位置,m;$H(r,t)$:升华界面几何形状,m;L:物料厚度,m

下面所建热质耦合平衡方程是在 1998 年 Sheehan 建立的二维轴对称模型基础上建立的,只是水蒸气和惰性气体的质量流量根据分形多孔介质中的扩散方程[4]进行了修改,在修改过程中将扩散系数改为分形多孔介质中的扩散系数,修改后扩散系数不再是常数,而是随已干层厚度呈指数下降的变量,由张东晖等[3]的推导可知分形结构中的扩散系数为:

$$D_{df}(l) = D_0 l^{-\theta}$$

式中,D_0 为欧氏空间的扩散系数;D_{df} 为分形结构中的扩散系数;l 为扩散的距离;$\theta[\theta = 2(d_f - d)/d]$ 为分形指数,与多孔介质分形维数 d_f 和谱维数 d 有关,d_f 和 d 与已干层多孔介质的微观结构有关。考虑到若将欧式空间的维数改为分形维数,方程的求解太困难,另外螺旋藻已干层分形维数为 $d_f = 1.722$[5],比较接近 2,所以仍沿用欧式空间的维数 2,没作修改。

2.2 主干燥阶段数学模型

2.2.1 传质方程

已干层分形多孔介质中的传质连续方程如下:

$$\frac{\varepsilon M_w}{R_g T_1}\frac{\partial p_w}{\partial t} = -\frac{1}{r}\frac{\partial[r(R-r)^{-\theta}N_{w,r}]}{\partial r} - \frac{\partial(z^{-\theta}N_{w,z})}{\partial z} - \rho_l\frac{\partial c_{sw}}{\partial t}$$
$$t \geq 0, \quad 0 \leq z \leq Z = H(t,r), \quad 0 \leq r \leq R \tag{1}$$

$$\frac{\varepsilon M_{in}}{R_g T_1}\frac{\partial p_{in}}{\partial t} = -\frac{1}{r}\frac{\partial[r(R-r)^{-\theta}N_{in,r}]}{\partial r} - \frac{\partial z^{-\theta}N_{in,z}}{\partial z}$$
$$t \geq 0, \quad 0 \leq z \leq Z = H(t,r), \quad 0 \leq r \leq R \tag{2}$$

式中

$$\frac{\partial c_{sw}}{\partial t} = k_d(c_{sw}^0 - c_{sw})$$
$$t \geq 0, \quad 0 \leq z \leq Z = H(t,r), \quad 0 \leq r \leq R \tag{3}$$

$$N_w = -\frac{M_w}{R_g T_l}(k_1\nabla p_w - k_2 P_w\nabla P_t) \tag{4}$$

$$N_{in} = -\frac{M_{in}}{R_g T_l}(k_3\nabla p_{in} - k_4 P_{in}\nabla P_t) \tag{5}$$

式中,ε 为空隙率;M 为分子量,kg·mol^{-1};N 为质量流,kg·m^{-2}·s^{-1};T 为温度,K;t 为时间,s;R_g 为理想气体常数,J·K^{-1}·mol^{-1};P 为总压力,Pa;p 为分压力,Pa;c_{sw} 为结合水浓度,kg/kg;k_d 为结合水解析速率,1/s;k_1 和 k_3 为体扩散系数,m^2·s^{-1};k_2 和 k_4 为自扩散系数,m^4·N^{-1}·s^{-1},具体求解参考文献[6];下标 w、in、I、z 和 t 为分别表示水的、惰性气体的、已干层的、z 方向的和总的;上标 0 为初始值。

2.2.2 传热方程

主干燥阶段已干层中热质耦合的能量平衡方程,其中传质相与分形指数有关。

$$\frac{\partial T_{\mathrm{I}}}{\partial t} = \frac{k_{\mathrm{Ie}}}{\rho_{\mathrm{Ie}}c_{\mathrm{pIe}}}\left(\frac{\partial^2 T_{\mathrm{I}}}{\partial^2 r} + \frac{1}{r}\frac{\partial T_{\mathrm{I}}}{\partial r} + \frac{\partial^2 T_{\mathrm{I}}}{\partial^2 z}\right) - \frac{c_{\mathrm{pg}}}{\rho_{\mathrm{Ie}}c_{\mathrm{pIe}}}$$

$$\frac{\partial(z^{-\theta}N_{t,z}T_{I})}{\partial z} + \frac{1}{r}\frac{\partial[r(R-r)^{-\theta}N_{t,r}T_{I}]}{\partial r} + \frac{\Delta H_{\mathrm{v}}\rho_{\mathrm{I}}}{\rho_{\mathrm{Ie}}c_{\mathrm{pIe}}}\frac{\partial c_{\mathrm{sw}}}{\partial t}$$

$$t \geqslant 0, \quad 0 \leqslant z \leqslant Z = H(t,r), \quad 0 \leqslant r \leqslant R \tag{6}$$

冻结层中能量平衡方程

$$\frac{\partial T_{\mathrm{II}}}{\partial t} = \frac{k_{\mathrm{II}}}{\rho_{\mathrm{II}}c_{\mathrm{pII}}}\left[\frac{\partial}{\partial x}\frac{\partial T_{\mathrm{II}}}{\partial x} - \frac{1}{r}\frac{\partial}{\partial y}\left(r\frac{\partial T_{\mathrm{II}}}{\partial y}\right)\right]$$

$$t \geqslant 0, \quad Z = H(t,r) \leqslant z \leqslant L, \quad 0 \leqslant r \leqslant R \tag{7}$$

式中,ρ 为密度,$\mathrm{kg \cdot m^{-3}}$;k 为导热系数,$\mathrm{W \cdot m^{-1} \cdot K^{-1}}$;$c_{\mathrm{p}}$ 为比热容,$\mathrm{J \cdot kg^{-1} \cdot K^{-1}}$;$\Delta H_{\mathrm{s}}$ 为冰升华潜热,$\mathrm{J \cdot kg^{-1}}$;ΔH_{v} 为结合水蒸发潜热,$\mathrm{J \cdot kg^{-1}}$;下标 Ie、II、g 为分别表示已干层有效的、冻结层的、气体的。

2.2.3　升华界面的轨迹

升华界面的移动根据升华界面处的热质耦合能量平衡条件确定,能量平衡条件为:

$$\left(k_{\mathrm{II}}\frac{\partial T_{\mathrm{II}}}{\partial z} - k_{\mathrm{Ie}}\frac{\partial T_{\mathrm{I}}}{\partial z}\right) - \left(k_{\mathrm{II}}\frac{\partial T_{\mathrm{II}}}{\partial r} - k_{\mathrm{Ie}}\frac{\partial T_{\mathrm{I}}}{\partial r}\right)\left(\frac{\partial H}{\partial r}\right)v +$$

$$v_{\mathrm{n}}(\rho_{\mathrm{II}}c_{\mathrm{pII}}T_{\mathrm{II}} - \rho_{\mathrm{I}}c_{\mathrm{pI}}T_{\mathrm{I}}) = -(c_{\mathrm{pg}}T_{\mathrm{I}} + \Delta H_{\mathrm{s}})\left(z^{-\theta}N_{\mathrm{w,z}} - \frac{\partial H}{\partial r}(R-r)^{-\theta}N_{\mathrm{w,r}}\right)$$

$$z = Z = H(t,r), \quad 0 \leqslant r \leqslant R \tag{8}$$

其中

$$v_{n} = -\frac{n^{-\theta}N_{\mathrm{wn}}}{\rho_{\mathrm{II}} - \rho_{\mathrm{I}}} \tag{9}$$

式中,v 为升华界面移动的速度,$\mathrm{m \cdot s^{-1}}$;n 为冰界面到物料表面的法相距离,m;下标 n、r 分别表示冰界面法线方向的和 r 方向的。

2.3　二次干燥阶段数学模型

传热能量平衡和传质连续方程

$$\frac{\partial T_{\mathrm{I}}}{\partial t} = \frac{k_{\mathrm{Ie}}}{\rho_{\mathrm{Ie}}c_{\mathrm{pIe}}}\left(\frac{\partial^2 T_{\mathrm{I}}}{\partial^2 r} + \frac{1}{r}\frac{\partial T_{\mathrm{I}}}{\partial r} + \frac{\partial^2 T_{\mathrm{I}}}{\partial^2 z}\right) - \frac{c_{\mathrm{pg}}}{\rho_{\mathrm{Ie}}c_{\mathrm{pIe}}}$$

$$\frac{\partial(z^{-\theta}N_{t,z}T_{I})}{\partial z} + \frac{1}{r}\frac{\partial[r(R-r)^{-\theta}N_{t,r}T_{I}]}{\partial r} + \frac{\Delta H_{\mathrm{v}}\rho_{\mathrm{I}}}{\rho_{\mathrm{Ie}}c_{\mathrm{pIe}}}\frac{\partial c_{\mathrm{sw}}}{\partial t}$$

$$t \geqslant t_{z=Z(t,r)=L}, \quad 0 \leqslant z \leqslant L, \quad 0 \leqslant r \leqslant R \tag{10}$$

$$\frac{\varepsilon M_{\mathrm{W}}}{R_{\mathrm{g}}T_{\mathrm{I}}}\frac{\partial p_{\mathrm{w}}}{\partial t} = -\frac{1}{r}\frac{\partial[r(R-r)^{-\theta}N_{\mathrm{w,r}}]}{\partial r} - \frac{\partial(z^{-\theta}N_{\mathrm{w,z}})}{\partial z} - \rho_{I}\frac{\partial c_{\mathrm{sw}}}{\partial t}$$

$$t \geqslant t_{z=Z(t,r)=L}, \quad 0 \leqslant z \leqslant L, \quad 0 \leqslant r \leqslant R \tag{11}$$

$$\frac{\varepsilon M_{in}}{R_g T_1} \frac{\partial p_{in}}{\partial t} = -\frac{1}{r} \frac{\partial \left[r(R-r)^{-\theta} N_{in,r} \right]}{\partial r} - \frac{\partial z^{-\theta} N_{in,z}}{\partial z}$$

$$t \geqslant t_{z=Z(t,r)=L}, \quad 0 \leqslant z \leqslant L, \quad 0 \leqslant r \leqslant R \tag{12}$$

结合水的移除方程为：

$$\frac{\partial c_{sw}}{\partial t} = k_d (c_{sw}^0 - c_{sw}) \tag{13}$$

图 2 为装料厚度为 5 mm 时螺旋藻的冻干工艺曲线,利用分形模型借助 Matlab 和 Fluent 软件模拟了螺旋藻的冻干过程,模拟结果与试验结果吻合较好。

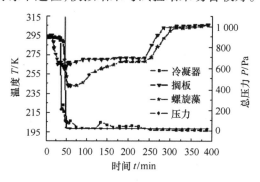

图 2　螺旋藻冻干工艺曲线

3　意义

根据螺旋藻的热质传递模型,计算结果表明[1],扩散系数不是常数,与空隙分形维数和谱维数有关,与扩散距离呈指数关系。该理论模型可确定已干层的分形特点对生物材料冻干过程升华界面的移动和干燥时间的影响,预测生物材料冻干过程中物料内部温度和结合水浓度的分布。

参考文献

[1]　彭润玲,刘长勇,徐成海,等. 生物材料冻干过程分形多孔介质传热传质模拟. 农业工程学报,2009,25(9):318 – 322.

[2]　Jacquin C G,Adler P M. Fractal porous media II:geometry of porous geological structures. Transport in Porous Media, 1987, 2(6): 571 – 596.

[3]　张东晖,施明恒,金峰,等. 分形多孔介质的粒子扩散特点(II). 工程热物理学报,2004,25(5): 825 – 827.

[4]　刘代俊. 分形理论在化学工程中的应用. 北京:化学工业出版社,2006.

[5] 彭润玲. 几种生物材料冻干过程传热传质特性的研究. 沈阳:东北大学东北大学机械工程与自动化学院,2008.

[6] Sheehan P, Liapis A I. Modeling of the primary and secondary drying stages of the freeze drying of pharmaceutical products in vials: numerical results obtained from the solution of a dynamic and spatially multi – dimensional lyophilization model for different operational policies. Biotechnology and Bioengineering, 1998, 60(6): 712 – 728.

荒漠化的评价模型

1 背景

近年来,由于沙尘暴的肆虐,国内外对荒漠化遥感研究比较活跃,研究荒漠化的根本目的在于控制、管理和防治,监测是其首要的环节。荒漠化监测要求植被(盖度和生物量)和土壤水分等重要因子定量化。遥感技术发展的最终目标是解决实际应用问题。随着遥感技术的发展和生产实际需要,遥感技术由定性向定量发展。范文义和张文华[1]探讨荒漠化评价因子的定量反演的方法。

2 公式

2.1 荒漠化程度评价指标及方法

应用已有的研究成果[3]选取荒漠化评价指标:

$$D = P + S + E \tag{1}$$

式中,D 为荒漠化程度;P 为植被状况;S 为土壤状况;E 为地表状况。

对荒漠化程度评价采用式(2)计算:

$$D = \sum_{i=1}^{n} X_i Y_{ij} \tag{2}$$

式中,D 为某一荒漠化土地单元(地块或图斑)荒漠化程度等级值;n 为评价指标因子数;X_i 为第 i 个评价因子的权重;X_{ij} 为第 i 个评价因子在第 j 个等级标准时的等级值。

2.2 荒漠化评价因子定量化

2.2.1 利用像元二分模型反演植被盖度

对于一个由土壤和植被两部分组成的混合像元,植被覆盖的面积比例为该像元的植被盖度 f_c,而土壤覆盖的面积比例为 $1 - f_c$。设由植被所覆盖的纯像元所得的遥感信息为 s_{veg},则混合像元中的植被成分所贡献的信息 sv 可以表示为 s_{veg} 和 f_c 的乘积;同理,混合像元中的土壤成分所贡献的信息 ss 可以表示为 s_{soil} 与 $1 - f_c$ 的乘积,即像元的总信息 s 为:

$$s = s_{soil} \times (1 - f_c) + s_{veg} \times f_c \tag{3}$$

经转换可得:

$$f_c = (s - s_{soil})/(s_{veg} - s_{soil}) \tag{4}$$

将归一化植被指数(NDVI)代入式(4)可以被近似为:

$$NDVI = f_c \cdot NDVI_{veg} + (1 - f_c)NDVI_{soil} \qquad (5)$$

根据公式,进行实验。选取了研究区内8个样区的多个样点,随机采点并保证样点内生态结构的匀质性。选取 $NDVI$、$SAVI$、$MSAVI$、RVI 与生物量实测数据进行分析,结果见表1。

表1　几种植被指数和生物量实测数据的相关系数

1	NDVI	SAVI	RVI	MSAVI
2	0.652 5	0.553 0	0.445 1	0.557 8
3	0.624 5	0.562 3	0.432 6	0.557 8
4	0.514 3	0.562 1	0.414 1	0.618 2
5	0.642 0	0.621 1	0.432 5	0.598 6
6	0.644 3	0.539 1	0.412 4	0.579 5

2.2.2　利用热惯量法反演土壤含水量

该方法是监测土壤水分的经典方法,主要适用于裸土或低植被覆盖率条件下。

$$W = a + b \times P \qquad (6)$$

式中,W 为土壤含量;P 为土壤热惯量,其定义为:

$$P = \sqrt{Kc\rho} \qquad (7)$$

式中,K 为热传导系数;c 为比热容,ρ 为密度。

由热惯量的定义可以看出,许多与土壤含水量有关的物理性质包含在热惯量中,所以,土壤含水量研究中多为研究土壤含水量与热惯量的关系。由于 K、c、ρ 都难以同遥感信息对应,因此,获得土壤热惯量 P 较困难。许多研究人员[2,7]从热传导方程出发,经理论推导得到下式:

$$\frac{1 - A}{\Delta T} = f(P) \qquad (8)$$

式中,A 为反照度;ΔT 为地面昼夜温差;P 为热惯量,并将 $(1 - A)/\Delta T$ 定义为表观热惯量。$(1 - A)/\Delta T$ 的值随 P 的增大单调上升,其值的大小反映热惯量 P 的相对大小。

土壤某波段平均反射率与卫星遥感数据相应波段的光谱亮度成正比。利用这个关系可将卫星数据转换成相应的土壤反射率。

TM 影像共有7个波段,为了充分地利用各波段的信息来计算地表反照率,可把除热红外波段以外的6个波段都组合起来。在 $0.3 \sim 4.0$ μm 连续光谱段中忽略 $1.38 \sim 1.50$ μm、$1.85 \sim 2.08$ μm 和 $2.35 \sim 3.00$ μm 3 个水汽吸收带,得出整个反照率计算公式:

$$a = 0.221R(1) + 0.162R(2) + 0.102R(3) + 0.354R(4)$$
$$+ 0.068R(4) + 0.059R(5) + 0.019\,5R(7) \qquad (9)$$

2.2.3　利用混合光谱分解模型获得裸沙占地百分比

国内外学者研究和发展了多种光谱混合分解方法,提出许多光谱混合模型,如线性模型、概率模型、几何光学模型、随机几何模型以及模糊模型等,其中线性光谱混合模型(LSMM)是光谱混合分析最常用的方法,可操作性较强。线性光谱混合模型的基本原理是,像元在某一波段的反射率(亮度值)是由构成像元的基本组分(endmembers)的反射率以其所占像元面积比例为权重系数的线性组合[4,6]。本研究采用线性光谱混合模型来解决混合像元分解问题。

线性光谱混合模型可用下式来描述:

$$\rho_{i,j,k} = \sum_{m=1,p} F_{i,j,m}\rho_{m,k} + e_{i,j,k} \tag{10}$$

$$\sum_{m=1,p} F_{i,j,m} = 1 \tag{11}$$

$$0 \leq F_{i,j,m} \leq 1 \tag{12}$$

式中,$\rho_{i,j,k}$是i行j列像元在k波段的反射率;$F_{i,j,m}$是基本组分m在对应像元中所占分量值;$\rho_{m,k}$是基本组分m在k波段的反射率,$e_{i,j,k}$为k波段对应像元的误差值[5]。

应用该模型的关键是尽可能减少模型中每个像元的误差,即使均方根误差(RMS)最小化。

$$RMS = \left[\sum (e_{i,j,k})^2/N \right]^{\frac{1}{2}} \tag{13}$$

式中,N为像元总数;$e_{i,j,k}$为k波段对应像元的误差值。

解决此类模型最为常用的数学方法是最小二乘法,其公式为:

$$\hat{f} = (M^T M)^{-1} M^T X \tag{14}$$

式中,$\hat{f}$为基本组分分量矢量;M为基本组分在不同波段反射率矢量;X为所有像元在相应波段的反射率。上标 T 和 −1 分别表示矩阵的转置和矩阵的逆。

3　意义

范文义和张文华[1]概括了沙质荒漠化评价遥感信息模型,采用遥感信息模型对科尔沁沙地奈曼旗荒漠化主要评价因子进行定量反演;利用线形混合光谱分析(SMA)模型计算裸沙占地百分比。通过每个像元可获取全部评价因子的指标值。在现有荒漠化评价方法的基础上,建立以像元为单位的荒漠化程度评价的定量化遥感信息模型,并输出荒漠化程度分布图。选取了60个样点进行评价模型的精度验证。结果表明,该模型对研究区域荒漠化程度进行定量评价,其精度可达91.7%,说明利用遥感信息模型评价土地荒漠化的方法具有较高的科学性。

参考文献

[1] 范文义,张文华. 科尔沁沙质荒漠化评价遥感信息模型. 应用生态学报. 2006,17(11):2141 – 2146.

[2] Ma AN. Remote sensing information model of geography. Acta Geogr Sin. 1996,51(3):266 – 271.

[3] Fan WY, Zhang WH, Yu SF, et al. Establishing evaluation index system for desertification of Keerqin Sandy Land with remote sensing data. J For Res. 2005,16(3):209 – 212.

[4] Garcia – Haro FJ, Gilabert MA, Melia J. Extraction of endmembers from spectral mixtures. Remote Sens-Environ,1997,68:237 – 253.

[5] Wan J, Cai YL. Applying linear spectral unmixing approach to the research of land cover change in Karst area:A case in Guanling County of Guizhou Province. Geogr Res. 2003,22(4):339 – 447.

[6] Metternicht GI, Fermont A. Estmiating erosion surface features by linear mixture modeling. Remote Sens Environ. 1998,64:254 – 265.

[7] Zhang YG, Beernaert FR, Liu H. Potential of TM imagery formonitoring and assessment of desertified land. For Res. 1998,11(6):599 – 606.

棉花的需氮量模型

1 背景

氮素是作物生长所必需的大量元素之一。当今世界各产棉国在棉花(Gossypium hirsu-tumL.)施肥方面仍以氮肥为主[1]。适时定量施肥、提高氮肥利用率和农产品的产量、品质,保护生态环境,是当前现代化生产的热点。薛晓萍等[2]以不同生态区域的棉花氮肥试验为基础,基于花后棉株干物质和氮浓度值的变化,建立其临界氮浓度稀释模型,并由此建立棉花临界氮素动态累积与需氮量的定量化模型。

2 公式

2.1 棉花临界氮浓度模型

按照 Greenwood 等[3]对临界氮浓度的定义,棉株生长不受氮素制约条件下,当棉株地上干物质随着施氮量的增加而无明显增加时,其氮浓度值最低者为临界氮浓度。临界氮浓度稀释曲线上每个点的氮浓度值是在给定的生长日中所有施氮水平下棉株地上干物质累积达到统计意义上最大值中的最小氮浓度值,其模型为:

$$CN_{FN_c} = aDM_M^{-b}(t) \tag{1}$$

式中,FN_c(kg · hm^{-2})为棉株地上干物质的氮浓度达到临界水平时的田间施氮量;CN_{FN_c}(%)为临界氮浓度函数;$DM_M(t)$(Mg · hm^{-2})为棉株地上干物质的氮浓度在临界值时干物重随时间变化的函数;a、b 为参数。

2.2 棉花瞬时氮吸收速率(instantaneous nitrogen uptake rate:Rinu)模型

作物的生长表现为 S 型曲线形式,地上干物质的氮浓度[CN(t)]在不同生育阶段随干物重的变化而变化,作物对氮的需求量也与干物质累积相类似,因此,在其生长的不同阶段均对应一个氮素需求量,当某一施氮水平使作物任何生长阶段的地上干物质氮浓度值均在临界氮浓度水平时,这一供氮量则正好能满足作物达到最大生物量累积时对氮的需求。

将棉株生长过程中的氮累积量视为吸收量,则棉花在施氮水平 FN_i($i = N_0$, N_1, N_2, N_3, N_4)下第 T_j(安阳:$j = 1, 2, \cdots, 8$;南京 $j = 1, 2, \cdots, 6$)次取样时的瞬时氮吸收速率模型为:

$$(R_{inu})_{FN_iT_j} = CN_{FN_iT_j}(\mathrm{d}DM/\mathrm{d}t)_{FN_iT_j} \tag{2}$$

式中,$CN(\%)$ 为地上干物质氮浓度;$dDM/dt(kg \cdot hm^{-2} \cdot d^{-1})$ 表示棉株地上干物质随时间变化的增长速率,对于施氮水平 FN_i 下的动态氮素瞬时吸收速率$(R_{inu})FN_i(kg \cdot hm^{-2} \cdot d^{-1})$,模型(2)可表示为:

$$(R_{inu})_{FN_i}(t) = CN_{FN_i}(t)/100D\,M'_{FN_i}(t) = (CN_{FN_i}/100D\,M'_{FN_i})(t) \qquad (3)$$

式中,100 为将地上干物质含氮百分率转换为每 100 g 干物质中所含氮素的数量值(g·g^{-1})。根据氮浓度稀释原则,随着生育进程的推移,不同氮水平下棉株花后地上干物质的氮浓度值呈递减现象[4],可用以下模型表示:

$$CN_{FN_i}(t) = k_1 t^2 + k_2 t + k_3 \qquad (4)$$

式中,k_1、k_2、k_3 为常数,t 代表棉花花后以日为时间步长的生育时间。

棉株干物质累积量过程可用 Logistic 生长模型表示:

$$DM_{FN_i}(t) = \frac{DM_M}{1 + \alpha \exp(\beta t)} \qquad (5)$$

式中,$DM_M(kg \cdot hm^{-2})$ 为理论最大干物质生产量;α 是时间变量 $t = 0$ 时的曲线截距参数,β 为时间反映参数。对式(5)进行微分,得到以日为步长的棉株地上干物质的瞬时增长速率:

$$D\,M'_{FN_i}(t) = \frac{dDM_{FN_i}}{dt} = \frac{-DM_M \alpha \beta \exp[\beta t]}{[1 + \alpha \exp(\beta t)]^2}dt \qquad (6)$$

分别将式(4)、式(6)代入式(3),模型(3)可表示为:

$$(R_{inu})_{FN_i}(t) = \frac{(k_1 t^2 + k_2 t + k_3)[-DM_M \alpha \beta \exp(\beta t)]}{100[1 + \alpha \exp(\beta t)]^2} \qquad (7)$$

2.3 棉花瞬时临界氮吸收速率(instantaneous critical nitrogen uptake rate:Ricnu)模型

当施氮水平使花后各生育阶段棉株地上干物质的氮浓度值达到临界氮浓度时,棉株将获得最大的干物质累积量,则以日为步长的棉株适宜氮吸收速率的动态变化模型可以表示为:

$$(R_{icnu})_{FN_c T_j} = CN_{FN_c T_j}(dDM/dt)_{FN_c T_j} \qquad (8)$$

由于棉株的干物质随生育进程的累积量符合一般作物干物质的累积规律,即其累积量表现为 S 型的生长趋势,故棉株花后氮浓度值在临界水平时的地上干物质随时间的累积可用 Logistic 生长模型表示:

$$DM_{FN_c}(t) = \frac{DM_{cm}}{1 + \alpha_c e^{\beta_c t}} \qquad (9)$$

式中,DM_{cm} 为临界氮稀释曲线下理论最大干物质生产量$(kg \cdot hm^{-2})$;α_c 是时间变量 $t = 0$ 时的曲线截距参数;β_c 为时间反映参数。对式(9)进行微分,可得到以日为步长的棉株地上干物质的临界瞬时增长速率:

$$D\,M'_{FN_c}(t) = \frac{dDM_{FN_c}}{dt} = \frac{-DM_{cm} \alpha_c \beta_c \exp(\beta_c t)}{[1 + \alpha_c \exp(\beta_c t)]^2}dt \qquad (10)$$

分别将式(1)、式(9)、式(10)代入式(8)中,得到棉花花后以日为时间步长的临界氮吸收速率:

$$(R_{icnu})_{FN_c}(t) = -\frac{10\alpha DM_M^{-b}\alpha_c\beta_c DM_{cm}\exp(\beta_c t)}{[1+\alpha_c\exp(\beta_c t)]^{(2-b)}} \tag{11}$$

2.4 棉花瞬时氮吸收速率差值(instantaneous nitrogen uptake deficit rate:Rinud)模型

瞬时氮吸收速率差值即在施氮水平下,棉株在某一生育阶段的瞬时氮吸收速率与临界吸收速率的差值,其随时间的变化函数为:

$$(R_{inud})_{FN_i}(t) = (R_{inu})_{FN_i}(t) - (R_{icnu})_{FN_i}(t) \tag{12}$$

对于模型(12),若$(R_{inud})FN_i(t)$的值为负值,表明需要增加氮供给量,以提高棉株的氮吸收速率,使其达到临界吸收速率;若$(R_{inud})FN_i(t)$为正值,则表明棉株的瞬时氮吸收量超过了其最大生长对氮的需求量,过多的氮吸收不仅对生长无益反而易造成浪费。

2.5 棉花氮累积(accumulation of nitrogen uptake:Nau)模型

某一施氮水平 FN_i 下棉株花后地上总氮动态累积量可用下式表示:

$$(N_{au})_{FN_i}(t) = CN_{FN_i}(t)(DM)_{FN_i}(t) \tag{13}$$

将式(4)、式(5)代入式(13),得到棉株氮素累积量随生育进程变化的模型:

$$(N_{au})_{FN_i}(t) = \frac{(k_1 t^2 + k_2 t + k_3)DM_M}{100[1+\alpha\exp(\beta t)]} \tag{14}$$

2.6 棉花临界氮累积需求量(critical accumulation of nitrogen demand:Ncaud)模型

棉株要达到最大的地上干物质累积量,所需要的地上总氮动态累积量为:

$$N_{caud}(t) = CN_{FN_c}(t)DM_{MFN_c}(t) \tag{15}$$

根据式(1)、式(9)则得到:

$$N_{caud}(t) = \frac{10\alpha DM_M^b DM_{cm}}{[1+\alpha_c\exp(\beta_c t)]^{1-b}} \tag{16}$$

根据公式,进行了实验。依据 2004 年对两试点收获后各小区的单株铃数、铃重、衣分等产量构成要素的分析和种植密度,可得到其相应的最终皮棉产量(图1)。在施氮量相对较少时,两试点的产量均随施氮量的增加而增加,但当施氮量达到一定数量后,其皮棉产量随施氮量的增加反而降低。

3 意义

薛晓萍等[2]在大田栽培条件下,于江苏南京和河南安阳两个生态区设置棉花氮素水平试验,基于作物临界氮浓度稀释模型和干物质动态累积模型,建立了棉花花后动态临界氮吸收速率、临界氮需求量的定量化模型。由于模型的建立是基于不同氮处理试验,有合理可靠的生理依据,为定量确定不同气候区域的动态施肥量提供了理论依据。

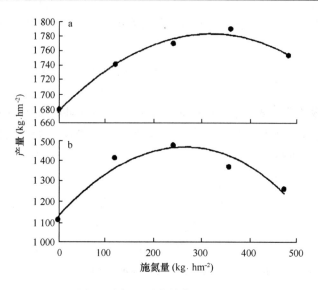

图1 施氮量对皮棉产量的影响

参考文献

[1] Fu QL, Yu JY, Chen YX. Effect of nitrogen applications on dry matter and nitrogen partitioning in rice and nitrogen fertilizer requirements for rice production. J Zhejiang Univ. 2000,26(4): 399 – 403.

[2] 薛晓萍,陈兵林,郭文琦,等. 棉花临界需氮量动态定量模型. 应用生态学报,2006,17(12):2363 – 2370.

[3] Greenwood DJ, Lemaire G, Gosse G, et al. Decline in percentage N of C_3 and C_4 crops with increasing plantmass. Ann Bot. 1990,66: 425 – 436.

[4] Overman AR, Robinson D, Wilkinson SR. Coupling of dry matter and nitrogen accumulation in ryegrass. Fertil Res. 1995,40: 105 – 108.

人工湿地的水平潜流模型

1 背景

人工湿地是根据自然湿地净化污水的原理,通过人工建造和控制来强化其净化能力的处理技术。人工湿地系统中的水流流态和污染物降解行为涉及错综复杂的物理、化学和生物过程,因此其模型要比常规污水生物处理更复杂[1]。在水平潜流人工湿地的设计中,简单模型和复杂模型都各有优、缺点。闻岳和周琪[2]除了强调各类模型的适用范围及其参数的不确定性外,还着重讨论了水动力模型在水平潜流人工湿地设计中的重要性。

2 公式

2.1 一级 k – C* 模型

根据对衰减方程的研究,US EPA[3]提出了被广泛接受和使用的人工湿地设计模型:一级动力学方程。该模型假设:①湿地系统处于稳态(即进、出水流量和浓度不随时间变化);②污染物降解服从一级反应动力学;③水流流态呈理想推流。则:

$$\frac{\mathrm{d}C}{\mathrm{d}t} = -k_V C$$

由初始条件: $C = C_{\mathrm{in}}(t=0)$; $C = C_{\mathrm{out}}(t=\tau)$ 得:

$$\left(\frac{C_{\mathrm{out}} - C^*}{C_{\mathrm{in}} - C^*}\right) = \mathrm{e}^{(-k_v \tau)}$$

已知: $k_A = k_V \varepsilon d$; $q = Q / A$; $A = Q\tau = Ad\varepsilon$,则:

$$\left(\frac{C_{\mathrm{out}} - C^*}{C_{\mathrm{in}} - C^*}\right) = e^{(-k_A / q)} \tag{1}$$

其中,Kadlec 等[4]基于污染物在湿地中呈现指数衰减至恒值但不为零的现象,引入了背景浓度 C^* 。背景浓度 C^* 可解释为:①进水中难降解的有机组分;②湿地中微生物的代谢产物及其死亡分解过程中产生的难降解有机组分;③湿地中水生植物的代谢产物及其死亡分解过程中产生的难降解有机组分。

当降雨和蒸腾蒸发效应项对湿地处理性能产生影响时,在稳态条件下由式(1)可推导得出式(2):

$$\left(\frac{C_{\text{out}} - C'}{C_{\text{in}} - C'}\right) = (1 + [\alpha/q])^{(1 + k_A/\alpha)} \tag{2}$$

其中,

$$C' = C^*\left[\frac{k_A}{k_A + \alpha}\right]$$

模型中温度因素可用 Arrhenius 公式[式(3)]修正:

$$k_{A,T} = k_{A,20}\theta^{(T-20)}$$
$$k_{V,T} = k_{V,20}\theta^{(T-20)} \tag{3}$$

2.2 一级改进模型

对假设(2)的改进模型

Mitchell 等[5]根据一级 k-C* 模型得出如下推论:在不断增大系统负荷率时,人工湿地去除速率持续增加。但在很多情况下系统存在最大允许负荷率,这就确证了一级动力学模型的另一缺陷。因此,Mitchel 等[5]推荐使用 Monod 模型,即在相对低浓度条件下反应动力为一级,而在高浓度下呈零级。依然设定水流流态为理想推流,则模型表达式为:

$$r = k_{0,V}V\frac{C}{K + C} \tag{4}$$

已知: $k_A = k_V \varepsilon d$; $q = Q/A = Q/(WZ)$; $v = Q/(\varepsilon \alpha)$,则:

$$\frac{dC}{dt} = -\frac{k_{0,V}\varepsilon \alpha}{Q}\frac{C}{K + C} = -\frac{k_{0,A}}{qZ}\frac{C}{K + C} \tag{5}$$

受到 Navier-Stokes 模型(描述颗粒物沉淀过程存在时间延迟现象)的启发,Shepherd 等[6]用参数 K_0 和 b 取代背景浓度 C^* 参数,推导出 K_0-b 模型。基于易生物降解的物质首先被快速降解,不易生物降解的残余组分的去除服从慢速动力学,模型设定降解速率常数随时间的延长而降低。废水中目标组分的持续变化用可变一级降解速率参数 k 表征,公式如下:

$$k_V = \frac{K_0}{(b\tau + 1)} \tag{6}$$

3 意义

闻岳等[2]建立了人工湿地的水平潜流模型,从水动力学、污染物降解动力学和参数的不确定性三方面入手,系统回顾、评价了水平潜流人工湿地的设计模型,包括负荷法、衰减方程、一级 k-C* 模型及其若干改进型模型和动态机理模型。在比较上述模型的建立依据和方法的基础上,分析水平潜流人工湿地模型发展的内在关系,指出在工程设计中应用各类模型时需要考虑的主要事项,并对该领域的发展方向进行了展望。此模型为机理性的数学描述模型发展奠定了框架性的基础。

参考文献

[1] Marsili – Libelli S, ChecchiN. Identification of dynamic models for horizontal subsurface constructed wetlands. Ecological Modelling. 2005,187: 201 – 218.

[2] 闻岳,周琪. 水平潜流人工湿地模型. 应用生态学报,2007,18(2):456 – 462.

[3] US EPA. Manual: Constructed wetlands treatment of municipal wastewaters. Cincinnati, Ohio. 2000. EPA/625/R – 99/010: 41 – 65.

[4] Kadlec RH, Knight RL. Treatment Wetlands. Boca Raton FL: CRC Press. 1996.

[5] Mitchell C, McNevin D. Alternative analysis of BOD removal in subsurface flow constructed wetlands employing Monod kinetics. Water Research. 2001,35: 1295 – 1303.

[6] Shepherd HL, Tchobanoglous G, Grismer ME. Time – dependent retardation model for chemical oxygen demand removal in a subsurface – flow constructed wetland for winery wastewater treatment. Water Environment Research. 2001,73: 597 – 606.

温室的蒸发蒸腾量模型

1 背景

对温室设施内土壤—植物—环境系统和作物的需水量、耗水量及品质等问题的研究受到广泛重视。能否定量精确计算作物蒸腾量,将直接影响作物需水量精度、灌溉系统的设计以及区域水资源计算等。陈新明等[1]重点从温室内总辐射和风速影响因子入手,推导出适用于温室大棚的 P – M 修正式。

2 公式

2.1 Penman – Monteith 公式

Penman – Monteith 公式是计算参考作物的蒸发蒸腾量乘以一定的需水系数,得到实际作物的蒸发蒸腾量。它以能量平衡和水汽扩散理论为基础,既考虑了作物的生理特征,又考虑了空气动力学参数的变化,有较充分的理论依据和较高的计算精度。Pen – man – Monteith 方程式为:

$$\lambda \cdot ET_0 = \frac{\Delta(R_n - G) + \rho C_P(e_a - e_d)/r_a}{\Delta + \gamma(1 + r_s/r_a)} \tag{1}$$

式中,ET_0 为参考作物蒸发蒸腾量($mm \cdot d^{-1}$);λ 为作物系数;R_n 为地表净辐射($MJ \cdot m^{-2} \cdot d^{-1}$);$G$ 为土壤热通量($MJ \cdot m^{-2} \cdot d^{-1}$);$e_a$ 为饱和水汽压(kPa);e_d 为实际水汽压(kPa);Δ 为饱和水汽压曲线斜率($kPa \cdot ℃^{-1}$);γ 为干湿表常数($kPa \cdot ℃^{-1}$)。式中各变量的计算方法详见参考文献[2]。该公式可分为两部分,前一部分为辐射项(ET_{rad}),后一部分为空气动力学项(ET_{aero})。

2.2 温室内风速为零时的 Penman – Monteith 公式

在温室里,由于风速为零,即 $u_2 = 0$,则公式为:

$$\lambda \cdot ET_0 = \frac{0.408\Delta(R_n - G)}{\Delta + \gamma} \tag{2}$$

由式(2)可知,空气动力学项(ET_{aero})为零。当 $u_z = 0$ 时,空气动力学阻抗 $r_a = \infty$,层流副层和冠层之间相当于一个电容模型,即显热通量 P 和蒸发耗能 $\lambda \cdot ET_0$ 均为零,$R_n = G$。此时,太阳净辐射全部消耗于增加土壤的热能,显然,这和实际情况是相矛盾的。因此,式

（2）是否适用于温室环境,还有待商榷。

2.3 温室内修正后的 Penman – Monteith 公式

为了避免风速为零时计算结果和实际相矛盾的问题,根据相关研究[3,4]：

$$r_a = 4.72 \left[\ln \left(\frac{Z - d}{Z_0} \right) \right]^2 / (1 + 0.54 u_z) \tag{3}$$

在温室里 $u_z = 0$,即：

$$r_a = 4.72 \left[\ln \left(\frac{Z - d}{Z_0} \right) \right]^2 \tag{4}$$

式中,Z 为风速测量高度(m);Z_0 为地面粗糙度;d 为零平面位移长度(m)。

根据相关研究[5,6],一般作物可近似用下式估算 Z_0 与 d：

$$Z_0 = 0.13 h_c \tag{5}$$

$$d = 0.64 h_c \tag{6}$$

这样就可推导出温室内修正后的 ET_0 公式：

$$\lambda \cdot ET_0(P - M 修正式) = \frac{0.408 \Delta (R_n - G) + \gamma \dfrac{1\,713 (e_a - e_d)}{T + 273}}{\Delta + 1.64 \gamma} \tag{7}$$

式中,h_c 为作物冠层高度(m);其他意义同前。

分别利用公式(1)、式(2)和式(7)计算温室内逐日 24 h 参考作物的蒸发蒸腾量,统计逐日、每 10 d 的参考作物蒸发蒸腾量。3 个公式计算的日蒸发蒸腾量变化趋势如图 1 所示。

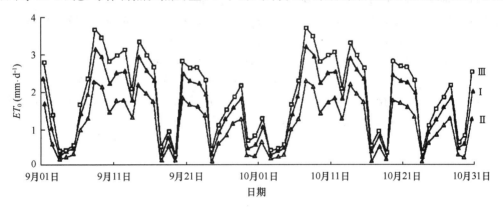

图 1　3 种方法计算的日蒸发蒸腾量的比较(2004 年)

从图 1 可以看出,3 种方法计算出的 ET_0 值在时间序列上呈现不规则的周期性变化,最大值和最小值周期性重复,但具有相同的变化趋势。

3 意义

陈新明等[1]总结概括了温室大棚内作物蒸发蒸腾量计算模型,以彭曼 – 蒙特斯(Penman – Monteith)方程为基础,引进作物冠层高度,对方程中与风速有关的空气动力学项进行修正,推导出适合于温室大棚计算作物蒸腾量的简单方法。对推导公式进行理论分析,并应用气象资料给予验证计算。结果表明,修正后的 Penman – Monteith 计算精确度较高,与实测值较为吻合,相对偏差为 4.7% ~17.1%,平均相对偏差为 11.1%。该公式适于在温室大棚中用于作物蒸腾量的计算。为设施农业灌溉技术和水管理论提供理论依据,以指导生产实践。

参考文献

[1] 陈新明,蔡焕杰,李红星,等.温室大棚内作物蒸发蒸腾量计算.应用生态学报,2007,18(2):317 – 321.

[2] Zhu CH, Zhu FK, Liu YJ. On the relationship between the clear – sky planetary and the surface albedo over the Qinghai – Xizang plateau. Chinese Science Bulletin. 1991,13:56 – 58.

[3] Chen JY, Liu CM, Wu K. Evapotranspiration of soil – plant – atmospheric ontinuum – A simulation study with lysimeter. Chinese Journal of pplied Ecology. 1999,(1):45 – 48.

[4] Li YL, Cui JH, Zhang TH. Measurement of evapotranspiration and crop coefficient of irrigated spring wheat in Naiman sandy cropland. Chinese Journal of Applied Ecology. 2003,14(6):930 – 934.

[5] Baselga Yrisarry JJ, Prieto LosadaMH, Rodriguez del incón A. Response of processing tomato to three different levels of water and nitrogen applications. Acta Horticulturae. 1993,335:149 – 153.

[6] Zhao Z, Li P, Wang NJ. Distribution pattern of root systems of main planting tree species in Weibei Loess Plateau. Chinese Journal of Applied Ecology. 2000,11(1):37 – 39.